复杂断块油藏高含水期剩余油分布模式

武　玺　周宗良　蔡明俊　张家良　罗　波　等编著

石油工业出版社

内 容 提 要

本书从复杂断块油藏剩余油的基本概念、预测方法、研究手段、开发技术与实践入手，系统介绍从宏观构造油藏、介观储层构型和微观孔隙结构三个空间维度表征复杂断块油藏剩余油的分布模式，并从时间维度阐述储层时变非均质性对剩余油分布的影响，以及时空域复杂断块油藏高含水期剩余油分布模式。

本书可供从事油气田开发的科研人员及高等院校相关专业师生参考。

图书在版编目（CIP）数据

复杂断块油藏高含水期剩余油分布模式 / 武玺等编

著. —北京：石油工业出版社，2023.6

ISBN 978-7-5183-6042-0

Ⅰ.①复… Ⅱ.①武… Ⅲ.①断块油气藏—高含水期

—剩余油—研究 Ⅳ.①TE347

中国国家版本馆CIP数据核字（2023）第099459号

出版发行：石油工业出版社
　　　　　（北京安定门外安华里2区1号　　100011）
　　　　　网　　址：www.petropub.com
　　　　　编辑部：（010）64523541　图书营销中心：（010）64523633
经　　销：全国新华书店
印　　刷：北京中石油彩色印刷有限责任公司

2023年6月第1版　2023年6月第1次印刷
787毫米×1092毫米　开本：1/16　印张：18.25
字数：440千字

定价：146.00元

前言
PREFACE

我国油藏地质条件复杂，尤其是以东部渤海湾盆地为代表的复杂断块油藏，受断层间相互切割、沉积环境各异、储层平面与纵向非均质性强等因素先天影响，加之注水开发后的冲刷改造，进一步加大了油藏非均质性，复杂断块油藏在高含水期剩余油高度分散。精细研究剩余油、认识剩余油、动用剩余油，一直是油田开发地质工作者攻关的主题。本书依据大港油田大量科研与生产实践素材，围绕复杂断块油藏高含水期剩余油研究这一主题，形成复杂断块油藏时空域剩余油分布模式。

本书共分六章。第一章绪论；第二章剩余油预测方法和技术，包括油藏地球物理剩余油研究技术、剩余油的物理模拟实验方法、油藏建模与数模一体化研究技术、剩余油饱和度测试技术等；第三章构造油藏剩余油分布研究，建立了复杂断块断层分布样式、小微构造控制下的剩余油分布模式；第四章储层构型模式与剩余油表征，从不同沉积储层入手，依据静态与动态资料精细研究砂体规模、连通性、各种界面特征，建立不同沉积储层精细构型模式下的剩余油分布规律；第五章微观孔隙结构剩余油分布研究，表征了不同注入方式下的剩余油赋存状态、测试分析方法、不同驱替介质的微观剩余油动用特征；第六章油藏时变非均质性研究与剩余油分布，阐述了高含水期的油藏非均质性、剩余油分布模式及流体变化规律。

全书由武玺、周宗良、蔡明俊、张家良、罗波主编。其中，第一章由武玺、周宗良、宗杰、周练武、何书梅编写，第二章由蔡明俊、周宗良、萧希航、夏国朝、张志明、喻州、郭小龙编写，第三章由张家良、李云鹏、刘文钰、张会卿、马瑞、章晓庆、魏朋朋编写，第四章由周宗良、芦凤明、赵明、车正家、张凡磊、刘东成、张佼杨编写，第五章由罗波、孙晨、张津、周建文、周福双、王瑞、庄天琳、张祝新编写，第六章由武玺、斯扬、周宗良、倪天禄、张津、白雪峰、程琦编写。

本书在编写过程中，得到了大港油田勘探开发研究院和相关采油厂技术人员的大力协助，在此一并致以衷心的感谢！

由于水平有限，书中不足之处在所难免，敬请读者批评指正。

目 录
CONTENTS

| 第一章 |

绪　论

我国油藏地质条件复杂，尤其是我国东部以渤海湾盆地为代表的复杂断块油藏，受断层间相互切割、沉积环境各异、储层平面与纵向非均质性强等因素先天影响，加之注水开发后的冲刷改造，进一步加大了油藏非均质性，复杂断块油藏在高含水期剩余油高度分散。2018年底，国内多数已开发油田平均含水率达90%，采出程度多数不足30%，这意味着有超70%的石油仍然残留在地下成为剩余油，这些残留在地下的剩余油，对于增加可采储量和提高采收率既是巨大的潜力，同时也面临着剩余油刻画难、效益挖潜难的挑战。因此，加强剩余油分布规律研究，精准认识剩余油，提高石油采收率，精益油田开发，一直是油田开发地质工作者研究的主题和重点。

常规油田的开发过程大致可以分成3个阶段：（1）利用油藏原始地层能量的开采过程称为一次采油，常见的有溶解气驱和气顶气驱，采收率普遍不高，一般不超过10%左右；（2）采用注水或注气的方法，通过保持地层压力的采油过程称为二次采油；（3）二次采油之后，采用一些物理手段和化学方法，进一步提高采收率的过程称为三次采油。

受制于油藏条件、技术手段和经济效益等多种因素制约，我国乃至世界石油行业，水驱原油采收率普遍不高，即使在一些储层良好、技术先进的国家，水驱原油采收率一般都在50%以下；对我国大多数油田来讲，油田开发进入了高含水后期或特高含水期，耗水率大幅上升、经济效益大幅降低。开展剩余油研究的目的，在于搞清剩余资源的数量及分布特征，指导油田开展二次开发调整或三次采油工作，进一步增加可采储量和提高采收率。

第一节　认识剩余油

一、剩余油的定义

剩余油广义的定义为：剩余油是指已投入开发的油层、油藏或油田中尚未采出的石油。狭义的剩余油是指剩余可动油，指在现有的技术条件下，通过精细地质研究加深对其分布规律的认识，并改善现有的工艺技术，能采出来的那部分油和假设油层在注入水全部波及时理论上能采出的油。因此，剩余油是指油田开发过程中尚未采出而滞留在地下油藏中的原油，采收率越高，则剩余油越少，反之亦然。为了准确界定剩余油概念，一些有关剩余油的基本概念对认识剩余油很关键。

（1）探明地质储量：指油藏或油层在原始条件下（未开采前）所拥有的工业油气数量。由于地下油层与油层中的孔隙以及其中所含油气的状况与分布均极复杂，其准确数量很难弄清，因此，我们所说的油气地质储量，只反映人们在一定勘探开发阶段上对油藏及其油气数量的认识水平。随着油田开发过程的逐步深入，这种认识水平将逐渐接近地下油藏的客观实际。

（2）可采储量：是指在现代经济技术条件下可以开采出的油气数量。在油藏开发尚未结束之前，可采储量都是通过各种方法预测估计的，多数情况下是在编制开发方案、调整方案或储量研究报告时所预测估计的。它与油藏开采结束时的累计采油量（或称为实际最终采油量）是两个概念，并且在数值上常常有很大差距。

（3）束缚油：束缚油的概念不常使用，但它的含义是明确的，是指紧密附着在岩石颗粒表面上和狭小的孔隙、裂缝中的常规不可流动、不可采出的石油。束缚油与束缚水可能有相似的物理状态，但两者怎样共存于岩石孔隙中，这方面的研究揭示似乎不够。束缚油可能主要以吸附的形式附着在亲油岩石的颗粒表面而呈常规不能流动的状态。

（4）残余油：现行残余油的概念有两种含义。其一，指室内岩心水驱油试验时，尽注水之所能（长时间高孔隙体积倍数水洗）而未能驱出的石油；其二，指油田开发结束时残留于地下的石油。由于岩心比实际油层小得太多，以及不可能以10倍、数十倍于油藏孔隙体积的注水量对实际油藏进行水洗，因此，实际油藏开采结束时，无论在平面上或是在剖面上，都存在一定数量未水洗及水洗不充分的油层。所以，第二种残余油概念的数量或比率，将大大高于第一种残余油概念所包括的数量。

（5）剩留油：有些学者在石油院校及地质院校的教材中针对残余油的论述主张："注水后地下的残余油应该包括两部分，剩留油与残余油。所谓剩留油（或称为剩余油）是指由于波及系数低，注入水尚未波及的区域内所剩下的原油，而残余油是指注入水在波及区内或孔道内已扫过区域仍然残留、未能被驱走的原油"。显然，他们所说的"剩留油"应是剩余油的一种存在形式（一般多称为"死油区"），"残余油"应属广义的残余油范围。并非室内水驱油结束时的残余油，仍然应该归入剩余油范畴。鉴于"剩留油"在油田开发界很少使用，而剩余油一词已广为使用，为避免混乱，本书不使用剩留油概念。

目前，研究中所指的剩余油严格意义上是广义上的剩余油概念，它既包括此前认为的剩余可采储量，也包括此前认为的不可采出的油气储量，或者说是束缚油、残余油、剩留油之和。如果技术条件提高，在开采成本的范围内，这部分储量中的相当部分将成为提高采收率阶段剩余油研究的主要目标。事实上，在我国油田开发领域，长时期以来都在采用剩余油这一定义。提高原油采收率对于社会经济发展乃至国家安全，都有着不可忽视的意义。地下原油的埋藏方式多样，流体性质复杂，开采难度十分巨大。从行业整体开发水平来看，原油的采收率在30%～60%之间。

二、剩余油分布规律与分布模式

研究剩余油分布是油田开发后期的中心工作，是搞好井网调整、注采调整和增产挖潜的基础。一般来说剩余油主要存在于3个部位：构造高部位、砂岩边部和断层附近。但剩余油的形成和分布受各种因素的影响，因此，其分布模式存在多样化，不同的油田区块、不同的地质环境和开发方式，剩余油的分布模式不同。剩余油的纵向分布与砂体的韵律、开采方式、井网布置和层系划分有关。如果是正韵律注水开采，剩余油一般分布在油层的中上部，且易出现水淹；如果是利用底水能量开采，同样剩余油也会分布在上部，这种方式易出现底水锥进。剩余油横向分布特征主要受沉积相、构造位置、开采时间和开采方式的影响。构造高部位易形成剩余油富集区的主要因素是重力作用。

研究剩余油的分布模式可以更好地确定剩余油的富集部位，有的放矢地采取挖潜措施。不同的研究单位和个人划分的模式不尽相同，总结归纳如下。

美国有关专家认为，在已注水开发的油田中，估计有77%的剩余油残留在注入水未波及的油层中。

苏联专家认为，水驱开发油田特高含水期剩余油分布有6种形式：（1）滞留带中的剩余油，形成于压力梯度小，原油不流动的油层部位；（2）毛细管力束缚的残余油，即原油残留在注入水通过的地带，细小的孔隙完全被毛细管力束缚的残余油所充满；（3）以薄膜状存在于岩石表面上的残余油（薄膜油）；（4）低渗透层和注入水绕过带中的剩余油；（5）未被钻探到的透镜体中的剩余油；（6）局部不渗透层遮挡（微断层、隔挡层）造成的剩余油。

胜利油田将河流相的剩余油分为6种模式：水洗区剩余油、弱水洗区剩余油、未动用的薄油层、开发造成的剩余油、微型圈闭内的剩余油和断块外延棱形剩余油。

韩大匡根据剩余油富集区的形成条件将其分为8种类型。俞启泰根据剩余油存在的地区将其分为断层附近、构造高部位等6种，同时确定出了注水油藏未波及剩余油的3大富集区：（1）注水高黏正韵律油层顶部未波及剩余油；（2）边角影响未波及剩余油；（3）层系内由于各小层物性差异开采不均衡形成的未波及剩余油。

综合以上观点，结合大港油田实际特点，本书将注水开发油田剩余油分布模式归纳为9种类型：（1）井网控制不住型。剩余油主要分布在原井网未钻遇或虽钻遇但未射孔的油层中。（2）成片分布差油层型。含有这类剩余油的油层虽然分布面积较大，原井网注采较完善，但由于油层薄、物性差，再加上原井网井距较大，动用差或不动用，因而形成剩余油。（3）注采不完善型。形成这类剩余油的原因是原井网虽然有井点钻遇，但由于隔层、固井质量等方面的原因不能射孔，造成有注无采或者有采无注，或者无注无采形成剩余油。（4）二线受效型。这类剩余油是加密井钻在原采油井注水受效的二线位置，因原采油井截流形成剩余油。（5）单向受效型。这类剩余油产生在只有一个注水受效方向，而其他方向油层尖灭或油层变差，或者钻遇油层但未射孔而形成剩余油。（6）滞留区型。这类剩余油主要分布在相邻两三口油井或注水井之间，在厚层和薄层中都有一定的比例存在，但这类剩余油面积相对较小。（7）层间干扰型。这类剩余油存在于纵向上物性相对较差的油层中，在原井网条件下虽然已经射孔，注采关系也相对比较完善，但由于这部分油层在纵向上同其他同时射开的油层相比，在岩性、物性、渗透性上差得多，因而不吸水，不出油，造成油层不动用，形成剩余油。（8）层内未水淹型。这类剩余油存在于厚油层中，由于厚油层层内非均质性，一般底部水淹严重，如果层内有稳定的物性夹层，其顶部未水驱部分存在剩余油。（9）隔层损失型。这类剩余油的成因是在原井网射孔时，考虑到工艺水平，为防止窜槽，作为未射孔的层段，因而形成的剩余油。

第二节　复杂断块油藏剩余油研究面临的挑战

在石油开发过程中，一般情况下，人们仅能开采出地下总石油地质储量的 30% 左右，这就意味着大约还有 70% 的石油仍然残留在地下。对剩余油的形成与分布的研究是目前石油行业的一项世界性难题，也是目前石油勘探开发中最受关注的焦点之一。高含水期油田开发与调整的主要研究内容就是"认识剩余油、开采剩余油"，研究剩余油形成与分布的方法有很多，包括从不同方面、不同角度来进行研究，但是各种方法都具有应用的局限性，这也就表明了剩余油形成与分布研究的难度及其重要性。

我国油藏大多数属于陆相沉积，截至 2018 年底，我国亿吨级地质储量的大油田累计探明地质储量中，储层属于陆相沉积的占探明储量的 91.2%，其中有约 1/3 分布于陆相断陷型含油气盆地，"十三五"以来，我国大部分油田经过半个多世纪的勘探开发，已整体进入特高含水开发阶段，已开发油田平均含水率达 91%，可采储量采出程度达 76.2%，这些老油田要保持效益稳产面临严峻挑战。

一、复杂断块型油田面临高精度地质认识的挑战

大港油田位于黄骅裂谷盆地，是一个典型的复杂断块型油田。油气层主要分布在古近系孔店组、沙河街组和新近系的明化镇组、馆陶组。区内断层发育，有一级的基底断裂，控制和分隔凹陷边界的二级断层，绝大多数断块油田分布在二级主断层两侧的二级构造带上，这些二级构造带又被不同方向的三级和四级断层切割成多个小的自然断块。

（1）断层多、断块破碎、断块面积变化大。大港油田已发现的断块型油田包括港东、港西、港中、唐家河、羊二庄、羊三木、孔店、王官屯、枣园、舍女寺、小集等油田和开发区。其中二级断层 4 条，即港西断层、港东断层、赵北断层和孔店断层；三级断层 29 条；四级断层 391 条。这些油田被其内部发育的三级和四级断层相互切割成上百个大小不等的自然断块，单自然断块面积最小可能达到 $0.01km^2$，最大 $2.0km^2$ 左右，各断块面积和油气层分布差异较大。同时，利用地震三维可视化技术，还可识别出若干断距 5～10m 的四级至五级低级序断层。由于受断裂、岩性、岩相及地层超复、间断的影响，在断裂带发育多种类型圈闭，如滑塌背斜、逆牵引背斜、断鼻、断块、岩性和地层圈闭的众多局部构造。

（2）复杂断块型油田构造复杂，储层变化大。随着长期注水开发，地质静态与油藏动态关系特征日益复杂。主要体现在以下 3 个方面：一是对小微地质体认识程度低，难以满足精细开发、精确挖潜的需求；二是储层内部结构刻画精度低，难以满足井网层系精准部署的需求；三是剩余油高度分散，传统技术手段难以满足量化时变剩余油潜力的需求，需要攻关高精度油藏表征技术，实现研究目标精细化、定量化。

（3）大港油田油藏类型以复杂油藏为主。纵向上含油层系多、井段长，进入特高含水开发阶段后，受储层非均质严重、剩余油高度分散和开发状况复杂等影响，注采矛盾突出，注入水低效循环严重，地下油藏不断发生变化并越来越复杂，针对常规开发技术制约

特高含水油田大幅提高波及系数的技术难题，需要攻关全油藏波及高效驱替关键技术，指导老油田进一步提高开发水平。

二、高含水期开发面临提高采收率难的挑战

经过多年的注水开发，进入高含水期油田的主力砂体已经总体水淹，含油饱和度较低，但在一些局部地区还存在着相对的弱水淹区和未水淹区，总体呈现如下特点：

（1）主力砂体水淹严重，剩余油饱和度较低。河流相沉积复杂断块油藏以港东和港西油田为代表，如港东主力开发区块主力层系的主体部位经多次调整，水驱开发比较完善，采出程度一般在35%～50%之间，平均含水在90%～95%之间，剩余油饱和度在30%～37%之间。

（2）断层遮挡的构造高部位水淹程度相对较弱。在断层附近，由于遮挡作用，注入水只能沿某一方向运动，往往会形成注入水驱替不到或水驱很差的水动力滞留区，沿断层方向易形成面积较大的条带状油区，在断块的高部位往往会有剩余油的分布。

（3）只采不注区域由于水驱程度低，故动用程度和水淹程度低。油层投入注水开发后，原有的油水平衡关系被打破，以油层微型构造为代表的油层起伏和倾斜普遍存在，由这种起伏和倾斜形成的高差会引起油水重新分异。正是由于油层微构造和油水次生分异的共同作用，使正向微构造区为剩余油富集区，加密井多为高产井；负微构造区一般为高含水区，多为低产井。

（4）无井控制区域未动用，基本保持未水淹状态。

总体认为，到高含水开发阶段，油藏整体水淹较严重。虽然油藏整体进入了高含水开发阶段，但无论是在平面上还是在纵向上都存在一定程度的水淹不均衡性，这在原本储层非均质性就很强的基础上又增加了水淹的非均质性以及压力的非均质性，给后期的层系重组和井网完善带来了新的挑战。

三、高含水期开发生产过程中显现的突出矛盾

（1）平面矛盾、层间矛盾和层内矛盾加剧，剩余油高度零散。

平面矛盾、层间矛盾和层内矛盾是油田开发一直面临的问题。长期注水冲刷造成储层孔隙结构和黏土矿物成分发生变化，导致渗透率和润湿性改变。高孔隙度、高渗透率储层的孔隙度和渗透率变得更高，低孔隙度、低渗透率储层物性变差，储层静态非均质性加剧；随着含水率升高，尤其是到了特高含水后期，油水两相渗流差异加大，水相渗透率急剧上升，渗流差异引起的储层动态非均质性凸显。在物性差异控制的静态非均质性和两相渗流差异引起的动态非均质性的共同作用下，三大矛盾进一步加剧，水驱开发调整面临新的挑战。

剩余油高度零散。从近年来多口密闭取心井水洗状况分析看，表内储层基本层层动用，未见水油层厚度比例不足10%，水洗程度以中水洗为主（厚度占40%以上），剩余油在正韵律厚油层顶部、注采不完善的断层边部及窄小河道砂体等部位局部富集。数值模拟研究也表明，特高含水期几乎层层见水，剩余油分布更加零散，剩余油的精准挖潜面临新的挑战。

（2）新井初期产量普遍较低，初期含水高。

经过长期注水开发，储层内流体分布更加复杂，剩余油分布呈现整体普遍分散，局部相对富集的特征，在高含水阶段新井初期产量整体较低，且呈现下降趋势，大港油田新井初期平均单井日产油从 2011 年 6.4t 下降到 2019 年的 5.1t，综合含水从 63% 上升到 76%。平均单井日产量递减率较低含水阶段变缓，半年产量递减率为 17.3%，一年的产量递减率为 33.7%，两年的产量递减率为 56.3%。

（3）耗水率高，无效水循环现象突出。

复杂断块型油田高含水阶段储层主力砂体含油饱和度较开发初期含油饱和度有较大幅度降低，一般降低幅度为 40% ～ 60%，而在高含水饱和度条件下，油水相对渗透率比值与含水饱和度的半对数曲线会偏离线性关系，进入特高含水期，油田开发呈现出新的渗流特征，即水相渗流阻力急剧减小，耗水量大幅增加，水油比急剧上升。此时油藏无效水循环现象突出，阶段耗水率高、累积存水率降低，进入低效或无效开发阶段。耗水率随含水率上升而呈上升趋势，当含水率高于 80% 时，耗水率将快速上升，部分油田在含水率高于 90% 时，耗水率甚至高达 20m^3/t 以上。大港油田综合含水由 2010 年的 89% 上升到 2019 年的 90.6%，耗水率由 8.3m^3/t 上升到 11.2m^3/t。

第三节　特高含水期剩余油研究方法与发展趋势

剩余油是石油开采过程中巨大的潜在资源。国内外一直比较重视对剩余油形成、分布规律以及控制因素的研究。尽管石油开发地质学家们已经研究出很多种方法来试图解决这个问题，但剩余油的形成与分布仍然是一项高难度的研究课题。

一、井震结合精细油藏描述技术

（一）开发地质学方法的深入探索

开发地质学是目前研究剩余油形成与分布最广泛采用的方法，同时也是该领域最有潜力和最有发展的一种方法。油田进入中高含水期后，以储层沉积微相研究为基础，综合运用多种研究方法进行剩余油分布的研究和挖潜，是开发地质学研究剩余油的发展趋势。其关键问题是要努力研究精细油藏描述方法，提高油藏描述精度，探索剩余油形成与分布的判断和预测方法。

（二）井震结合精细构造描述技术

（1）研究低级序断层对于开发中后期分析剩余油、提高采收率至关重要。一是针对仅依靠井资料断点组合率低、断层识别及组合存在不确定性、小断层无法识别的问题，创新形成井断点引导断层精细识别技术，即将密井网钻遇的断点数据通过时深转换，将断点数据投影到地震数据体中，在剖面、平面和三维空间开展井震结合断层解释工作；二是针对地震反射特征清晰的断层，利用断点信息对断面初步解释结果进行微调和修改，以确定断面的准确位置；三是针对地震反射特征不清晰、地震资料难以直接识别的小断层，利用井断点信息辅助蚂蚁体、方差体等构造属性体，确定断层位置、倾向，从而实现小断层的精细识别与解释。通过井震结合精细构造描述，发现了井点揭露不完全的断层信息，弥补了依靠井点资料对断层及断层组合认识的不足，断点组合率由80%提高到95%以上；精细识别了井间3～10m的低级序小断层，可实现油田整体构造三维数字化表征，深化了构造特征认识，为地质模型建立提供了精准的构造格局。

（2）微构造对剩余油分布的影响。微构造是指在油气藏构造背景上油层本身的微细起伏变化所显示的局部构造特征及不易确定的微小断层的总称。在重力分异作用下，剩余油富集区不仅仅局限于高部位大型背斜内，低部位的正向微构造和小断层遮挡所形成的微型屋脊式构造也是剩余油富集部位。低部位的正向微构造包括油层的微小隆起（构造幅度小于10m）和处于油气运移通道上的侧向开启而垂向封闭的微小断层（断距小于10m）。因此，对于以上这两种微构造发育的油田来说，应该应用较密的井网资料和小间距等高线进行微构造研究，结合油水运动规律寻找剩余油富集区域。

（三）井震结合精细储层描述技术与储层内部构型表征技术

基于波阻特征分析、地震沉积学、地质统计学反演，突破了1/4波长地震理论分辨率的极限，实现了陆相河流三角洲沉积体系认识的进一步深化，精细识别了大型复合河道中复杂废弃河道及单一河道边界；定量描述了井间窄河道砂体的分布特征，2m以上河道砂体描述精度由75%提高到85%以上；针对单砂层沉积单元的整体沉积微相精细刻画，提出了湖岸线控坨状砂和前缘相连续窄长河道砂模式，指导了窄河道"井网控制不住型"、微相变化"注采不完善型"及废弃河道"局部遮挡型"等成因类型剩余油精细调整挖潜。

（四）研究剩余油饱和度的测井方法

测井技术是目前国内外确定剩余油饱和度在井剖面上分布的最广泛使用的方法。根据井眼条件的不同，可以分为裸眼井测井和套管井测井两大类：裸眼井测井包括电阻率测井、核磁测井、电磁波传播测井、介电常数测井等方法，套管井测井主要包括脉冲中子俘获测井、碳氧比测井、重力测井等方法。尽管研究剩余油饱和度的测井方法有很多，但每种方法都有其应用的局限性。

（五）构型的地质建模—数值模拟一体化技术

特高含水期剩余油类型以层内剩余油为主，其中正韵律厚油层顶部是主要富集部位。利用野外露头与现代沉积分析、水槽沉积模拟实验、密井网精细解剖，建立了河流三角洲相储层构型模式，实现了厚油层内部夹层分布的精细刻画，使对储层非均质的认识深入到沉积单元内部；创新形成了针对内部构型的地质建模—数值模拟一体化技术，建立了曲流河点坝顶部"叠瓦状"、辫状河"多层薄片状"剩余油分布模式；指导了曲流河及分流河道顶部砂体水平井部署、辫状河厚油层内部细分注采控水挖潜等措施调整方案编制。

二、研究剩余油形成与分布的油藏工程方法

为满足油田开发规划编制、精细挖潜等对剩余油描述的不同需求，开展了多种手段的剩余油描述技术研究，形成了大规模油藏数值模拟、剩余油快速评价等技术。

（一）研究剩余油形成与分布的数值模拟方法

数值模拟是在不同储层、井网和注水方式等条件下，应用流体力学方法模拟油藏中流体的渗流特征，定量研究剩余油分布的主要手段。目前，我国绝大多数油田均应用数值模拟方法进行剩余油分布的定量研究，但实践证明，通过数值模拟技术确定的剩余油饱和度分布图并没有完全体现出研究人员所期望的实用价值。数值模拟技术从其模型本身来讲是比较完善的，但其研究精度在很大程度上取决于地质建模的精度。虽然说储层地质模型为数值模拟提供了三维数据体，但是储层建模本身的随机模拟方法就已经指出了建模结果的不确定性，也就难以使数值模拟摆脱目前的困境。因此，在应用数值模拟方法时必须充分考虑油藏的非均质性，真正实现精细地质建模与油藏模拟模型之间一体化，提高数值模拟技术的精度。此外，对于如何解决网格粗化、局部加密以及克服计算机内存不足等问题仍需要进行技术攻关。

针对油藏开发高含水后期剩余油高度分散、定量预测难度大的难题，基于垂向细分沉积单元、平面细分沉积微相的地质模型，解决了油藏模拟进程间的数据存取与通信、雅可比矩阵的并行计算、大型稀疏非对称线性系统的并行求解等一系列技术关键，实现了微机机群并行模拟计算。建成了油田相对渗透率曲线分类数据库，使数值模拟更加符合实际，形成了相控渗流特征描述技术。建立了考虑启动压差、水嘴直径的嘴损特性的数学模型，实现了分层注水工艺模拟，提高了分层压力及剩余油分布描述的精度，形成了分层注水模拟技术。研发了适合多学科油藏研究的 R SVisu 高性能可视化系统。

（二）剩余油快速评价技术

为满足特高含水期剩余油潜力及成因类型快速定量评价的生产需求，在精细油藏描述的基础上，综合利用渗流理论、专家经验、生产动态数据、监测资料，发展形成了基于非均质储层两相渗流阻力的小层剩余油快速评价技术和软件。实现了多油层多井网条件下区块、井网、单层、单井等 4 个不同层次的剩余油及潜力的定量评价，与吸水剖面对比符合率达到 80% 左右，整体效率提高近 10 倍。

（三）多套层系井网条件下单砂体注采关系定量评价及调整技术

特高含水期剩余油主要富集在由于井网形式和储层非均质性不匹配等原因造成的局部单砂体注采不完善区。因此，注采系统调整由过去的注采井网整体调整向完善局部单砂体注采关系转变。通过建立基于有效控制理论的单砂体注采关系多因素定量评价方法，实现了区块、井网、单砂层、单井 4 个层次的注采关系评价。针对水驱控制程度相对较低的区块，实施注采系统调整，完善单砂体注采关系。依据合理油水井数比随含水上升而逐渐降低的客观规律，通过油井转注降低油水井数比，结合油水井大修、补孔、更新和长关井治理等手段，完善单砂体注采关系，提高水驱控制程度及多向连通比例；配套开展新老注水井合理注水量匹配和油井提液调整，使平面不同注采方向得到均衡动用，保证注采系统调整的整体效果。

（四）多层非均质砂岩油田特高含水期层系井网优化调整技术

为充分发挥各套井网潜力，发展形成多层非均质砂岩油田特高含水期层系井网优化调整技术，实现井网加密调整向层系井网优化调整的转变。一是针对特高含水期潜力分布和现井网特点，制定了层系井网优化调整与井网加密、套损治理、三次采油相结合的层系井网调整原则；二是在层间、井间干扰机理研究的基础上，确定了6个开发区注采井距、可调厚度、层系组合跨度、渗透率变异系数、单井控制储量及油层动用程度等6项指标的技术经济界限；三是创新形成了以细划层段、细分对象、井网加密为核心的层系井网优化调整技术，建立了细分层系、井网加密、井网互补等调整模式，满足油田不同类型区块调整的需要。

（五）特高含水期精细注采结构调整技术

由于特高含水期含水率的逐渐升高，宏观动用差异逐渐变小，结构调整的手段面临新的挑战。为此，进一步发展形成了特高含水期精细注采结构调整技术，实现结构调整由区块和层系井网向井层调整的转变。

三、研究微观剩余油形成与分布的技术

油田注水开发过程中除了水驱未波及的剩余油外，水驱波及区域内的微观孔隙中的剩余油也是目前残留在地层中剩余油的重要组成部分。据苏联专家研究表明，这部分以薄膜、大孔隙中滞留或微孔隙中小液滴3种状态存在的微观剩余油占全部剩余油的38%左右，可以说对微观剩余油形成和分布的研究是相当必要的。目前对微观剩余油形成与分布的研究主要有含油薄片技术和微观仿真模型技术。

（一）含油薄片技术

应用含油薄片确定剩余油饱和度的方法也就是岩心分析技术。通过对检查井进行密闭或高压取心以保持岩心在地下的真实面貌，对岩心含油薄片进行分析以确定油层孔隙中剩余油的分布形态及油水分布状况等。该方法为研究剩余油的形成与分布提供了两点依据：第一，能够对取心井所在区域进行水淹程度和剩余油饱和度评价；第二，可以为间接预测微观剩余油饱和度提供必要的参数。

（二）微观仿真模型技术

微观仿真模型技术主要包括岩心仿真模型驱替实验方法、理想仿真模型驱替试验方法、随机网络模拟法等。

岩心仿真模型驱替实验方法。岩心驱替实验方法是应用油藏具有代表性的岩心为实验研究对象，建立水驱油物理模型，进行驱替实验，应用薄片技术分析驱替岩心，直接描述剩余油的形成与分布。该方法是目前研究剩余油最方便最直观的方法。研究认为剩余油的微观分布分为3种形态：占据1个孔隙空间的单液滴；占据2个孔隙空间的双液滴；占据3个孔隙以上的枝状液滴。该方法的优点是由于采用实际岩心作为水驱油物理模型，因此能够准确地模拟储层的孔隙特征，缺点是不能实时地观察水驱油动态进程，而只能观

察结果。

理想仿真模型驱替试验方法。在对储层岩石微观孔隙特征充分认识的基础上，通过建立理想的储层仿真模型进行剩余油驱替机理和影响因素研究。运用光—化学腐蚀的仿真玻璃模型模拟储层岩石的微观孔隙结构和润湿性变化，研究各种条件下水驱油过程中驱油效率的影响因素。应用玻璃仿真模型的优点之一是，由于玻璃的透光性，可以通过成像的方法清楚地观察驱油的动态进程，从而克服了岩心实验中不能进行动态过程观察的缺点。但是由于仿真玻璃模型不能完全模拟岩心的所有特征，因此进行的模拟实验与实际还有一定差距。

随机网络模拟法。随机网络模拟法是随着现代计算机发展而产生的一种模拟微观水驱油过程的新技术。在对岩石的微观孔隙结构和润湿性进行充分认识的基础上，将岩石的孔隙结构特征、物理化学性质转换成三维数据体，将三维数据体输入应用定向渗流理论建立起来的随机网络模型，在计算机上模拟水驱油的微观动态过程，从理论上探讨了微观孔隙结构及润湿性对微观剩余油形成与分布的影响，使微观剩余油研究达到可视化的效果。

四、细分注水配套技术

油田进入特高含水阶段以后，仅考虑静态非均质性的分层注水调整方法已不能满足油田精准开发的需求。基于特高含水后期油水渗流规律和剩余油分布规律认识，创新形成以低效无效循环识别、层段组合优化和层段水量优化为核心的细分注水优化调整技术。建立了非均质储层油水两相渗流阻力和分阶段容量阻力模型，确定小层优势渗流方向，明确不同油价条件下的极限含水率界限，实现单井、单层、不同方向3个层次低效无效循环的快速定量识别；建立了以渗流阻力变异系数最小为目标的层段细分优化方法，确定了层段细分新标准，实现了由静态参数到动态非均质性为依据的层段优化的转变，进一步拓展了注水井细分潜力空间。综合考虑注采关系、地层压力和注水效率等因素，建立了以"层间动用均衡、层间压力均衡、提高注水效率"为目标的层段水量优化方法，实现了区块—单井—层段3个层次注水量优化。

（一）不稳定注水技术

周期地改变地层注入和地层流体的状态，可以提高驱替效率和采收率。不稳定注水是在现有技术条件下，降低产出液中含水，增加原油产量，提高注水开发油田采收率较为经济和有效的技术手段。

（二）油藏深部整体调驱技术

在几十年水驱开发过程中，油藏某些部位产生了大孔道或水流优势通道，导致注入水大量无效循环，含水急剧上升，严重影响开发效果。需发展油藏深部整体调驱技术，向油藏深部注入凝胶类化学剂，堵住大孔道，使后续注入水改变流动方向，以扩大注水波及体积，提高原油采收率。

五、三次采油技术

通过使用化学物质来改善油、气、水及岩石相互之间的性能，开采出更多的石油，提高采收率的技术称为三次采油，又称提高采收率（EOR）方法。提高石油采收率的方法很多，主要有注表面活性剂、注聚合物稠化水、注碱水驱、注 CO_2 驱、注碱加聚合物驱、注惰性气体驱、注烃类混相驱、火烧油层、注蒸汽驱等。

（一）聚合物驱提高采收率技术

聚合物驱的原理是在注入水中加入高分子聚合物，通过增加注入水的黏度来提高采收率。聚合物驱是在各种化学驱方法中是发展最快的。聚合物驱油已成为高含水后期提高采收率、保持油田可持续发展的重要技术手段。

（二）化学复合驱技术

化学复合驱的原理是向注入水中同时加入表面活性剂、碱和聚合物（三元复合驱），或只同时加入碱和聚合物（二元复合驱），通过这些化学剂的协同作用，大幅度降低油水界面的界面张力，就可以驱出单纯水驱所采不出的大量残余油，提高驱油效率和采收率。提高采收率的幅度为15%～20%。

（三）注水后热采技术

将注蒸汽技术应用于黏度及含蜡量较高的油藏水驱后提高原油采收率，已受到广泛的关注。室内驱油实验表明，高温蒸汽可以使岩石完全变成水湿，剥下剩下的油膜，同时可大幅度降低原油黏度，再加上蒸汽蒸馏等作用，可以使原油采收率明显提高。该技术在大庆长垣油田过渡带开展了矿场试验。

（四）微生物采油技术

微生物采油技术是一项把生物工程应用于原油工业的新兴技术。我国微生物采油技术经过攻关研究，取得了很大进展。形成了菌种筛选与评价、驱油实验评价、油藏筛选、试验方案设计、微生物菌种登记等有关技术规程和评价方法。在生物聚合物和生物表面活性剂的研制方面也已获得较大进展，并已在大庆油田萨中开发区过渡带开始了小规模生产和先导性现场试验。

六、物理法采油技术

物理法采油技术包含人工地震、高能气体压裂、低频振荡波、声波、超声波、次声波、高能气体爆燃冲击波、电磁波、磁场采油、油水井水力振荡解堵等方法的试验研究。物理法采油技术可用于高含水油田中后期以提高水驱采收率，也可用于常规增产技术无法处理的含黏土油藏、低渗透油藏以及稠油油藏的开采，具有适应性强、工艺简单、成本低、对油层无污染的特点。

由于油田开发后期剩余油高度分散及储层非均质性的影响，剩余油分布的研究难度越来越大，人们也认识到微观剩余油分析技术研究的重要性，因而陆续出现了一些微观剩余油分析研究技术，只有充分认识剩余油的微观分布特征，才能使宏观剩余油的分布研究越来越深入，挖潜出更多的剩余油，稳定全球的能源格局。

| 第二章 |

剩余油预测方法和技术

剩余油分布的预测与描述是油田开发中后期油藏描述的首要任务，目前已形成了许多关于剩余油的研究与预测方法。一是应用地震技术开展剩余油分布研究，既是地震技术进一步向油田开发延伸的需要，也是将来开发地震技术的一个探索方向，地震波速度受控于岩性、物性和含烃性（或流体性质）三大因素，地震波的衰减与岩石的吸收性质有关，如岩石孔隙度、渗透率、黏土矿物含量、孔隙内流体性质等均对地震波的衰减产生影响。二是物理沉积模拟，这是沉积学研究与发展的重要途径之一，曲流河点坝物理模拟实验通过这种准确度较高的曲流河点坝砂体水驱油模拟实验建立砂体模型，模拟三维空间内曲流河点坝砂体内部水驱油变化规律，解决了现有剩余油模拟实验设备观测不直观、不客观、不全面等技术问题势。三是油藏数值模拟技术是一项剩余油研究的重要方法，该技术始于 20 世纪 60 年代，80 年代中后期至 90 年代是我国数值模拟研究工作最兴旺发展时期，目前已是一项成熟的技术，随着油藏数值模拟软件的更新换代，地质建模与数值模拟一体化技术也渐趋成熟，在精细地质建模的基础上，利用软件平台，开展精细油藏数值模拟研究，大大提高了研究的效率和精度，为剩余油高精度表征奠定了基础。四是剩余油饱和度监测，是指测量生产过程中储层剩余油气含量，为油气井生产措施提供科学依据的一种测井方法，是监测储层剩余油饱和度的重要手段，目前套后饱和度监测的主要方法有电测井（过套管电阻率）和核测井（碳氧比测井、中子寿命测井、脉冲中子全谱测井）。

第一节　油藏地球物理剩余油研究技术

一、储层岩石物理实验

地震资料的反射特征与地震野外采集质量有关，但客观上取决于地下地质条件。在碎屑岩沉积地区，岩石物理性质如弹性模量、密度和吸收特点与它们的岩石成分、孔隙度、孔隙内流体性质、埋藏条件、地质年代及岩石各向异性等有关。在地震勘探中，地震波的传播速度是最重要、最有用的参数。在地震资料的解释中，根据地震波在岩石中的传播速度和旅行时间，确定岩层的构造形态。迄今，大部分有关岩性和物性的研究工作仍主要以速度为基础。地震岩石物理模型是描述岩石弹性参数与储层参数之间定量关系的有效工具。以砂泥岩地层为例，地震岩石物理模型能够将弹性参数（纵波阻抗、纵横波速度比、密度）描述为黏土含量、孔隙度、含水饱和度的函数。岩石物理实验的任务主要是测量岩样纵横波波速、岩石力学参数、岩石声学参数（波速、幅度）和电学参数（电阻率、电导率）。

（一）岩石物理实验的任务

（1）实验室岩石物理参数测试及分析：收集研究工区的岩心样本，优选适合的测量方法进行岩心弹性参数实验，开展常温常压下及高温高压下岩样弹性参数静态测量，模拟实际生产流场动态数据，对岩样进行驱替实验，获取准确的不同饱含流体的岩石弹性参数。

（2）岩石物理模型及参数变化机理研究：应用岩石实验数据结果分析理论岩石物理模型，针对黏弹性介质开展频散岩石物理理论数值分析，研究不同流体参数变化下的弹性参数变化，建立本地适用的合理的岩石物理模型。

（3）地震波场与油藏流场耦合关系研究：依据前期岩心测量数据及岩石物理模型成果，开展油藏流场与地震波场参数关系研究，建立波动与渗流耦合方程，直接应用方程研究渗流场地震波场特征。

（4）地震波场表征油藏流场技术方法研究：在前期研究指导下应用多种地球物理手段进行油藏渗流场表征研究，开展差异叠前非一致性地震反演、频散 AVO 反演、深度学习等方法攻关，预测不同开发时期的流场参数变化规律。

（5）岩石物性参数测试，获得研究区具有代表性的疏松砂岩岩石物理参数。通过对岩样的物理性质测定，分析岩样物性参数的变化规律，为研究地区的油气勘探资料的处理和解释、地震属性反演、气水识别等提供岩石物理实验基础。

（二）岩样物性参数的测试方法

1. 岩心流体饱和度测定方法

蒸馏抽提法原理：主要是把岩样中的水蒸馏出来，再利用溶剂把油抽提出来。将岩样称重，加热溶剂使水蒸发。把水蒸气冷凝下来收集在一个校准过的集液管里，将蒸发的溶剂也要冷凝下来，浸泡岩心，洗去油。岩心放在烘箱里烘干，称重，通过质量差来确定油的含量。

方法采用行业标准：GB/T 29172—2012《岩心分析方法》，实验装置如图 2-1-1 所示。实验步骤如下：

（1）样品杯/岩样应在分析天平上称其质量，精确到 0.001g。应快速完成此过程以使样品中的流体蒸发降到最低。在完成称量之后，岩样或样品杯应立即装到仪器里，或者储存到一个容器里，以防止进一步蒸发，直到该样品被装到仪器里，储存时间应尽量短。

（2）蒸馏抽提过程至少要进行 48h。每天观测水面，只有当收集到的水体积在 24h 内没有变化时，蒸馏抽提过程才可以结束。

(a)天平　　　　　　(b)蒸馏抽提　　　　　(c)洗油仪　　　　　　(d)烘箱

图 2-1-1　岩心流体饱和度实验装置

（3）抽提完水以后，把岩样放在洗油的装置中，用甲苯与酒精按一定比例对油进行彻底地清洗。

（4）检查油有没有得到彻底洗净的方法是可以用氯化甲烷在一个紫外线光源下观察岩心清洗的效果，如果还存在残余的油，就会有荧光。

（5）岩样洗油以后，岩样杯应烘干至恒重。在放进烘箱之前，除非将多余的溶剂蒸发掉，否则饱和了过多溶剂的岩样应在防爆对流或真空烘箱中烘干。

利用以下公式计算含水、含油饱和度：

$$f_{wg} = \frac{m_w \times 100}{m_i} \qquad (2-1-1)$$

$$f_{og} = \frac{m_o \times 100}{m_i} \qquad (2-1-2)$$

$$S_w = \frac{V_w \times 100}{V_p} \qquad (2-1-3)$$

$$S_o = \frac{m_o / \rho_o \times 100}{V_p} \qquad (2-1-4)$$

式中　f_{wg}——水的质量分数；

f_{og}——油的质量分数；

m_w——水的质量，g；

m_i——原始样品的质量，g；

S_w——含水饱和度；

S_o——含油饱和度；

V_m——岩心中孔隙水体积，cm³；

V_p——岩心的孔隙体积，cm³；

m_o——油的质量，g；

ρ_o——油的密度，g/cm³。

2. 孔隙度测定方法

实验原理：利用气体等温膨胀原理。已知体积（标准室体积）的气体，在确定压力下向未知室（测量室）做等温膨胀，状态稳定后可测定最终的平衡压力，平衡压力的大小取决于未知室体积的大小，而未知室体积的大小可用波义耳定律求得。

根据波义耳定律：$p_1V_1=p_2V_2$，其中已知 p_1 和 V_1，测定 p_2 就可算出 V_2。在一定的压力 p_1 下，使一定体积 V_1 的气体向处于常压下的样品杯膨胀，测定平衡后的压力，就可求得原来气体体积 V_1 与样品杯的体积之和 V_2。在样品杯中放入岩样后，重复上述过程得到 V_2'，V_2-V_2' 即为岩样的固体体积。方法采用 GB/T 29172—2012《岩心分析方法》。

实验仪器：氦孔隙度仪（图 2-1-2），主要参数：孔隙度 0 ~ 100%。

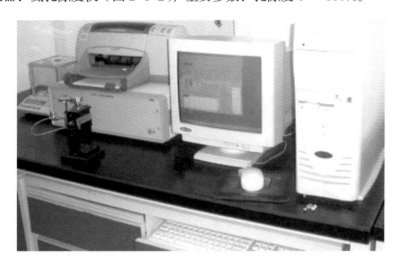

图 2-1-2　氦孔隙度仪

实验步骤：

（1）测量岩样长度；

（2）检查仪器阀门是否处于关闭状态，然后打开高压气瓶阀门，调节减压器出口压力为 0.8 ~ 1MPa；

（3）打开气源阀、供气阀和测量阀，用压力调节器将压力调到初始压力 p_k；

（4）关闭供气阀，使压力保持 1min，如不下降，开放空阀后即可进行下面步骤；

（5）关闭测量阀，打开岩样测量室上盖，将 1 号和 2 号标准钢块放入样品测量室，并将样品测量室上盖旋紧密封；

（6）打开供气阀，待标准室压力稳定后，关闭供气阀，然后记录标准室初始压力值 p_k；

（7）打开测量阀，气体膨胀到岩样测量室，压力读数下降，待压力稳定后记录此时的平衡压力 p_1；

（8）打开放空阀，关闭测量室，打开岩样杯取出 1 号标准钢块，让样品测量室内只有 2 号标准块，然后密封岩样测量室，关闭放空阀，重复步骤（6）（7），记录平衡压力 p_2；

（9）打开放空阀，关测量阀，打开岩样杯取出 2 号标准钢块，放入 1 号标准钢块，然后密封岩样测量室，关闭放空阀，重复步骤（6）（7），记录平衡压力 p_3；

（10）打开放空阀，关闭测量室，打开岩样杯取出 1 号标准钢块，让样品测量室内没有任何标准块，然后密封岩样测量室，关闭放空阀，重复步骤（6）（7），记录平衡压力 p_4；

（11）打开放空阀，关闭测量室，打开岩样杯放入待测岩样，然后密封岩样测量室，关闭放空阀，重复步骤（6）（7），记录平衡压力 p_5。

数据计算公式如下：

$$V_4 = V_k \left(\frac{p_k - p_4}{p_4} \right) + \frac{p_4 + p_0}{p_4} G(p_k - p_4) \tag{2-1-5}$$

$$V_5 = V_k \left(\frac{p_k - p_5}{p_5} \right) + \frac{p_5 + p_0}{p_5} G(p_k - p_5) \tag{2-1-6}$$

$$V_s = V_4 - V_5$$

$$\phi = \frac{V_p}{V_r} \times 100\% = \left(1 - \frac{V_s}{V_r} \right) \times 100\% \tag{2-1-7}$$

式中　V_4——岩样测量室空间体积，cm^3；

　　　V_5——岩样室空间（包括岩样中的孔隙体积）体积，cm^3；

　　　V_s——岩样颗粒体积，cm^3；

　　　V_r——岩样外表体积，cm^3；

　　　p_0——实验室所在地当地当时大气压，MPa；

　　　G——体系的压变系数，cm^3/MPa；

　　　ϕ——孔隙度，%。

3. 渗透率测定方法

实验原理：本系统的基本设计原理是基于 1856 年由 Henri Darcy 定义的达西定律（Darcy Law）。方法采用 GB/T 29172—2012《岩心分析方法》。

实验仪器：渗透率测定仪（图 2-1-3）。

实验步骤：

（1）除油和盐之后，烘干待测；

（2）用气体渗透率仪测量岩样上游压力和流量；

（3）渗透率计算方法：

$$K_a = \frac{2000 p_a \mu Q L}{(p_1^2 - p_2^2) A} \tag{2-1-8}$$

式中　K_a——渗透率，mD；

　　　μ——黏度，mPa·s；

　　　Q——表观流量，cm^3/s；

　　　L——样品长，cm；

　　　A——样品截面积，cm^2；

　　　p_1——上游压力，MPa；

　　　p_2——下游压力，MPa。

4. 不同含水饱和度建立方法

实验原理：采用样品完全饱和水，以恒压驱气的方法建立不同含水饱和度。

实验仪器：恒压气驱装置（图2-1-4）。

 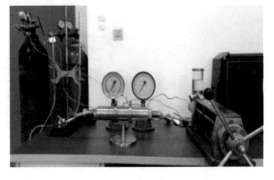

图2-1-3 渗透率测定仪   图2-1-4 恒压气驱装置

实验步骤：

（1）将岩心烘干，称干重记为m_1；

（2）利用岩心抽真空饱和的方式将岩心完全饱和配好的地层水，此时的含水饱和度为100%，并称湿重记为m_2，计算完全饱和水以后的水体积V；

（3）将完全饱和好以后的岩心放入岩心夹持器内，夹持器入口端接氮气瓶，通过减压阀调节岩心入口端压力，并逐步增加入口压力，同时用精密量筒接岩心出口端液体，当液量达到所要求的岩心内含水饱和度值时，停止注气，计算此时驱出水量V_1；

（4）重复步骤（3），直至建立好所需的饱和度（25%、50%、75%）。当通过调节气驱压力已无法达到所需含水饱和度时，需要进行烘干处理至所需饱和度。

数据计算公式如下：

$$S_w = \frac{V - V_1}{V} \times 100\% \qquad (2-1-9)$$

式中 S_w——岩心含水饱和度，%。

5. 岩心纵横波速度测定方法

实验原理：采用超声脉冲透射法，测量纵波或横波沿岩心长度方向的传播时间，计算岩样的纵横波速度。方法采用SY/T 6351—2012《岩样声波特性的实验室测量规范》。

实验仪器：多功能声波测试系统（图2-1-5），该设备能够实现储层条件下，一个纵波、两个方向上（夹角90°）横波的同时测量。技术指标：温度为室温至121℃；最大围压及孔隙压力为140MPa。系统主要由3部分组成，最左侧是电脑——系统自动化控制、波形读取、数据处理；中间部分是集成的电子控制模块，包括示波器、信号发生器、温度、压力控制系统；最右侧是岩心压力容器实现变围压、孔隙压力和温度等实验条件。

实验步骤：

（1）将待测岩样装入岩样夹持器系统中，使岩样与换能器端面充分耦合，能在示波器上清晰地观测到波形首波；

（2）将温度控制仪设定到测量所需温度值，稳定 5min；

（3）将轴压和围压升至测量所需压力值，稳定 5min；

图 2-1-5　多功能声波测试系统

（4）分别测量并记录纵波或横波的传播到达时间；

（5）按式（2-1-10）计算岩样在给定温度和压力下的声波速度和声波时差（时差为速度的倒数）。

$$v = L / (t-t_0) \qquad (2-1-10)$$

式中　　v——岩样的纵波速度或横波速度，m/s；

　　　　L——岩样的长度，m；

　　　　t——岩样的纵波传播时间或横波传播时间，s；

　　　　t_0——岩样的纵波传播时间或横波传播时间，s。

（三）岩心纵横波速度测量结果

对 GD 二区 32 块岩心样本开展地球物理参数测量，获得干岩心及不同含水饱和度状态下岩心纵横波测试结果，表 2-1-1 为干岩心纵横波速度测量数据，表 2-1-2 为 50% 含水饱和度岩心纵横波速度测量数据。

表 2-1-1　干岩心纵横波速度测量数据

序号	样品编号	层位	井深（m）	纵波速度（m/s）	横波速度（m/s）	体积弹性模量（N/m²）	杨氏弹性模量（N/m²）	纵波模量（N/m²）	泊松比
1	1–001A	明化镇组	1357.50	2605.7	1515.3	6.460	9.902	11.764	0.245
2	1–002L	明化镇组	1357.84	2658.7	1425.3	7.420	8.978	12.031	0.298
3	1–004A	明化镇组	1358.62	2697.9	1448.1	7.950	9.652	12.909	0.298
4	1–007A	明化镇组	1359.50	2739.9	1503.5	7.390	9.553	12.348	0.285
5	5–002A	明化镇组	1753.90	2723.2	1452.5	8.232	9.819	13.262	0.301
6	5–012L	明化镇组	1756.94	2729.0	1556.1	7.054	10.196	12.453	0.259
7	6–003A	馆陶组	1870.30	2645.5	1459.9	7.482	9.828	12.596	0.281
8	6–004A	馆陶组	1870.90	2618.7	1496.8	7.070	10.292	12.527	0.257
9	6–005A	馆陶组	1871.40	2705.1	1505.7	8.059	10.854	13.732	0.276
10	6–006A	馆陶组	1872.30	2597.6	1410.4	6.878	8.625	11.332	0.291

表 2-1-2　50% 含水饱和度岩心纵横波速度测量数据

序号	样品编号	层位	井深（m）	纵波速度（m/s）	横波速度（m/s）	体积弹性模量（N/m²）	杨氏弹性模量（N/m²）	纵波模量（N/m²）	泊松比
1	1-001A	明化镇组	1357.50	2620.0	1534.7	7.109	11.140	13.104	0.239
2	1-002L	明化镇组	1357.84	2673.2	1459.4	8.129	10.355	13.490	0.288
3	1-004A	明化镇组	1358.62	2625.1	1501.7	7.555	11.025	13.404	0.257
4	1-007A	明化镇组	1359.50	2724.6	1503.5	8.139	10.691	13.703	0.281
5	1-010A	明化镇组	1359.60	2628.0	1472.5	7.404	10.165	12.735	0.271
6	4-002A	明化镇组	1749.86	2686.1	1511.2	8.441	11.726	14.604	0.268
7	6-003A	馆陶组	1870.30	2721.3	1565.8	8.144	12.092	14.580	0.253
8	6-004A	馆陶组	1870.90	2674.9	1444.8	8.706	10.759	14.249	0.294
9	6-005A	馆陶组	1871.40	2705.1	1515.1	8.654	11.866	14.876	0.271

（四）岩石物理实验数据分析

1. 岩样纵横波阻抗与密度、孔隙度和渗透率的相关性分析

岩样在不同含水饱和度状态下的密度和渗透率、纵横波阻抗与密度的相关性分析（图 2-1-6 和图 2-1-7）与前面速度分析结论相近，即岩样纵横波阻抗随着孔隙度和渗透率的变化不明显，岩样饱水后的纵横波阻抗明显高于饱气。表明纵波阻抗参数中密度对气水更加敏感，造成横波阻抗对气水也具有识别性，纵横波阻抗随密度增加而增大。

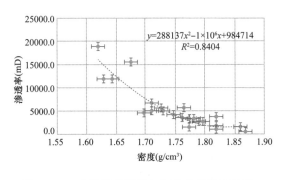

图 2-1-6　砂岩岩样密度与渗透率相关关系图　　　图 2-1-7　岩样密度与纵波阻抗相关关系图

2. 岩样杨氏模量和泊松比与密度、孔隙度和渗透率的相关性分析

岩样在不同含水饱和度状态下的杨氏模量和泊松比与孔隙度、密度和渗透率的相关性分析结论：岩样杨氏模量和泊松比随着孔隙度、渗透率的变化不明显，岩样饱水后的杨氏模量明显高于饱气后的杨氏模量，而泊松比在饱水与饱气时差别不大。岩样杨氏模量随密度增加而增大，岩样杨氏模量差异大，能够区分流体饱水与饱气状态，而泊松比随密度变

化不明显（图 2-1-8 和图 2-2-9）。

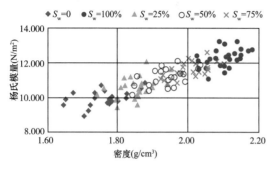 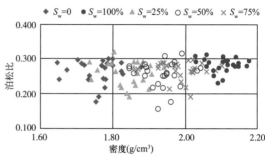

图 2-1-8　岩样密度与杨氏模量之间的关系图　　　图 2-1-9　岩样密度与泊松比之间的关系图

3. 岩样纵横波品质因子与密度、孔隙度和渗透率的相关性分析

岩样在不同含水饱和度状态下的纵横波品质因子与孔隙度、密度和渗透率的相关性分析结论：不同弹性参数区分流体的敏感性不同，在不同流体类型状态下岩样，组合的弹性参数相对于纵横波速度异常有所增加，疏松砂岩的情况下岩样拉梅系数（λ）与密度（ρ）的乘积对流体的敏感性要好于其他的弹性参数。各种弹性参数对孔隙度和渗透率都不敏感，只有纵波品质因子（Q_p）随孔隙度（ϕ）与渗透率（K）增大而减小（图 2-1-10 和图 2-1-11）。

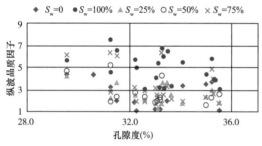

图 2-1-10　岩样纵波品质因子与孔隙度　　　图 2-1-11　岩样纵波品质因子与渗透率
　　　　　　之间的关系图　　　　　　　　　　　　　　之间的关系图

4. 声波测试结果敏感性分析

岩样在不同含水饱和度状态下的各个弹性参数的相关性分析结论：不同弹性参数区分流体的敏感性不同，在不同流体类型状态下的岩样，组合的弹性参数相对于纵横波速度异常有所增加，疏松砂岩的情况下岩样拉梅系数（λ）与密度（ρ）的乘积对流体的敏感性要好于其他的弹性参数（图 2-1-12）。各种弹性参数对孔隙度和渗透率敏感性较差，只有纵波品质因子随孔隙度与渗透率增大而减小（图 2-1-13）。

二、岩石物理建模与分析

下面讨论研究区岩石物理建模的基本流程和渗流参数对 AVO 反射特征的影响，并就岩石物理反演的多解性进行了数值分析。

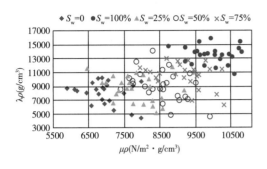

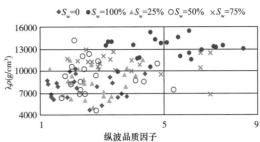

图 2-1-12　岩样 $\lambda\rho$ 与 $\mu\rho$ 之间的关系图　　图 2-1-13　岩样 $\lambda\rho$ 与纵波品质因子之间的关系图

μ—— 切变模量

（一）岩石物理建模流程

地震岩石物理模型是描述岩石弹性参数与储层参数之间定量关系的有效工具。以砂泥岩地层为例，地震岩石物理模型能够将弹性参数（纵波阻抗、纵横波速度比（v_p/v_s）、密度（ρ）描述为黏土含量（v_{sh}）、孔隙度（ϕ）、含水饱和度（S_w）的函数。在中低孔隙度和渗透率的砂岩储层中，基于包体模型的 Xu–White 模型，是较为常用描述储层参数与弹性参数的工具。此处以 Xu–White 模型为例，说明岩石物理建模的基本流程。

1.Xu–White 模型框架

Xu–White 模型框架是较为常用的用于建立碎屑岩储层中储层参数与弹性参数的方法，主要是联合采用多种岩石物理方法，针对岩石不同的物理性质，选取不同的岩石物理方法进行刻画，是一种组合化的、较全面的岩石物理建模方法。这种岩石物理建模思路在复杂储层勘探开发进程中起着非常大的作用。这种岩石物理建模分为 3 个步骤（图 2-1-14）：（1）建立岩石基质模型，求取固体基质的弹性模量；（2）干岩石骨架模型，在固体岩石基质采用 Kuster-Toksöz 理论加入各种孔隙，计算出干岩石骨架弹性模量；（3）含流体岩石模型，在干岩石孔隙中加入流体进行模拟实际岩石情况，具体采用 Gassmann 方程加入孔隙流体，计算含流体岩石弹性模量。

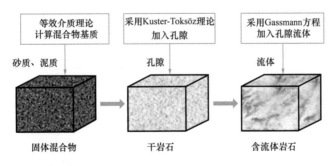

图 2-1-14　Xu–White 模型示意图

2. 岩石基质模型

对储层岩石等效为一种充填各种岩石基质的固体混合物模型，然后根据等效介质理论计算固体混合物的等效弹性模量。

复合弹性模量上下限边界法用来结算复合岩石弹性模量的上下限，对于混合物各组分弹性性质差异显著情况（如矿物颗粒与水），只能定性分析岩石弹性模型变化，对静态弹性参数的极限估算。常用的边界法包括 Voigt–Reuss 边界、Hashin–Shtrikman 边界，以及 1952 年 Hill 根据上下边界求算术平均值提出的 Hill 平均思想，从而对复合材料的弹性参数给出定量估计值。本书采用 Voigt–Reuss–Hill 平均模型建立固体混合物弹性参数关系。

假设某种混合物可以分为 n 种组分，根据其等效弹性模量 Voigt 上边界和 Reuss 下边界，得到 Voigt–Reuss–Hill 平均模型为：

$$K_v = \sum f_i M_i, \frac{1}{K_r} = \sum \frac{f_i}{M_i}, K_{mat} = (K_v + K_r)/2 \qquad （2-1-11）$$

式中 K_v——岩石基质体积模量，N/m^2；

$\quad\quad K_r$——岩石基质剪切模量，N/m^2；

$\quad\quad K_{mat}$——岩石基质弹性模量，N/m^2；

$\quad\quad M_i$——第 i 种组分的体积分量；

$\quad\quad f_i$——第 i 种组分的弹性模量。

3. 干岩石骨架模型

建立好储层岩石固体混合物模型后，在固体岩石基质中加入孔隙成分模拟真实情况干燥孔隙介质岩石。

2005 年，Pride 基于固结砂岩给出了岩石弹性模量与孔隙度的关系，随后通过 Pride 等和 Lee 对参数 c' 进行修正，形成建立孔隙介质干岩石骨架模型。P–L 模型及其参数改进式表示为如下形式：

$$\begin{cases} K_{dry} = \dfrac{K_{mat}(1-\phi)}{(1-\alpha\phi)} = K_{mat}(1-\phi)\eta \\[2mm] \mu_{dry} = \dfrac{\mu_{mat}(1-\phi)}{(1+\gamma\alpha\phi)} = \mu_{mat}(1-\phi)\xi \end{cases} \qquad （2-1-12）$$

式中 K_{dry}——干岩石骨架的体积模量；

$\quad\quad K_{mat}$——岩石基质的体积模量；

$\quad\quad \mu_{dry}$——干岩石骨架的剪切模量；

$\quad\quad \mu_{mat}$——岩石基质的剪切模量；

$\quad\quad \phi$——孔隙度，%；

$\quad\quad \alpha$——固结指数；

$\quad\quad \eta, \gamma, \xi$——可变参数，$\gamma \geq 0$，$\eta$ 和 ξ 分别由 α 和 γ 计算而来。

在干岩石骨架的弹性模量确定的情况下，通过求解得到固结指数 α，就可以得到干岩石骨架的弹性模量。

本书结合等效介质理论和 P–L 模型计算包含孔隙的干岩石骨架弹性模量。

4. 含流体岩石物理模型

计算出含孔隙介质的干岩石基质模量后，在孔隙中加入流体，并计算含流体岩石的复合弹性模量，理论上就可以表征储层岩石等效弹性性质。

首先，计算孔隙流体等效弹性模量。利用 Wood 方程计算混合流体体积模量：

$$\frac{1}{K_f} = \frac{S_o}{K_o} + \frac{S_w}{K_w} + \frac{1 - S_o - S_w}{K_g}$$ （2-1-13）

式中　K_f——混合流体体积模量；

　　　K_o——油的体积模量；

　　　K_w——水的体积模量；

　　　K_g——天然气的体积模量；

　　　S_w——水的饱和度；

　　　S_o——油的饱和度。

计算得到流体混合物的弹性模量后，基于 Gassmann 方程建立饱和流体岩石的弹性模量与干岩石骨架模量、孔隙度、混合流弹性模量之间的关系，计算出岩石等效体积模量与剪切模量，进而得到储层岩石弹性参数与岩石物性参数之间的关系：

$$\begin{cases} K_{sat} = K_{dry} + \dfrac{\left(1 - K_{dry}/K_{mat}\right)^2}{\dfrac{\phi}{K_f} + \dfrac{1-\phi}{K_{mat}} - \dfrac{K_{dry}}{K_{mat}^2}} \\ \mu_{sat} = \mu_{dry} \end{cases}$$ （2-1-14）

式中　K_{sat}——流体饱和岩石等效体积模量；

　　　μ_{sat}——流体饱和岩石剪切模量。

（二）碎屑岩岩石物理模型正演分析

岩石物理模型正演模拟是地震反演过程中非常重要的过程，通过正演模拟分析可以直观地下介质的参数变化情况，同时通过正演分析参数的敏感性，来验证反演的可行性。本小节首先进行碎屑岩岩石物理建模，然后建立双层介质模型进行正演模拟和反射特征分析，为基于岩石物理模型的地震反演提供可靠支撑。

1. 碎屑岩岩石物理建模

表 2-1-3 给出了研究区岩石物理建模的流程和数学公式。根据表中的岩石物理模型公式，建立碎屑岩岩石物理模型，得到碎屑岩弹性参数（体积模量、剪切模量）与物性参数（孔隙度、泥质含量、含有饱和度）之间的关系。

为了将岩石物理模型与地震属性结合起来，以便利用地震属性反演储层参数，引入密度公式与速度公式。

基于等效介质理论，将岩石密度与各组分矿物关系表示为如下形式：

$$\rho_{sat} = \phi\left[\left(1 - S_w\right)\rho_h + S_w\rho_w\right] + \left(1 - \phi\right)\left(V_{sh}\rho_c + \left(1 - V_{sh}\right)\rho_Q\right)$$ （2-1-15）

式中　ρ_h——孔隙内石油密度，g/cm³；

　　　ρ_c——岩石孔隙填隙物密度，g/cm³；

ρ_{Q}——岩石矿物颗粒骨架密度，g/cm³。

地震波纵波速度、横波速度与弹性阻抗的关系表示为如下形式：

$$v_{p}=\sqrt{\dfrac{K_{sat}+\dfrac{4}{3}\mu_{sat}}{\rho_{sat}}},v_{s}=\sqrt{\dfrac{\mu_{sat}}{\rho_{sat}}} \qquad(2-1-16)$$

式中 v_{p}——纵波速度，m/s；

v_{s}——横波速度，m/s；

ρ_{sat}——流体饱和岩石密度，g/cm³；

K_{sat}——流体饱和体积模量，Pa；

μ_{sat}——流体饱和剪切模量，Pa。

表 2-1-3 组合岩石物理建模流程和数学公式

类型	组成部分	岩石物理模型公式	备注
固体混合物	石英、黏土等	$\begin{cases}K_{v}=\sum f_{i}M_{i},\dfrac{1}{K_{r}}=\sum\dfrac{f_{i}}{M_{i}}\\ K_{mat}=(K_{v}+K_{r})/2\end{cases}$	Voigt-Reuss-Hill 模型
干岩石骨架	固体混合物、孔隙	$\begin{cases}K_{dry}=\dfrac{K_{mat}(1-\phi)}{(1-\alpha\phi)}=K_{mat}(1-\phi)\eta\\ \mu_{dry}=\dfrac{\mu_{mat}(1-\phi)}{(1+\gamma\alpha\phi)}=\mu_{mat}(1-\phi)\xi\end{cases}$	改进 P-L 模型
孔隙流体	油、水、气	$\dfrac{1}{K_{f}}=\dfrac{S_{o}}{K_{o}}+\dfrac{S_{w}}{K_{w}}+\dfrac{1-S_{o}-S_{w}}{K_{g}}$	Wood 方程
饱和流体岩石	干岩石、流体	$\begin{cases}K_{sat}=K_{dry}+\dfrac{\left(1-K_{dry}/K_{mat}\right)^{2}}{\dfrac{\phi}{K_{f}}+\dfrac{1-\phi}{K_{mat}}-\dfrac{K_{dry}}{K_{mat}^{2}}}\\ \mu_{sat}=\mu_{dry}\end{cases}$	Gassmann 方程

2. 岩石物理模型参数敏感性分析

在进行反演过程之前，首先是进行正演分析。特别对于具有强烈非线性关系的模型，通过正演分析模型参数之间的关系，特别是模型待求解参数与已知参数之间的关系，是基于模型进行反演必不可少的一个步骤。

本小节基于等效介质理论与孔隙介质中波传播理论建立储层岩石物性参数与弹性参数之间的关系（表 2-1-4），并基于弹性波速度与密度公式进行模型参数正演，以及参数敏感性分析。

表 2-1-4　岩石组分参数

类型	体积模量（GPa）	剪切模量（GPa）	密度（g/cm³）	v_p（km/s）	v_s（km/s）
石英	37	44	2.65	6.05	4.09
黏土	21	7	2.6	3.41	1.64
淡水	2.5	—	1	1.58	0
原油	1	—	0.8	1.12	0

首先，得到碎屑岩弹性参数与物性参数关系模型，模型表示为如下形式：

$$\left[v_p,\ v_s,\ Pho\right]=f_{RPM}\left(\left[\phi,\ V_{sh},\ S_w\right]\right) \tag{2-1-17}$$

式中　　Pho——岩石密度（包括孔隙内流体的综合密度参数）；

$\qquad$ f_{RPM}——岩石物性模型函数。

对已建立的岩石物理模型正演模拟，模型中岩石各组分的参数如下表所示。

图 2-1-15 至图 2-1-17 为根据模型得到的岩石弹性参数：纵波速度（v_p）、横波速度（v_s）、密度（ρ），与岩石物性参数：孔隙度（ϕ）、泥质含量（V_{sh}）、含水饱和度（S_w）之间的四维关系图。并将物性参数中的一个固定，更直观地分析弹性参数岁物性参数之间的变化关系。

图 2-1-15 分别为岩石纵波速度、横波速度和密度与岩石孔隙度、含水饱和度和泥质含量的关系图。图 2-1-16 和图 2-1-17 是为了进行显示内部变化情况进行剖面的展示。其中，图 2-1-17 是以纵波速度为例，分别固定孔隙度为 20%，泥质含量为 50%，含水饱和度为 50% 时，纵波速度随着其他两个参数的变化情况。图中坐标分别表示孔隙度、含水饱和度和泥质含量，颜色表示各个弹性参数的在不同物性参数情况的值。通过分析可以得出纵波速度、横波速度和密度随着不同的物性参数变化。当含水饱和度固定时，可以得出纵波速度随着泥质含量的减小呈现增加的趋势，随着孔隙度的增大呈减小的趋势；横波速度随着泥质含量的减小呈现增加的趋势，随着孔隙度的增大呈减小的趋势，但横波速度受孔隙度的影响没有纵波速度受孔隙度的影响大；密度随着泥质含量的变化不太明显，可以解释为建立的模型中，石英和黏土的密度差别不大造成的结果，同样，密度随着孔隙度的增大呈减小的趋势。

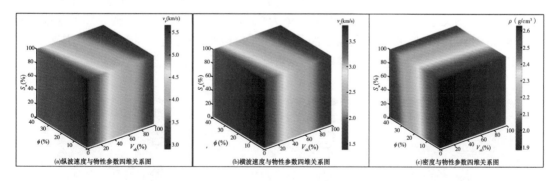

(a)纵波速度与物性参数四维关系图　　(b)横波速度与物性参数四维关系图　　(c)密度与物性参数四维关系图

图 2-1-15　弹性参数（v_p，v_s，ρ）随物性参数（ϕ，V_{sh}，S_w）变化情况

当孔隙度固定时，可以得出纵波速度随着泥质含量的减小呈现增加的趋势，但是对含水饱和度的变化不敏感，原因是孔隙介质中当孔隙度比较小时，整体的孔隙中的流体对整

体的弹性模量影响比较小；横波速度随着泥质含量的减小呈现增加的趋势，同样对含水饱和度的变化不敏感；密度随着泥质含量的变化不太明显，同样是因为石英和黏土的密度差别不大造成的结果，同时，密度随含水饱和度的变化不明显。当泥质含量固定时，可以得出纵波速度随着孔隙度的减小呈现增加的趋势，但是对含水饱和度的变化不敏感；横波速度随着孔隙度的减小呈现增加的趋势，同样对含水饱和度的变化不敏感；密度随着孔隙度的变化明显，但随含水饱和度变化有一定变化。

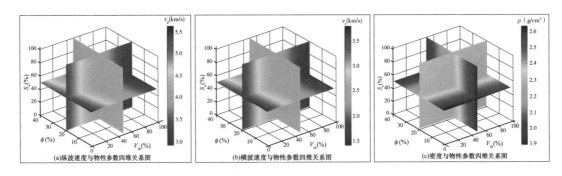

图 2-1-16　弹性参数（v_p，v_s，ρ）随物性参数（ϕ，V_sh，S_w）变化情况（内部）

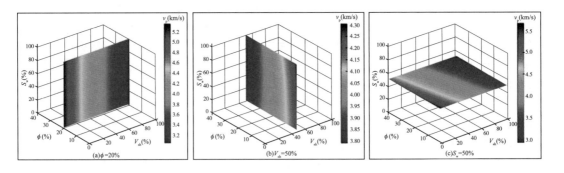

图 2-1-17　纵波速度随物性参数变化图

图 2-1-18 是泥质含量为 30% 时，纵波速度、横波速度和密度与孔隙度（ϕ）与含气饱和度（S_g）的关系，图 2-1-19 是泥质含量为 30% 和孔隙度均为 30% 时，纵波速度、横波速度和密度与含气饱和度和孔隙度的关系。图 2-1-20 是泥质含量为 30%，饱和含油、含气和含水情况下，纵波速度、横波速度、密度和泊松比与孔隙度的关系。

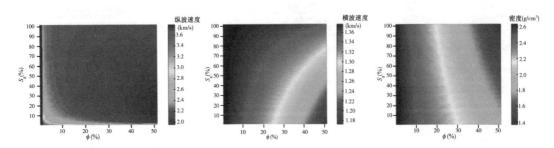

图 2-1-18　泥质含量为 30% 情况下，纵波速度、横波速度和密度与孔隙度和含气饱和度的关系图

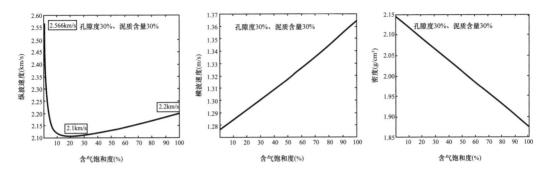

图 2-1-19　泥质含量与孔隙度均为30%情况下，纵波速度、横波速度和密度与含气饱和度的关系图

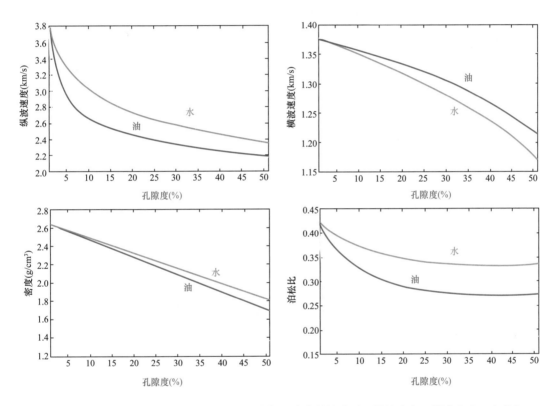

图 2-1-20　泥质含量为30%，饱和含油、含气和含水的情况下，纵波速度、横波速度、密度和
泊松比与孔隙度的关系图

（三）岩石物理模型反演多解性分析

基于岩石物理模型的储层物性参数反演方法，在反演过程涉及以下两个主要问题：一是岩石物理模型具有很强的非线性，一般基于最小二乘的直接反演方法对非线性目标函数的反演会造成一定的误差。二是由于反演目标函数的强非线性，反演结果可能会存储在一定的多解性。为了探索多解性的源头问题，即反演结果的多解性是由于岩石物理模型本身反演的多解性造成的，还是由反演的输入数据存在误差造成的。探索产生结果多解性的原因，以便于针对性地寻找解决方案，降低解的多解性，提高解的精度。

1. 单一准确弹性参数岩石物理反演

首先，在弹性参数准确的情况下，进行单弹性参数岩石物理反演，进行分析物性参数多解性。图 2-1-21 是利用准确的单一弹性参数（纵波速度、横波速度、密度）进行直接反演的结果。

图 2-1-21 中在弹性参数准确的情况下，进行单弹性参数岩石物理反演。图 2-1-21（a）（b）（c）分别为利用一个纵波速度（v_p）、横波速度（v_s）和密度（ρ）基于岩石物理模型进行物性参数：孔隙度（ϕ）、泥质含量（V_{sh}）、含水饱和度（S_w）反演的结果。图中的一个点表示解的一种可能结果，图 2-1-21 中 3 个图分别代表每单一因素如纵波速度、横波速度和密度参数反演得到的准确结果，但综合各方法分析反演物性参数明显有差异，具有多解性。

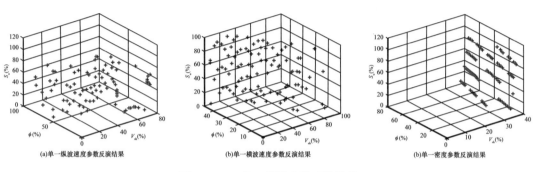

(a)单一纵波速度参数反演结果　　(b)单一横波速度参数反演结果　　(b)单一密度参数反演结果

图 2-1-21　单一弹性参数反演结果

2. 多弹性参数岩石物理反演

然后，在弹性参数准确的情况下，利用岩石物理模型中多个准确的弹性参数同时反演得到的物性参数进行分析。图 2-1-22 是同时利用准确弹性参数（纵波速度和横波速度）进行直接反演的结果。

图 2-1-22 验证在弹性参数准确的情况下，利用多弹性参数进行岩石物理反演。图 2-1-22（a）中蓝色的点表示利用一个纵波速度（v_p）反演的结果，一点表示一种可能结果；绿色点表示利用一个横波速度（v_s）反演的结果，同样一个点表示一种可能结果；红色点表示利用这一组（v_p，v_s）联合反演得到的结果。从图中可以得出，利用多参数联合反演时，可以相互约束得到准确物性参数。

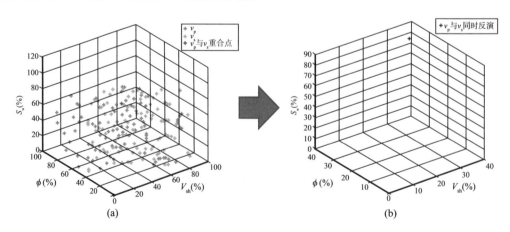

图 2-1-22　多个准确弹性参数岩石物理反演结果

3. 误差弹性参数岩石物性反演

最后，在弹性参数存在一定误差的情况下，利用岩石物理模型中准确的多弹性参数同时反演来得到的物性参数进行分析。图 2-1-23 是同时利用误差弹性参数（纵波速度、横波速度、密度）进行直接反演的结果。

可以从图 2-1-23 中得出，在弹性参数存在 1% 误差的情况下，利用多弹性参数进行岩石物理反演，图中每个点表示一种结果，图 2-1-23（a）为整体结果分布显示，图 2-1-23（b）为固定孔隙度（ϕ）、含水饱和度（S_w）和泥质含量（V_{sh}）的多解情况分布，图 2-1-23（c）表示固定含水饱和度，孔隙度和泥质含量的多解情况分布。得到的物性参数：（1）孔隙度和泥质含量的反演误差较小（11% 以内），因此孔隙度和泥质含量反演的鲁棒性较好；（2）含水饱和度的反演误差较大。

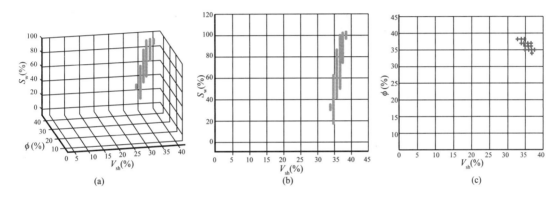

图 2-1-23　存在 1% 误差时多弹性参数岩石物理反演结果

三、高含水油藏水淹层定量评价技术

大港油田目前整体进入高含水—特高含水开发阶段。复杂的注采史和水淹状况使得高含水油藏水淹层测井响应特征十分复杂，如何有效利用测井资料识别水淹层，准确获取高含水期储层流体饱和度，实现水淹等级准确划分，是高含水—特高含水开发阶段迫切需要解决的一个问题。

（一）水淹机理及储层特征变化规律

1. 含水油藏水淹前后储层特征变化规律分析

1）高含水油藏水淹前后岩性变化分析

油层水淹后，岩石矿物颗粒组成及含量都可能会发生变化，注入水对岩性的影响主要体现在两个方面：一是注入水对微小颗粒的冲刷作用，岩样经过长期水驱后，孔壁上的黏土被冲刷下来，原来充填于孔道中的黏土也被冲散了，水淹后泥质含量明显降低。二是注入水对黏土矿物的蚀变作用，岩心浸泡及冲刷实验研究表明，经浸泡和冲刷的岩石，绿泥石和高岭石含量都有所增加，而伊/蒙混合量减少。

2）高含水油藏水淹前后物性变化分析

储层物性在水淹前后的变化情况受孔隙结构、岩石物性、胶结状态和岩性变化等多因素的影响。经电镜扫描发现：一方面，在注入水冲刷下，长石和石英表面已变得很洁净，岩石被溶蚀出现次生溶孔、溶洞，从而使部分孔隙变大；另一方面，在喉道弯曲比较严重的区域，孔隙喉道被运移的高岭石所堵塞，使岩石的整体连通性变差；水淹前后储层物性变化非常复杂。图2-1-24分别统计了4个高含水油藏水淹前后孔隙度与渗透率关系图，可见水淹前后孔隙度和渗透率关系明显发生变化，且变化趋势非常复杂。羊三断块表现为水淹后物性变好，相同孔隙度下，水淹后渗透率增加；DJ5井水淹后部分岩心物性变差，渗透率降低；GUAN50-4-4井水淹后物性变好、变差同时存在；Z6-16-5井中水淹期部分岩心物性变差，高含水期物性变好。

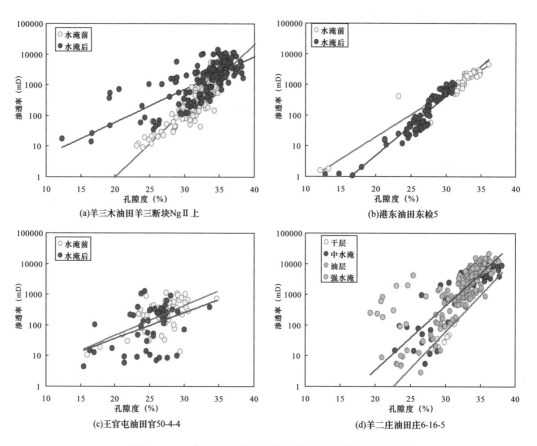

图 2-1-24　高含水油藏水淹前后孔隙度与渗透率交会图

3）高含水油藏水淹前后含油性变化分析

图2-1-25为实验室利用核磁共振测量得到的油层、油水同层和水淹层的含油性变化情况对比图。图2-1-25（a）为G2-56-2井油层、油水同层和水淹层含油T_2谱信号对比图，可见三个图中红色T_2谱信号分布位置基本相同，差异主要表现在包络面积大小的变化；油层和油水同层的差异主要表现在含油饱和度的变化。图2-1-25（b）为Z6-16-5井油层、强水淹层和超强水淹层含油T_2谱信号对比图，可见三个图中红色T_2谱信号与左图明显不一致，除了包络面积明显降低以外，水淹后其T_2谱展布宽度明显变窄，轻质组分信号损失明显，水淹层程度越高，轻质组分信号损失越明显，T_2谱占据位置明显左移，水

淹程度越高，左移越明显，说明剩余油信号均占据在微小孔径尺寸中。储层水淹层含油饱和度降低，原油黏度增加，剩余油占据在小孔径尺寸部分。

4）高含水油藏水淹前后电性变化分析

图2-1-26为实验室模拟油藏水淹后电性变化特征，可见，水淹前后电阻率变化情况非常复杂，它与注入水与地层水矿化度差异以及水淹阶段关系密切，在典型淡水水淹储层，电阻率呈现早期降低后期上升的 U 形曲线形态，在污水回注水淹储层，电阻率变化呈现 L 形。在实际应用中，受储层岩性、孔隙结构等影响，电性变化关系更为复杂。

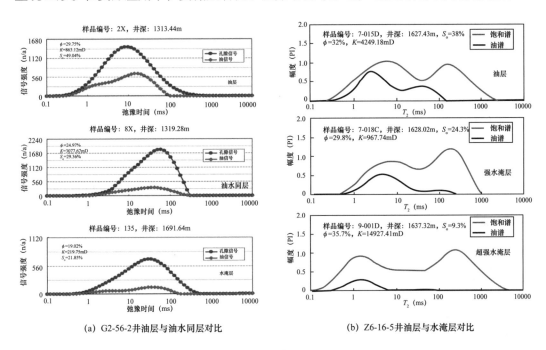

(a) G2-56-2井油层与油水同层对比　　　(b) Z6-16-5井油层与水淹层对比

图 2-1-25　水淹前后含油信号核磁共振 T_2 谱对比图

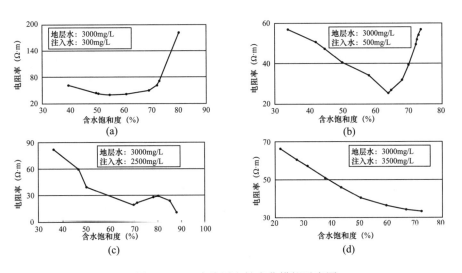

图 2-1-26　水淹层电性变化模拟示意图

2. 高含水油藏水淹机理分析

1）油藏非均质性对剩余油的控制作用

沉积因素是控制剩余油分布的关键因素，沉积微相控制了砂体结构及宏观非均质性，进而控制剩余油的空间分布；沉积微相决定了注入水的空间运动规律，注入水首先沿着中心相带窜流，造成中心相带水淹程度高，驱油效率高。砂体的连通是油层水淹的先决条件，平面连通性越好、物性越好的砂体水淹越严重，平面上分布连续性差，延伸范围小，渗透性较差的砂体，易改变水流的方向，水淹程度较低。物性不同，储层进入高含水期水淹快慢的程度也不同，物性越好，进入高含水期越早，水淹越快，水淹程度严重，反之亦然。储层非均质性是造成油气分布不均匀、水淹状况及剩余油分布状况不均的根本控制因素。剩余油的分布与沉积韵律存在负相关关系，正韵律储层剩余油主要富集在渗透率较小的部位，尤其是中上部低渗区。反韵律、均质韵律层注入水向上推进比较均匀，水驱效果明显；复合韵律储层，层内剩余油的分布多呈现多段富集的状况。对于储层非均质性较强尤其是存在隔夹层时，物性好的部位首先水淹。

2）开发工程因素对剩余油的控制作用

开发工程因素对剩余油形成的影响是一个系统而关键的因素，如井网完善程度、钻井工艺（钻井液成分及压力等）、射孔完善程度、固井质量、洗井液类型、油层改造水平、堵水工艺、注水水质及水温、生产压差导致的采油速度等，系统中一个环节不当，就会对最终剩余油的分布产生巨大影响。特高含水期动态注采对应关系、波及系数是影响水淹及剩余油分布的主要因素；防砂工艺、生产压差、窜层窜槽及射孔等开发工程因素以及由钻井设计、注采井网造成的油砂体边界、形态发生变化等对储层的再认识方面都会对剩余油的形成与分布产生重要影响，聚合物的注入也会对剩余油的分布产生影响。

在油田注水开发中后期，剩余油的分布往往不是受某一单因素决定的，而是多种因素综合作用的结果。

（二）水淹层测井响应及识别方法

1. 水淹层测井响应特征分析

油层水淹后，自然电位和电阻率曲线变化非常复杂，自然伽马大部分表现为降低，但也有升高的情况。随着水淹程度增加，地层中烃类对中子密度测井影响逐渐减小，三种孔隙度曲线计算的孔隙度逐渐接近，水淹程度越高，三孔隙度值就越接近。水淹层核磁共振测井响应特征明显（图2-1-27），物性变好水淹层核磁共振标准 T_2 谱很长，可达 2000ms 以上，黏土部分信号很少或者没有；在长回波间隔 T_e 下移动时，形成明显的双峰结构，拖曳现象明显。物性变差水淹层标准 T_2 谱短，T_2 谱部分信号幅度明显高于其他 3 类储层，说明水淹后，小孔径部分信息增加，物性变差；在长回波间隔 T_2 谱上，呈现明显双峰分布，说明存在油水两相信号，表明有剩余油的存在。

2. 时变空间状态模型水淹层识别方法

为有效识别水淹层，提出了将油田开发井史、平面沉积砂体连通性和测井资料相结合的时变空间状态模型水淹层识别方法。状态空间解释模型是由一阶方程组所构成的一个一阶矩阵方程来描述系统特性的。它包含多个状态变量，状态变量的个数与所要达到的精度有关，相关的状态变量越多，模型的精度也越高。为达到最佳的解释效果，选用了可信度较高、对水淹状况反映较为明显的自然伽马、自然电位、三孔隙度、阵列感应不同探测深度曲线幅度差异（或者深、浅电阻率幅度差）、核磁共振测井（可选）等测井曲线以及描述储层空间分布状态的砂体连通性、邻井注水时间、水量等参数构成一维矩阵方程作为状态向量。其一般表示为：

$$\boldsymbol{x}=[x_1,\ x_2,\ \cdots,\ x_n]^\mathrm{T} \tag{2-1-18}$$

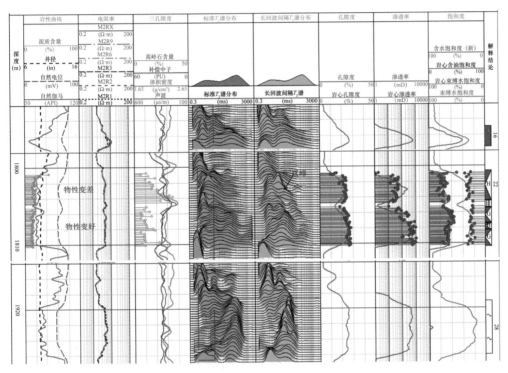

图 2-1-27　水淹层测井响应图

测井资料解释是以非平稳过程和时变空间状态模型为对象的多输入多输出的动态系统，该系统可用下面的状态模型来描述：

$$\boldsymbol{x}(n+1)=\boldsymbol{\Phi}(n)\boldsymbol{x}(n)+\boldsymbol{B}(n)e(n) \tag{2-1-19}$$

$$y(n)=\boldsymbol{\Psi}(n)x(n)+v(n) \tag{2-1-20}$$

其中：$\boldsymbol{x}(n)\in\mathbf{R}^{n_x},e(n)\in\mathbf{R}^{n_e},v(n)\in\mathbf{R}^{n_r}$。

式中　$\boldsymbol{x}(n)$——水淹级别判定系统目的层测井曲线幅度值及其相对变化值；

　　　$\boldsymbol{\Phi}(n)$，$\boldsymbol{\Psi}(n)$，$\boldsymbol{B}(n)$——系数矩阵，其中的数值分别表示当前储层各种测井响应与下一储层各测井响应的转换系数矩阵，可应用过程辨识技术求解；

　　　$y(n)$——计算的目的层深侧向电阻率，$\Omega\cdot\mathrm{m}$；

$e(n)$——经过零均值化处理的测井曲线幅度值及其相对变化值（单位：根据处理测井曲线不同而定）。

$v(n)$——各种测井响应的随机波动误差向量（单位根据处理测井曲线不同而定）；

R——实数集合；

n_x，n_e，n_v——$x(n)$、$e(n)$ 和 $v(n)$ 集合体测井数据。

在实际处理过程中，$y(n)$ 代表目的层深电阻率数值，以经过零均值化处理的敏感参数作为输入量 $e(n)$，以不经零均值化处理的敏感参数作为状态向量 $x(n)$。$\phi(n)$ 和 $\Psi(n)$ 是模型系数，由过程辨识技术确定。代数式（2-1-19）叫做状态方程，式（2-1-20）叫做输出方程。状态方程和输出方程合起来叫做动态方程，它既表达了系统内部的状态，又描绘了其外部输出，故动态方程给系统以完全的描述。系统的这种数学模型在现代控制理论中称为状态空间解释模型。$\Phi(n)$ 表示该矩阵是随时间变化的。因此，状态空间解释模型描述了一个具有时变参数的多输入—多输出线性系统，它被非平稳的非高斯噪声所激励（即以经过零均值化处理的测井资料作为输入量）。对于 $i \geqslant 0$ 状态方程式（2-1-19）的解为：

$$x(n) = \sum_{k=0}^{n-1} A(n,k+1)B(k)e(k) + A(n,0)x(0) \qquad (2-1-21)$$

这就将状态向量表示成了被输入过程 $e(n)$ 激励的时变系统的响应与初始状态 $x(n)$ 引起的转换之和，其中 A 和 B 为未知的待辨识的状态转移矩阵模型参数。在实际处理过程中，$x(0)$ 代表同一解释单元内作为初始条件的目的层的多条曲线幅度值，$x(n)$ 是待判定的目的储层多条曲线幅度值，$e(k)$ 是经过零均值化处理，同一解释单元内其他储层多条曲线幅度值。A 和 B 的乘积称为 kalman 滤波增益，根据增益的大小确定储层间水淹状况是否发生改变，根据 A 和 B 的变化梯度确定水淹等级改变大小及方向（水淹程度加重或减轻）。其流程如图 2-1-28 所示。

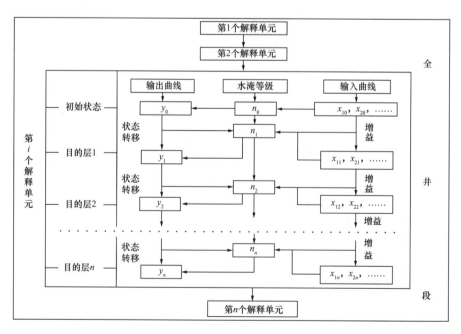

图 2-1-28　时变空间状态模型运行流程图

（三）水淹等级及水淹层饱和度定量评价

1. 微观孔隙结构与混合水电阻率相结合的饱和度定量评价技术

已开发油田经过长期注水开发，其微观孔隙结构、地层水性质均发生变化，这些变化直接影响地层电阻率的变化，电阻率的变化不仅仅反映含油性的变化，还反映了孔隙结构改变和地层水矿化度。为降低微观孔隙结构改变和地层水矿化度改变对电性的影响，提出了对电性进行修正的高含水油藏水淹层饱和度定量计算模型。

$$S_w^n = \frac{abR_{wz}}{\phi^m R_t \left(\dfrac{S_w}{S_{wi}}\right)^D} \qquad （2-1-22）$$

式中 S_w——含水饱和度，%；

       R_{wz}——混合水电阻率，$\Omega \cdot m$；

       ϕ——孔隙度，%；

       R_t——储层电阻率，$\Omega \cdot m$；

       a，m——孔隙度胶结指数；

       b，n——饱和度指数；

       $(S_w/S_{wi})^D$——注入水校正系数；

       D——校正系数。

同阿尔奇公式相比，式（2-1-22）中增加了注入水校正系数，用它来表示注入水电阻率的影响，当注入水电阻率与原生地层水电阻率相等时，校正系数 $D=0$，此时即为阿尔奇公式；当注入水电阻率大于原生地层水电阻率时，$D>0$，注入水电阻率越大于原生地层水电阻率，D 值越大；当注入水电阻率小于原生地层水电阻率时，$D<0$，注入水电阻率越小于原生地层水电阻率，D 值越小。同时，注入水量越多，S_w 越大，地层水矿化度变化程度越高，对电阻率修正结果也越高。

利用式（2-1-22）计算饱和度需要注意以下几个方面：（1）混合水电阻率 R_{wz}，利用自然电位异常幅度求取混合水电阻率；（2）由前文分析可知，饱和度关键参数 m 和 n 值与地层微观孔隙结构、地层水矿化度等多种因素有关，可以参考饱和度模型关键参数计算方法求取 m 和 n；（3）式（2-1-22）左右两边均有含水饱和度 S_w，故一次计算不能得到 S_w 的结果，需要进行迭代反演，将前次计算 S_w 作为下次 S_w 的输入，直到前后两次计算结果在规定误差范围之内，得到最终的 S_w，初始 S_w 可由阿尔奇公式计算得到。

2. 水淹等级划分

水淹等级主要根据产水率或者驱油效率来划分，产水率计算公式如下：

$$F_w = \frac{1}{1 + \dfrac{K_{ro}}{K_{rw}} \dfrac{\mu_w}{\mu_o}} = \frac{K_{rw}}{K_{rw} + \dfrac{\mu_w}{\mu_o} K_{ro}} \qquad （2-1-23）$$

$$K_{\text{rw}} = \left(\frac{S_{\text{w}} - S_{\text{wi}}}{1 - S_{\text{wi}}}\right)^{2.1744}, \quad K_{\text{ro}} = \left(1 - \frac{S_{\text{w}} - S_{\text{wi}}}{1 - S_{\text{wi}} - S_{\text{or}}}\right)^{8.941 - 10.033S_{\text{w}}} \quad (2\text{-}1\text{-}24)$$

式中 F_{w}——产水率；

        K_{ro}——油相相对渗透率；

        K_{rw}——水相相对渗透率；

        μ_{w}——地层水黏度；

        μ_{o}——原油黏度；

        S_{w}——总含水饱和度；

        S_{wi}——束缚水饱和度；

        S_{or}——残余油饱和度。

在获得产水率后，即可以根据产水率划分水淹级别，结合生产数据，建立大港油田高含水油藏水淹级别划分标准：未水淹，$F_{\text{w}} < 10\%$；弱水淹，$10\% \leqslant F_{\text{w}} < 40\%$；中水淹，$40\% \leqslant F_{\text{w}} < 70\%$；强水淹，$70\% \leqslant F_{\text{w}} < 90\%$；超强水淹，$F_{\text{w}} \geqslant 90\%$。

图 2-1-29 为 Z6-16-5 井水淹层定量解释成果图，图中第 11 道为时变空间状态模型判别的水淹级别，第 12 道为利用产水率计算得到的水淹级别，可见二者判别结果基本一致，差异主要体现在薄层处，定性识别分辨率不够。从计算饱和度、产水率与岩心分析结果对比来看，二者一致性很好。对 22 号层 1960.1～1962.5m 生产；日产油 2.32t，日产水 12.43m³，含水 84.3%；测井解释 22 号层为顶中水淹底超强水淹，储层中间没有隔层，底部水淹程度上升很快，与生产结论基本吻合。

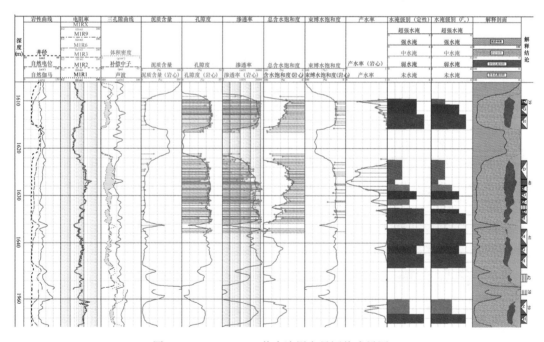

图 2-1-29　Z6-16-5 井水淹层定量评价成果图

第二节 物理模拟实验方法

一、物理模拟实验的研究意义和发展进程

物理沉积模拟是沉积学研究与发展的重要途径之一，主要用以探讨不同沉积相的沉积物形成、搬运、堆积的机制、影响因素和分布规律，进而为油田勘探和开发提供支撑。

从 19 世纪末笛康（Deacon，1894）首次在一条玻璃水槽中观察到泥沙运动形成的波痕开始，沉积模拟研究就始终贯穿于沉积学研究领域。20 世纪 70 年代末，我国第一个用于沉积学研究的小型玻璃水槽建立于长春地质学院，主要用于沉积底形的形成与发展的研究工作。80 年代，中国科学院地质研究所也用自己的小型水槽做了一部分研究工作。

在 1990 年之后，研究的态势发生了新的转变，将数值和物理这两类模拟形式有机融合，通过降低油气开发过程中油、气、水流动路径分析的不确定性来提高油气采收率，1998 年湖盆沉积模拟实验室在江汉石油学院成立，是中国石油天然气集团有限公司 4 个重点基础地质实验室之一，该实验室是集科研与教学为一体的综合实验室。

在 2000 年之后，该研究的核心发展趋势便是应用计算机联合地质研究方法预测储层变化以及演化态势，提供储层的新方法与砂体非均质描述的新技术，储层建筑结构因素的分析方式，流动单元划分和高分辨率层序研究相辅相成。

河流沉积是自然界分布最广的一种沉积，我国油气田大部分为陆相河流—三角洲沉积体系，河流相沉积是重要油气储集体。针对单一河流的沉积模拟实验对沉积的特质有了更清楚的认知，包括曲流河和辫状河存在的地质背景、形成原因、控制因素和沉积形式，在之后的勘探中，对油气田的开发评价有着举足轻重的影响。通过合理、完善的方案设计和实验准备，沉积学水槽实验可以直接观察沉积物的搬运过程和搬运方式、沉积构造的形成过程、典型沉积相类型的形成过程和演变历史等，在水槽模拟实验基础上，紧密结合各类沉积环境和沉积体系实际，可促进油气田研究中河流相储层研究由定性向定量化发展，同时也为沉积地质建模提供了更多的可比依据，指导在石油天然气勘探中模拟砂体的分布和砂体分布的差异，进而提高油气藏预测的可靠性而降低勘探风险，降低油气开发过程中油、气、水流动路径分析的不确定性而提高油气采收率，降低勘探风险和开发效益。

二、曲流河点坝物理模拟实验概述

（一）曲流河点坝物理模拟实验目的

曲流河点坝是陆相河流—三角洲沉积体系中重要的油气储集体形式。随着油田开发的需要，储层非均质性、渗流场、原始含油饱和度等水驱油效果和剩余油的控制作用研究也显得越来越重要。因此，通过这种准确度较高的曲流河点坝砂体水驱油模拟实验建立砂体模型，模拟三维空间内曲流河点坝砂体内部水驱油变化规律，解决了现有剩余油模拟实验设备观测不直观、不客观、不全面等技术问题。

（二）曲流河点坝物理模拟实验模型

以一定胶—砂比例和不同配比的砂比调整储层渗透率，根据设计方案填制不同渗透率的侧积体砂岩来表征曲流河点坝的非均质性，并辅以泥质作为侧积泥覆盖，形成典型的曲流河点坝砂体模型，同时，在模型不同砂体位置布置电极，通过电极分别测定砂体模型在饱和水、油驱水（直至束缚水形成）、水驱油等三步骤中的电阻率数据，计算剩余油饱和度分布状态。

主要实验设备包括：曲流河点坝砂体模型、驱替系统、采出及流量测定系统、压力监测系统、电阻率测试系统等。其实验模型及实验流程如图 2-2-1 和图 2-2-2 所示。

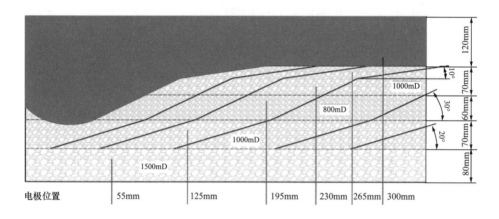

图 2-2-1　曲流河点坝物理模拟实验模型示意图

模型长度 80cm、高度 40cm、宽度 20cm、模型底部 80mm 填制 1500mD 砂体，上部 120mm 为曲流点坝，分 3 层，自下而上每层角度分别为 20°、30° 和 10°，砂体厚度分别约为 70mm、60mm 和 70mm，渗透率分别为 1000mD、800mD 和 1000mD，每一期砂坝侧积体顶部和模型顶部剩余位置用黏土覆盖用作盖层，模型左侧保留废弃河道并作采出及计量系统，模型右侧为注入系统和压力监测系统，模型底部开孔并在模型不同位置安装电极，测定电阻率用于计算水驱油后剩余油分布规律。

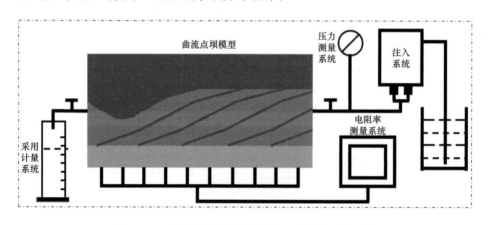

图 2-2-2　曲流河点坝水驱油剩余油分布实验流程图

（三）曲流河点坝物理模拟实验基本步骤

实验过程中采用 15 号白油作为模拟油，并在其中添加浓度为 1g/L 的 3 号油溶性苏丹红染色，以方便观察水驱油过程中剩余油状态；采用蒸馏水作为注入水，由于水溶性染色剂容易将砂体染色，因此注入水不染色。在常温常压状态下，以 100mL/min 的注入速度注入，同时监测注入端的压力变化。

实验过程中的基本步骤如下：

（1）模型填制。按制订的模型方案（图 2-2-1）进行模型填制。

（2）模型试压。模型用氮气试压 0.8MPa，试压时间 24h 无漏气为合格。

（3）模型抽真空。连接真空系统，抽真空 8h 以上，关闭两端阀门。

（4）饱和水。模型连接注入系统，打开注入端阀门，先自吸水入模型，同时计量吸入水量，测量不同测点电阻率 R_{1i}，电阻率计算公式为：

$$\rho = \frac{rA}{L} \tag{2-2-1}$$

式中　ρ——电阻率，$\Omega \cdot m$；

　　　r——电阻，Ω；

　　　A——导体截面积，m^2；

　　　L——导体长度，m。

（5）油驱水建立束缚水饱和度。打开注入泵，在模型注入口与模型顶部预留饱和油注入口分别注入模拟油，同时打开模型出口阀门排水，同时计量排出水量，直到模型不再出水为止，计算束缚水饱和度和原始含油饱和度，测量不同测点电阻率 R_{2i}，含油饱和度可由式（2-2-2）求得：

$$I = \frac{R_t}{R_w} = \frac{b}{S_w^n} = \frac{b}{(1-S_o)^n} \tag{2-2-2}$$

式中　I——电阻率指数；

　　　R_w——岩石完全充满地层水时的电阻率，$\Omega \cdot m$；

　　　R_t——含油岩石的电阻率，$\Omega \cdot m$；

　　　S_o——含油饱和度；

　　　S_w——含水饱和度；

　　　n——饱和度系数；

　　　b——系数。

（6）水驱油测定剩余油饱和度分布。打开注入系统，关闭模型顶部预留饱和油阀门，由入口阀门正向泵注水进行水驱油实验，出口端进行油水计量，同时测量不同测点电阻率 R_{3i}，计算剩余油分布及不同点位置饱和度，确定饱和度分布规律。

（7）重复步骤（5），重新建立束缚水饱和度后，由原出口阀门反向泵注水进行水驱油实验，出口端进行油水计量，同时测量不同测点电阻率 R_{4i}，计算剩余油分布及不同点位置饱和度，确定饱和度分布规律。

（四）剩余油分布规律模拟结果

在模型中选择 6 个侧积体和 17 个测点，分别自正向和反向水驱物理模拟实验模型（图 2-2-3），获得各测点的电阻、电阻率和含油饱和度。曲流河点坝砂体模型显示，水驱油状态随注入量的变化而变化。在不同的驱替阶段，不同砂体位置中的含油饱和度均有所变化，颜色不断变浅。

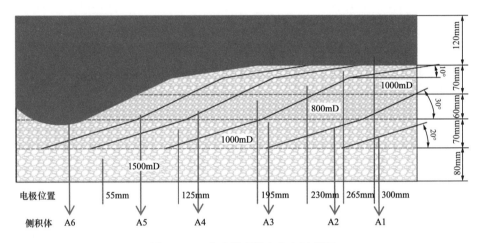

图 2-2-3　实验模型测点分布示意图

开始正向水驱后测点 1 处，即侧积体 A1 内含油饱和度迅速下降，随注入水继续注入，测点 16 处含油饱和度开始下降，随着注入量的增加，测点 6、测点 9、测点 12 和测点 15 的含油饱和度依次降低，而每个侧积体内中上部两个测点含油饱和度基本保持不变；直至水驱到 1.333PV 后，出口含水率达 98%，各测点含油状态变化幅度非常缓慢，其中测点 1、测点 15、测点 16 和测点 17，即侧积体 A1、侧积体 A2、底部砂体和出口端的水驱效果最好，含油饱和度降低程度最高；其次，测点 6、测点 9 和测点 12 的含油饱和度也各有不同程度的下降，但下降幅度较小，下降幅度仅为 20%～25%。表明注入水首先沿侧积体 A1 以及下部无夹层层位向前推进，随着水驱注入量的增加，点坝体下部中侧积泥岩被冲蚀形成高渗透连通体，因此注入剂首先在优势通道中运移，驱替原油，而导致侧积体 A3 虽与模拟注入井连通，但注入水未能沿侧积体 A2 和 A3 驱替；当注入水沿着点坝下部向前驱替时，由于侧积薄夹层遮挡，水平运动的注入剂在水平方向阻力增加，使得注入水仅驱替到侧积体下部部分原油，而不能波及侧积体上部。

从正向水驱油状态可以看出，正向水驱开始初期，点坝底部连通砂体优先水洗且水洗严重，为流体运动的优势渗流区，注入剂注入后期成为无效循环的重要通道。侧积层对流体具有遮挡作用，侧积体底部有明显的回流现象，在顺着侧积层倾向注水的条件下，有井网控制的侧积体水洗程度高，无井网控制的侧积体上部未被水洗，形成剩余油富集区（图 2-2-4）。

开始反向水驱后，测点 15 处含油饱和度首先迅速降低，随着水驱注入量的增加，测点 17、测点 16 以及沿着反向水驱方向的侧积体下部各测点的含油饱和度依次开始不同程度降低，直至水驱到 1.333PV 后，出口含水率达 98%，各测点含油状态不再变化；沿水驱方向，其中测点 15、测点 17、测点 16 和测点 1，即侧积体 A6 下部、下点坝和侧积体 A1

的水驱效果最好，含油饱和度降低程度最高；其次，测点 12、测点 9、测点 6 和测点 3，即各侧积体下部的含油饱和度也略有下降，但相比正向水驱，下降幅度较小。表明注入水首先沿侧积体 A6 下部以及下部无夹层层位向前推进，点坝体下部侧积泥岩随水驱逐渐被冲蚀形成高渗透连通体，因此注入剂首先在优势通道中运移，驱替原油，由于侧积薄夹层遮挡，水平运动的注入剂在水平方向阻力增加，使得注入水仅驱替到侧积体下部部分原油，而不能波及侧积体上部。

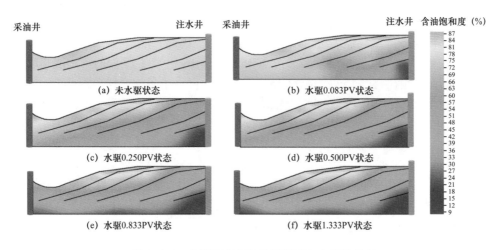

图 2-2-4　曲流河点坝砂体模型正向水驱油状态

从反向水驱油状态可以看出，在侧积体中上部位中仍然有水无法波及区域而导致剩余油较多，而其他部位剩余油较少。在水驱中期，油在侧积体无井网控制的中上部会局部进一步富集，但随着驱替程度的提高，含油饱和度会降低。侧积层对流体具有遮挡作用，侧积体底部有明显的冲刷，逆着侧积层倾向注水导致有井网控制的侧积体水洗程度相对低，无井网控制的侧积体上部未被水洗，形成剩余油富集区（图 2-2-5）。

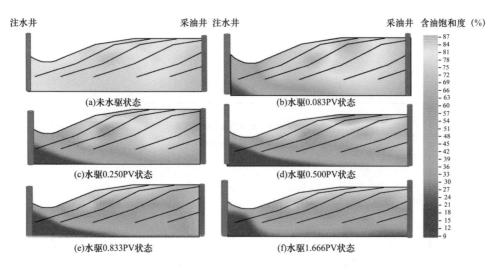

图 2-2-5　曲流河点坝砂体模型反向水驱油状态

（五）剩余油分布规律模拟对比

正反向水驱油后剩余油饱和度分布由图 2-2-6 对比结果可以看出，正反向水驱油之前，点坝内原始含油饱和度基本一致，证明模拟实验过程准确，如图 2-2-6 所示。从图 2-2-7 的正反向水驱含油饱和度降低程度曲线图中可以看出：

（1）正注过程中，测点 1、测点 2、测点 3、测点 4、测点 16 和测点 17 处的含油饱和度下降幅度较大，说明注入端、下点坝和采出端是主要的注入水渗流通道，水驱效果最好，而测点 5、测点 6、测点 9、测点 12 和测点 15 处的含油饱和度下降幅度次之，说明虽然水驱能够波及该区域，但无法直接产生冲刷作用，因此只能进行扫油。

（2）反注过程中，测点 1、测点 3、测点 15、测点 16 和测点 17 处的含油饱和度下降幅度较大，说明注入端在测点 15 处使测点 15 首先见水，随注水量的增加，测点 17、测点 16、测点 3 和测点 1 点形成一条较好的水流通道，虽然测点 4、测点 5、测点 6、测点 9 和测点 12 等也有一定的饱和度下降，但不是受水流冲刷形成，因此含油饱和度下降幅度较小。

（3）正注、反注两次驱替过程中，测点 7、测点 8、测点 10、测点 11、测点 13 和测点 14 处的含油饱和度变化幅度均很小，说明当注入水沿着底部砂体向前驱替时，会部分波及侧积体下部，但由于侧积薄泥岩夹层的遮挡形成阻力，无法继续沿侧积体上部继续驱替，且随着水驱注入量的增加，底部砂体内部逐渐形成优势通道，注入水在侧积体下部的波及体积也逐渐减小，而在上部形成剩余油富集区。

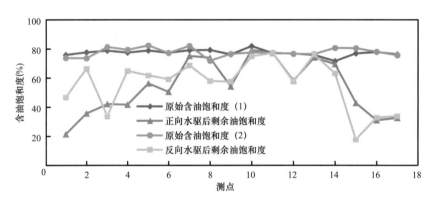

图 2-2-6　正反向水驱油剩余油饱和度对比曲线图

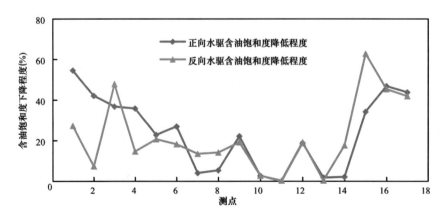

图 2-2-7　正反向水驱含油饱和度降低程度曲线图

第三节　油藏地质建模与数值模拟一体化研究技术

大港油田主力油藏属于典型的复杂断块油藏，具有断块面积小、含油层数多、含油井段长等特点，层间油气层分布差异较大，油、气、水分布系统复杂，非均质性强，剩余油研究难度大。油藏数值模拟技术是一项剩余油研究的重要方法，该技术始于 20 世纪 60 年代，80 年代中后期至 90 年代是我国数值模拟研究工作最兴旺发展时期，目前已是一项成熟的技术。随着油藏数值模拟软件的更新换代，地质建模与数值模拟一体化技术也渐趋成熟，在精细地质建模的基础上，利用软件平台，开展精细油藏数值模拟研究，大大提高了研究的效率和精度，为剩余油高精度表征奠定了基础。

一、复杂断块油藏三维地质建模技术

（一）复杂断块油藏构造建模技术

构造模型确定了储层地质模型的空间位置、地层间的接触关系，是属性模型的载体，因此建立合理的构造模型是三维地质建模工作的基础。对于复杂断块油田而言，典型的地质特点是断层数量多且配置关系复杂，如图 2-3-1 所示，地质研究尺度要求向精细化发展，研究的级别从油组到小层，直至几米厚的单砂层，这样就呈现了地层在纵向上层薄、层多的特点。

图 2-3-1　复杂断块油田部分断层类型示意图

鉴于断层和地层认识的难点和复杂度，提出针对复杂断块老油田构造建模技术对策：分步模拟—关键层控制—整体建模思路。构造模型由断层模型和层面模型组成，断层模型是构造模型的重要组成部分，它的效率和精度直接影响后续建模工作的精确性；层面模型是地层沉积界面的三维分布。对于纵向上细分到单砂层级别的构造建模，由于地层具有层数多、砂层薄的特点，加之各级别断层类型发育，因此采取先分级次建立断层模型，再建立层面模型的分步模拟法。

对研究区断裂系统进行分析，按规模分为 3 级：二级断层为发育时间长、断距大、延伸距离长，控制构造、沉积和油气分布；三级断层为对局部构造和油气分布起控制作用；其他为四级断层，一般为大断层的派生断层，发育时间短，断距小，延伸长度小，切割局部构造。在模拟过程中采取分级次模拟的方式，先对全区继承性发育稳定的二级和三级断层模拟，得到基本能控制全区构造格局的断层模型，如图2-3-2（a）所示，并对这些断层参数和断层间的相互切割关系进行质量控制，在此基础上模拟包含四级断层的所有断层，结合局部微构造分析，通过交互分析、质量控制建立全区的断层模型，如图2-3-2（b）所示。

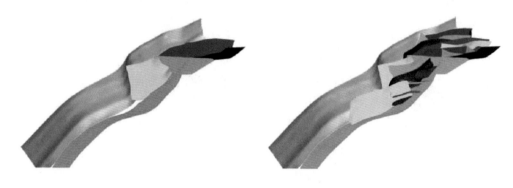

(a) 二级和三级断层三维模型　　　　　　　　(b) 所有断层三维模型

图2-3-2　复杂断块油田部分断层类型示意图

　　层面模型反映了地层沉积的叠置形式，由于老油田纵向单砂层数量多，而且断层复杂，地层与断裂系统的匹配上存在难度，由此在断层模型基础上，采取先搭建关键单砂层层面模型控制全区地层格架，以此作为约束再建立其余单砂层层面模型，最终形成整体的构造模型。选取关键单砂层的依据有：（1）能基本控制全区整体构造且层间距不能太大；（2）关键层的断层格局具有代表性，能基本表现全区的断层变化；（3）基本代表主力的含油层系。对选取的关键层进行初步模拟，交互编辑使之符合实际地质认识，与断层模型匹配良好，建立关键单砂层的层面模型，如图2-3-3（a）所示，然后以此约束，建立全区单砂层整体构造模型，如图2-3-3（b）所示，这样不仅减少了老油田多套层系建模的工作量，而且方便进行质量控制，使所建立的模型与构造吻合，符合地质要求。

(a) 关键单砂层层面模型　　　　　　　　(b) 整体构造三维模型

图2-3-3　分步建立构造模型

（二）沉积微相建模技术

　　沉积微相建模是应用多学科信息在三维空间表征沉积微相的分布。随着对建模技术研究的不断深入与发展，真实反映地下储层特征越来越成为一种必然。地质建模的基础是构造模型，最终体现是属性模型，从最初的仅以测井数据按算法趋势插值，到目前以各种方法与手段来约束预测储层属性，以往通过建立岩相模型进行相控约束，对属性给出简单的砂泥岩门槛值，但是随着油田的不断勘探开发，对储层的认识越发深入，仅限砂泥门槛已不能满足目前精细地质研究的需要，更不能满足高含水复杂断块油藏剩余油研究的需要。

为此需要对相模型进一步细化研究，即是沉积微相的研究。不同沉积微相具有不同的物性数据分布特征，相控后属性模拟时岩石的物理参数将忠实于所选择的相分布，能使属性模型更大程度上接近储层地质"真实"参数分布。由此沉积微相模型的精度一定程度上影响着属性模型的精度以及后续油藏数值模拟的准确性。在沉积微相模拟中，为了满足老油田开发中后期精度要求，除了常规的模拟方法外，针对陆相复杂断块沉积储层微相模拟，采取垂向和平面双地质趋势约束法建立微相模型，在模拟中还采取多次迭代微相建模方法。

利用序贯指示模拟，同时应用平面地质趋势和垂向地质趋势双约束法建立微相模型。传统的微相建模，很少应用平面地质认识控制约束，大多根据单井微相划分结果，通过变差函数分析，在平面上进行插值，或者用砂泥岩相模型，平面简单约束，这样不能准确地反映先验的地质认识成果，不能把前期精细地质成果在模型中体现出来。通过把平面地质认识成果应用到微相建模中，形成 3D 趋势体属性体，再结合微相垂向累计体积比例曲线，如图 2-3-4 所示，利用变差函数分析形成三维概率属性体共同约束沉积微相建模，在尊重井点数据的同时，保证了地质认识得到充分体现，从而达到模拟效果是逼近地质的"真实"，而非计算机或者数学的"真实"，提高了模型的精度，为油藏数值模拟提供更切合地质实际的储层模型。

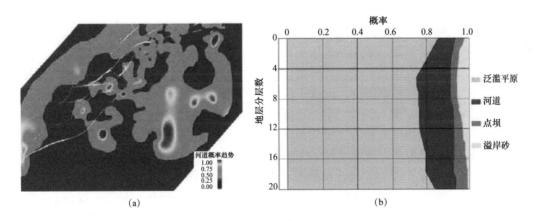

图 2-3-4　双趋势控制约束微相建模

除了双控趋势约束，在模拟过程中，采取地质体多次迭代的方法。对目标地质体属性采取多次迭代的方法达到目标地质体自动收敛和去噪的效果，使得模拟结果与地质趋势的吻合度更好。以 GD 油田一个单砂层的沉积微相模拟为例，从迭代前后对比可以发现经过迭代处理后的模拟结果，地质体属性（各种微相）去噪和收敛效果明显好于未经过迭代处理的模拟结果，如图 2-3-5 所示。

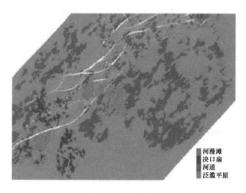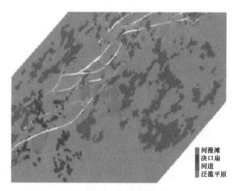

（a）未迭代微相模拟结果　　　　　　　　　　（b）迭代后微相模拟结果

图 2-3-5　微相模拟迭代处理

需要注意的是，并不是只要迭代或者迭代次数越多越好，还取决于井点划分微相厚度与趋势面的吻合度，只有当井点划分的厚度与平面趋势程度相关性较好时，迭代才有效果，否则，迭代效果不明显，而且还耗费大量的机时。

（三）单砂体内部构型精细建模技术

单砂体内部构型精细建模的关键是点坝内部侧积层的描述，通过合适的方法将构型地质认识转化到模型上是难点。建模过程中采取不同随机模拟方法嵌套使用技术，逐级模拟曲流河点坝及侧积层的空间分布。即在构造模型的基础上结合微相研究成果，采取地震沉积相模拟方法先建立河道和点坝模型，然后应用多点地质统计学方法模拟侧积层，将侧积层模型嵌入相模型中得到构型模型。

地震沉积相模拟是基于地震沉积学，利用高分辨三维地震资料，采取多种技术手段实现对沉积体系的精细刻画。常用如地层切片，井震结合预测砂体边界及厚度趋势，加上地质认识约束修正，建立河道和点坝相模型。点坝内部构型模拟是精细建模的重点，前提是要对点坝内部构型进行精细解剖，而这正是老油田二次开发地质研究的必经之路。

在对点坝内部构型深入剖析之后，对点坝内部的侧积层参数（曲率、倾向、倾角）有了全面的了解，为构型模拟储备定量知识库。构型的模拟采取示性点过程利用多点地质统计随机模拟进行，选取多点地质统计学方法，主要鉴于两点：（1）多点统计综合了基于目标和象元方法的优点；（2）二次开发精细地质研究为训练图像准备提供了可操作性。由于侧积层比较薄，同用相模型的网格精度模拟侧积层，容易产生模拟结果的不收敛，所以在模拟前必须不断交互验证探寻合适的网格大小，即二次加密的方式保证构型模型的精准度。确定构型模拟网格大小后，就是侧积层训练图像的建立。

训练图像建立以构型研究定量知识库为基础，从确定的侧积层曲率、倾向、倾角和侧积体规模等参数中，应用软件建立侧积层训练图像，如图 2-3-6 所示。从训练图像中可以看出，训练图像反映了点坝内部侧积层的定量分布模式。采取序贯随机模拟算法，建立点坝侧积层模型，并嵌入微相模型中，如图 2-3-7 所示，模拟结果反映了训练图像的结构性，同时与微相砂体地质研究成果一致。

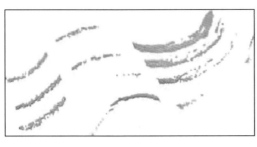
图 2-3-6 侧积层训练图像

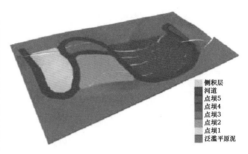
图 2-3-7 点坝侧积层模拟结果

二、复杂断块油藏数值模拟技术

油藏数值模拟是用数值的方法求解控制油、气、水运动的数学模型，以达到研究油、气、水在油气藏中的运动规律的目的，为提高采收率和经济效益服务，它能够解决油气藏开发过程中难以解析求解的极为复杂的渗流及工程问题，是油藏剩余油研究的一种有力手段。

随着地质研究工作的更加精细、油藏潜力研究和挖潜的力度逐渐加强等，对数值模拟的精细化研究要求越来越高。特别是大港油田复杂断块油藏，目前已进入高含水阶段，剩余油研究的难度越来越大，研究的精度要求也不断提高，特别是部分油田 / 区块开展了三次采油，剩余油分布更加复杂化。因此，针对高含水复杂断块油藏，利用精细数值模拟研究方法，实现剩余油的高精度描述与量化表征，是进一步提高采收率的现实需求。下面重点针对复杂断块油藏数值模拟研究过程中关键方法进行介绍。

（一）精细油藏数值模拟模型的建立

数值模拟模型包括在精细地质建模基础上建立油藏网格模型、流体模型、渗流模型、水体模型、动态模型等。水驱开发的油藏数值模拟模型的建立与常规油藏相同，下面以港东一区为例重点对化学驱（三元复合驱）油藏数值模拟模型建立进行介绍。

1. 体系性能参数数值模拟修正

1）浓黏关系

（1）碱对体系黏度的影响。

为了体现聚合物对水黏度的影响，软件内部对用户输入的黏度进行公式转化，在数值模型中更准确地模拟真实的油藏动态。

液相黏度的非线性混合计算公式：

$$\ln\mu_\alpha = \sum_{i=1}^{n_{c\in S}} f\left(f_{\alpha_i}\right) \times \ln\mu_{\alpha_i} + N\sum_{i=1}^{n_{c\notin S}} f_{\alpha_i} \times \ln\mu_{\alpha_i} \qquad （2-3-1）$$

式中　μ_α——水相（α=w）或油相（α=o）混合黏度，mPa·s；

μ_{ai}——水相（α=w）或油相（α=o）组分 i 的黏度，mPa·s；

f_{ai}——非线性混合计算中水相（α=w）或油相（α=o）非关键组分 i 的权重因子；

$f(f_{\alpha i})$——非线性混合计算中水相（α=w）或油相（α=o）关键组分 i 的权重因子；

$n_{c\in S}$——液相中的关键组分数，个；

$n_{c\notin S}$——除关键组分外的其他组分数，个；

N——归一化因子。

（2）聚合物抗剪切性能。

聚合物通常在较高的注入速率、较远的运移距离和渗透率较低的多孔介质中容易发生机械降解，在数值模拟模块通过机械剪切演示聚合物溶液在地下地层中降解的全过程。

将达西流速转化为剪切速率，用实验室流体渗流速度来衡量剪切速率，渗流速度越大，剪切速率越高。而数值模拟软件则需输入剪切速率与黏度的关系，故需对其进行转化。

将实验测得的达西流速转化为剪切速率的相关信息是从 Cannella 等的研究中得来的。有效的多孔介质剪切速率和流体达西流速的关系方程如下：

$$\gamma = \frac{\gamma_{fac}|u_l|}{\sqrt{K_{abs}K_{rl}\phi S_l}} \qquad (2\text{-}3\text{-}2)$$

式中　K_{abs}——绝对渗透率，mD；

ϕ——孔隙度，%；

u_l——相的达西流速，m/s；

K_{rl}——相的相对渗透率；

S_l——孔隙流体饱和度，%；

γ_{fac}——剪切速率因子；

γ——剪切速率。

剪切速率因子：

$$\gamma_{fac} = C\left(\frac{3n+1}{4n}\right)^{\frac{n}{n-1}} \qquad (2\text{-}3\text{-}3)$$

式中　n——剪切变稀指数因子；

C——常数，通常等于6，它主要和多孔介质的弯曲程度有关。

缺省的剪切速率因子是4.8，对应 C=6 和 n=0.5。

在室内测定聚合物黏度过程中，一种情况不进行剪切，另一种情况进行机械剪切。如果测定过程中，对聚合物溶液进行了机械剪切，保留率一般为40%～50%，该参数比较可靠，将渗流速度转化为剪切速率后，可以直接应用于三元复合驱数值模拟中，在拟合过程中微调即可。

2）化学吸附

实验测得的吸附量为静吸附量，而数值模拟和矿场中所用吸附量为动吸附量，需要转化，目前没有成熟的方法将静吸附量转化为动吸附量。动吸附量更接近聚合物在油藏中的吸附量，因此，通过静吸附测试和动吸附的折算系数确定不同浓度下动吸附量。吸附系数一般在 0.5 ～ 0.9 之间，后续通过拟合效果确定最终吸附系数。

3）界面张力

若采用进口的界面张力仪，此仪器的精度十分高，因此测得的参数也十分可靠，所以一般不进行调整。另外，通过界面张力表对相对渗透率曲线进行内插，所以界面张力降低对驱油效果的影响还可以通过调整相对渗透率曲线来实现。

4）残余阻力系数

反映聚合物溶液降低孔隙介质渗透率能力的指标叫残余阻力系数。其数值等于聚合物溶液通过岩心前后用盐水测得的渗透率的比值。

阻力系数：

$$RF = \frac{\Delta p_{聚合物驱}}{\Delta p_{水驱}} \qquad (2-3-4)$$

残余阻力系数：

$$RRF = \frac{\Delta p_{后续水驱}}{\Delta p_{水驱}} \qquad (2-3-5)$$

式中 $\Delta p_{聚合物驱}$——聚合物驱压差，MPa；

$\Delta p_{水驱}$——聚合物驱压差，MPa；

$\Delta p_{后续水驱}$——聚合物驱压差，MPa；

RF——残余阻力系数；

RRF——残余阻力系数。

驱替实验所测得的残余阻力系数比油藏中的残余阻力系数高，数值模拟直接输入室内实验参数，之后对此数向下做出调整。

5）相对渗透率曲线

要检查相对渗透率曲线是否平滑，曲线平滑会更易于收敛，且不至于导致计算含水率值过高或过低。手动调整相对渗透率曲线，例如对于初期拟合中油井见水过晚的情况，可适当左移水相渗透率曲线（即抬高水相渗透率曲线），反之亦然。

2. 数值模拟拟合室内实验

为确保 ASP 三元复合驱体系在实际油藏的适用性，在多个岩心驱替实验中进行了测试，对实验室尺度模型进行历史拟合（室内实验采用大平板岩心，分上、中、下三层，模拟储层正韵律沉积），并进一步确定可用于矿场模拟的 ASP 相关参数，为了达到拟合精度要求，需要着重考虑以下机理：

相对渗透率是实验过程中最不确定的参数之一，它可以改变的幅度很大。通过大量的实验反演过程可以发现，合理地调整油相或水相的相对渗透率有利于结果的拟合，同时也说明在化学驱过程中的不同时间段油、水两相的相对渗透率是变化的，在注入化学剂后适当增大油相渗透率或减小水相渗透率有利于含水率符合实验结果。

聚合物作为流动性控制溶剂，其黏度影响着注入流体的体积波及效率。聚合物黏度与聚合物浓度、剪切以及降解效应等相关，因此可以通过调整这些实验测得的数据对岩心驱替进行拟合。

注入流体中的表面活性剂以及聚合物在岩石表面表现出不同程度的吸附，这主要取决于注入流体中组分浓度，ASP体系是否有效主要取决于注入化学溶剂的体积波及效率以及组分吸附对ASP驱的负面影响的综合作用，因此必须精确地模拟。

在ASP三元复合驱模拟过程中，考察上述所有机理，通过对实验数据微调，进而得到满足精度要求的拟合模型。

1）实验级别模型的建立

利用数值模拟软件建立理想模型，理想模型的几何尺寸和物性参数根据驱油实验中岩心设计。

2）敏感性分析

利用数值模拟方法，对水驱和化学驱敏感性进行分析，研究表明：对于水驱，各参数对累计产油量和含水率影响的敏感程度排序为：孔隙度＞含油饱和度＞油相黏度＞水相黏度＞第三层相对渗透率；对于化学驱，各参数对累计产油量和含水率影响的敏感程度排序为：相对渗透率＞界面张力＞渗透率下降系数＞驱替剂黏度＞化学驱吸附＞油相黏度＞不可及孔隙体积。

3）水驱历史拟合

根据输入的参数范围自动生成多套方案，根据拟合结果可选出效果最好的方案，如图2-3-8所示。另外，数值模拟的拟合方法并不唯一，若不改变模型本身物性参数，也可根据调整相对渗透率曲线的方式来进行水驱拟合，水驱阶段含水率较低，产油量偏高，通过调整相对渗透率曲线（降低油相相对渗透率K_{ro}，提高水相相对渗透率K_{rw}），使水驱拟合达到较理想效果，如图2-3-9和图2-3-10所示。

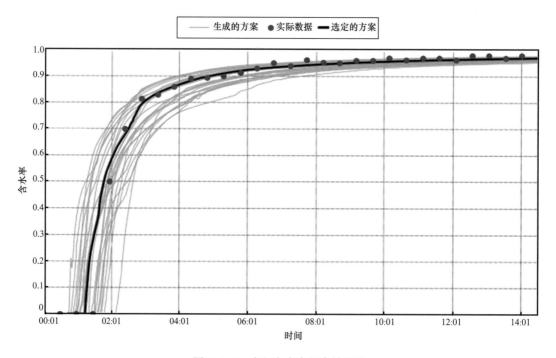

图2-3-8　水驱含水率拟合结果图

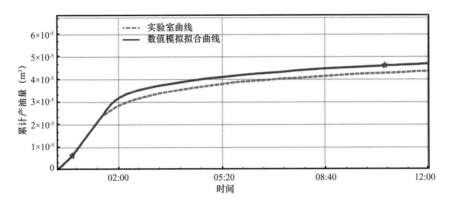

图 2-3-9　调整相对渗透率前水驱累计产油量拟合曲线

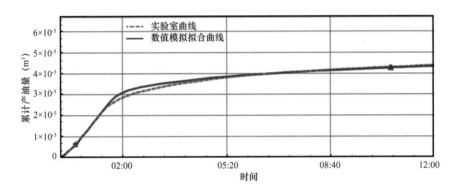

图 2-3-10　调整相对渗透率后水驱累计产油量拟合曲线

　　经过对水驱的拟合，以及经过物化参数转化的结果应用到模型中，得到初步的三元复合驱拟合结果，可以看出，化学驱阶段含水率偏高，产油量偏低，总体来看有一定效果，但并不十分理想，还需进一步分析调整，如图 2-3-11 所示。

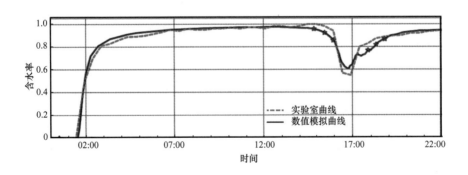

图 2-3-11　三元复合驱含水率拟合曲线

4）模型的校正

（1）聚合物黏度的校正。

由敏感性分析可知，聚合物黏度对体系比较敏感，根据聚合物的驱油机理可知，适当

增加 / 降低聚合物溶液黏度，可降低 / 升高含水率，通过对聚合物黏度的调整，调整幅度为 ±10%，使含水率与室内实验基本相符。

（2）吸附值的校正。

实验室测量为静吸附，数值模拟中输入为动吸附，故对表面活性剂、碱静吸附数据进行校正，以校正系数 0.55、0.65 和 0.75 为例，对三元复合驱含水率进行进一步校正，使含水率更加接近实际，如图 2-3-12 和图 2-3-13 所示。

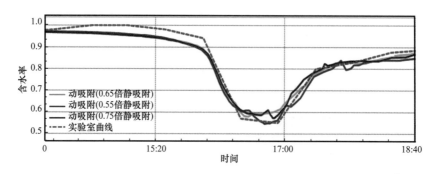

图 2-3-12　调整表面活性剂吸附后的三元复合驱含水率拟合曲线

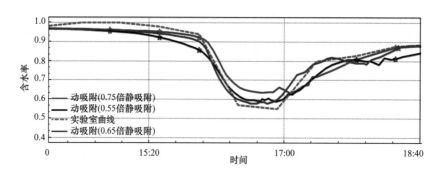

图 2-3-13　调整碱吸附后的三元复合驱含水率拟合曲线

通过不同校正系数多次拟合，得到表面活性剂与碱静吸附校正系数 0.65 时拟合效果最好，该校正系数范围为 0.6 ～ 0.7。

（3）残余阻力系数的校正。

为了更好地模拟真实油藏动态，需对残余阻力系数向下进行调整，当调整为 2.6 时（校正系数 0.743），拟合效果更好，如图 2-3-14 所示。

向下调整残余阻力系数后，复合驱阶段（含水漏斗两侧）含水有一定程度提升，拟合效果进一步提高。这是因为聚合物驱的阻力系数越大，说明聚合物在油层中的渗流阻力越大，就越有利于提高油层的波及体积；残余阻力系数越小，说明油层孔隙介质的渗透率下降的越小，采油相对减少。

5）拟合结果

根据敏感性分析来调整敏感参数，使模型计算的目标值，如累计产油量和含水率等与实际测量值的误差在允许范围内，并通过对关键参数的进一步校正，使模型达到拟合精度要求。

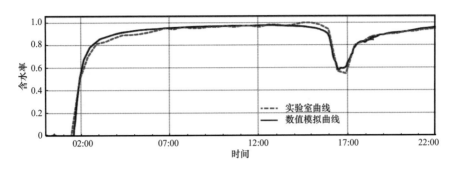

图 2-3-14 调整残余阻力系数后的三元复合驱含水率拟合曲线

（二）历史拟合方法

所谓历史拟合方法就是先用所录取的地层静态参数来计算油藏开发过程中主要动态指标变化的历史，把计算的结果与所观测的油藏或油井的主要动态指标，例如压力、产量、气油比、含水等进行对比，通过模型的修正使两者之间差异减小，直至达到拟合精度要求为止。

历史拟合是数值模拟的关键，拟合的好坏直接影响到剩余油分布的可靠性，历史拟合包括储量拟合和生产动态拟合；而在动态拟合中，只有整体或区块指标拟合是不够的，还必须进行精细的单井指标拟合。由于油藏的生产年限较长，且措施较多，历史拟合是一个十分复杂的过程。因此，为了确保历史拟合能真实地反映地下流体分布状况及渗流特征，制定了以下几点原则。

1. 地质储量拟合

初始储量主要与圈定的含油范围以及基质相对渗透率的相对渗透率端点来控制，以归一化后的相对渗透率端点为主并根据实际需要微调；初始的含油面积根据地质成果进行圈定，并在后期根据早期井见水时间微调油水界面进行调整；对于影响储量的属性，认为孔隙度不可修改，净毛比可根据实际单井拟合略微调整。

2. 地层压力拟合

在压力拟合过程中，主要对生产井进行配液生产，在储量拟合的基础上（明确了地层中的孔隙体积），数值模拟中的配液量可以达到历史值中的配液量要求，则数值模拟中的地层能量足以供给每口井的产液量要求，则此时井点处的井底流压可以模拟出历史中的井底流压，此时地层中的平均地层压力也与历史中区块的平均地层压力较为接近。在进行压力拟合时，压缩系数认为是可靠的，在拟合过程中不作修改；主要修改水体的大小、油区和水区的传导率等。

3. 区块生产历史拟合

主要通过调整油水界面和相对渗透率来完成：

（1）由于井区初始的油水界面划分不清，部分处于油水过渡带的井初始含水率拟合情况差异很大。因此在历史拟合过程中，根据油水过渡带的油井初始含水率以及见水时间调节各油层的油水系统以及油水界面。

（2）调整的出发点：油田开发初期与生产后期是两个比较有特点和代表性的时期，开发初期多数产油井日产油量大，含水率上升慢；生产后期处于高含水时期，日产油量小，含水率变化平稳。

（3）对策：开发初期产油下降快，含水率上升快—拉高油相相对渗透率，降低水相相对渗透率；生产后期产油量仍然很高，含水率上不去，拉高水相相对渗透率。

4. 单井生产历史拟合

对于单井主要依据油水运动规律和水线推进速度，进行由点到局部、由局部到面、由平面到纵向、由面到体的拟合。

（1）逐井逐层进行动态分析，以井组为单位，分析不同时间段同一井组中的注采对应关系、注水见效方向、地层水能量大小、断层的封闭性等，从而对初期见水时间、见水后的含水率上升、含水率发生突变等历史现象进行拟合。

（2）示踪剂分析成果作为裂缝性油藏单井拟合中的主要依据，对于有示踪剂的井组中，通过示踪剂的见效方向和见效速度，对裂缝渗透率、基质渗透率进行调整从而与示踪剂研究成果相符，另外，通过示踪剂也可判定断层的封闭性这一重要属性。

（3）历年的产液剖面、吸水剖面、水淹层测井资料，以及生产报表中备注的措施大事件（例如堵水），再加上地质研究成果等，作为历史拟合的重要依据。

（4）重点拟合开采时间长、注采量大的井；对开采的最后一个阶段进行重点拟合，因其对剩余油分布的影响较大。

（5）实际拟合过程中，主要对井间的基质渗透率、裂缝渗透率进行调整，根据实际需要进行油水界面的调整、断层封闭性的设定、基质相对渗透率分区的设定等，在局部地区，若油井产油量过高，且见水时间晚，或产油量过低，且见水时间早，可适当调低或调高净毛比。

（三）断层密封性和储层时变性分析

对于复杂断块油藏的历史拟合，除了要遵循上述几点历史拟合方法原则外，要重点对断层的密封性和储层时变性进行分析研究，进行合理地处理，以更好地反映油藏真实情况。

1. 断层封闭性

复杂断块油藏中，部分断层封闭性差，注入水沿断层水窜、注水外溢现象普遍，影响其历史拟合结果，通过注水劈分或调整断层传导率来解决注水外溢问题。

以风化店油田枣南东区块为例，累计注采比大于1，模拟计算的断块平均压力明显高于实际测试的地层压力，这与实际不符，是由于油藏无效注水量过多导致的。无效注水量主要是指非渗透层位吸水或者是由于断层不封闭，外溢到相邻其他断块的注水量。在历史拟合中，应对注水量进行劈分，通过实际测压资料校正注水量。有效注水量通过式（2-3-6）进行计算：

$$W_i = \frac{N_p B_o + W_p B_w - N B_{oi} C \Delta p}{B_w} \quad （2-3-6）$$

式中　W_i——累计注水量，m^3；

　　　N_p——累计产油量，m^3；

　　　B_o——地层原油体积系数；

　　　W_p——累计产水量，m^3；

　　　B_w——地层水体积系数；

　　　N——石油地质储量，t；

　　　B_{oi}——原始条件下的原油体积系数；

　　　C——压缩系数，MPa^{-1}；

　　　Δp——油气藏压降，MPa；

　　　B_w——地层水体积系数。

对断层传导率的修改：一般垂直于断层方向，其传导率不会大于网格非相邻连接产生的传导率，所以 MULTFLT 关键字中的第二列（即垂直于断层的传导率乘子）不会大于1.0。但是沿着断层层面，确实有远大于网格间传导率的情况，一个可行的方案是用加密网格表示断层，然后把表示断层的网格的沿断层面方向渗透率或传导率调高，这个调高的倍数视断层的开启和传导情况而定。

另一种可行的方案就是不用加密网格来表示断层，手动把断层两边的网格沿断层面方向上的传导率调高 N 倍（调高倍数视断层传导性能而定），multx 和 multy 来调整 ❶。

2. 储层时变性

油田进入开发后期，随着长期稳定注水冲刷的作用，油层物性发生了变化，地层会形成大孔道，渗透率成倍增加，见表 2-3-1。在单井含水率拟合过程中结合大孔道研究成果对渗透率进行适当修改，也可利用水淹层解释结果指导历史拟合，使该井该层的含油饱和度与水淹层解释结果一致。

表 2-3-1　风化店油田枣南东区块精简高渗透层监测结果表

对应采油井	高渗透所在层位	高渗透层厚度（m）	原始渗透率（mD）	高渗透层渗透率（mD）	高渗透层喉道半径（μm）
ZAO1270-8	枣Ⅴ8	0.35	163.2	845.94	5.2
ZAO1270-8	枣Ⅴ9	0.19	89.5	325.89	7.03
ZAO1275-7	枣Ⅴ1	0.42	186.8	484.35	6.12
ZAO1275-2	枣Ⅴ1	0.59	172	1542.94	3.94

第四节　剩余油饱和度测试技术

经过半个世纪的开发，已开发油田大部分区块已经进入注水开发的中后期，剩余油高度分散，在寻找接替储量投入多、风险高、难度大的情况下，老区油田的控水稳油、综合治理成为大港油田最经济可行的稳产措施。为了能够采取正确的开发对策挖潜增效，必须搞清地下油水分布，确定剩余油富集区域。预测地下剩余油分布的常用方法主要有测井、

---

❶ multx,multy—x 方向、y 方向传导率，数值模拟中的关键字。

物质平衡、数值模拟、生产动态分析等。其中，套后测井方法能实时反映地层各项参数变化，是监测储层剩余油饱和度的重要手段。目前，套后饱和度测试的主要方法有电测井（过套管电阻率测井）和核测井（碳氧比测井、中子寿命测井、脉冲中子全谱测井）。

饱和度测井是指测量地层含油饱和度，有自然电位测井法、人工电位测井法、自然伽马射线测井法、微测井、感应测井法和介电测井法等方法。根据地质条件和开采条件，选用其中几种方法，综合解释饱和度。通过井筒，用测井仪器测量和计算储层岩石孔隙中的含油饱和度，以判别油层和气层中原始含油、含气、含水饱和度或剩余油、气、水饱和度的分布。油气田开发初期，在裸眼井中测量原始含油气饱和度的常规测井方法是电阻率法。用上述方法获得的测井资料求出地层真电阻率和孔隙度，利用相应的室内实验数据，根据阿尔奇公式，即可求出相应的地层含水饱和度。

在油田开发中，需要测得不同阶段的剩余油饱和度。注水开采的油田，一般注入淡水，其矿化度比油层水低得多，因而电阻率高，用电阻率法测定油水饱和度就很困难，采用的测井方法有常规测井方法加介电测井法或人工电位测井法。油和水的介电常数不同，利用介电测井法可不受地层水矿化度的限制，以判断油田注淡水后油、水饱和度的变化。但当油层电阻率小于 $40\Omega \cdot m$ 和泥质含量增高时，以介电测井法判断水淹层精度不高。人工电位测井法是利用注淡水后不同的含水饱和度造成的油层水矿化度的差异，来判别剩余油饱和度，在地层水矿化度小于 10000mg/L 的条件下效果较好。这些方法同时配合常规测井方法如自然电位测井法效果更好。上列方法只能测裸眼井。在已下套管的井中要用放射性测井为主的测井系列。

一、中子寿命测井

中子寿命测井（NLL，SMJ）也称为脉冲中子俘获测井（PNC）、热中子衰减时间测井（TDT），江汉油田测井工程处是国内最早应用的生产单位。回顾 30 多年来的研究历程，可以概括为两个阶段：第 1 阶段，1970—1996 年，主要使用 FC731 型和 SMJ–A 型测井仪器，重点调研国外中子寿命测井新技术，在学习、引进、消化的基础上，研究国内高矿化度地区剩余油评价的测井方法，建立了相应的现场测井施工工艺技术，研制开发出了多个版本的 WLOG 的中子寿命资料处理软件。第 2 阶段，1996 年至今，主要使用仪器 SMJ–B、SMJ–C 和 SMJ–D 等型测井仪器，重点是紧跟国外中子寿命测井新技术，提高创新意识，加大投入，研究低矿化度地区剩余油评价的测井方法，建立了硼中子寿命测井施工工艺技术，研制开发出了多个版本的 JHPN 江汉脉冲中子测井资料处理软件，并向国内各油田进行了推广应用。

中子寿命测井法的原理是地层水或注入水矿化度高时，水中含氯量多，氯的热中子俘获截面大，而油的热中子俘获截面小。热中子衰减时间与俘获截面成反比，测量热中子的俘获截面，即可求得剩余油饱和度。此法可在套管中测量。通常采用时间推移测井，即在油井完成后未开采前，进行第一次测井，求得原始含油饱和度（S_o）；油井开始生产后，注入相同于地层水的高矿化度水或让边、底水自然进侵，使油层含水饱和度不断增加，定期用此法检查，并将结果与原始情况对比，可得到当时的剩余油饱和度。当地层水矿化度小于 20000mg/L 时，求得 S_o 误差大，本法不能应用。

由中子寿命测井原理可以知道，地层水矿化度对其测井结果影响较大。为了方便测井，人们习惯以地层水矿化度（5×10^4mg/L）为标准划分高、低矿化度地层。针对高矿化度地层的测井方法主要有常规测井方法、时间推移测井和测—注（淡水）—测、测—吐—测等方法。针对低矿化度及淡水地层的测井方法主要有测—渗（硼）—测、注（较咸）—测—注（咸水）—测等方法。现场实践证明，当孔隙度大于 25% 时，地层水矿化度在 $2 \times 10^4 \sim 3 \times 10^4$mg/L 的情况下时间推移测井也适用。现场施工的关键是根据地层水矿化度优选测井方法和注入液，作好施工技术设计。对于高矿化度地层，测—注—测工艺的注入液选择低矿化度水尤为最佳，既经济又环保；对于低矿化度地层，测—注—测、测—渗—测工艺注入液需选择盐水或硼化物溶液，或其他示踪剂。目前，公认硼化物溶液作为注入液（示踪剂）最佳。中子寿命测井的优点：（1）为油井措施提供可靠的剩余油分布资料；（2）适合于高、低矿化度油田的剩余油监测；（3）适合于裸眼井和套管井；（4）过油管或在油管中测井；（5）双探测器；（6）测—渗—测硼中子寿命测井不受岩性和温度等因素的影响。

二、碳氧比测井

碳氧比测井是套管井评价地层岩性、含油性和孔隙度的新方法，可以在套管井中较好地划分油层和水层，可以用于套管井地层评价（比较电法测井），是唯一不受地层水矿化度影响，在套管井中测定含油饱和度的测井方法。

碳氧比测井是利用一种每秒 20kHz 脉冲速度控制下的 14.1MeV 中子源，穿透仪器外壳、井内流体和套管、水泥环等介质进入地层，让快中子与地层中的碳、氧原子核发生非弹性碰撞，并释放出较高能量的伽马射线。

国外从 20 世纪 50 年代初期开始研究，20 世纪 70 年代初投入现场试验，Schlumberger 公司称此法为次生伽马能谱测井，GSTAtlas 公司称为碳氧比（C/O）测井，其测量原理相同，测量项目略有差别。

我国从 20 世纪 80 年代引进了 GSTAtlas 公司的碳氧比测井仪，大庆油田研制的仪器于 1982 年通过鉴定，投产应用。

原理：碳氧比测井是利用脉冲中子源向地层发射能量为 14MeV 的高能快中子脉冲，分别测量地层中原子核与快中子发生非弹性散射时放出的伽马射线，以及原子核俘获热中子时放出的伽马射线，不同的原子核产生的非弹性散射伽马射线和俘获伽马射线的能量不同，记录这些不同能量的非弹性散射伽马射线和俘获伽马射线，就可以分析地层中的各种元素及其含量。

理论基础是快中子的非弹性散射理论。当高能快中子射入地层之后，与地层中元素的原子核发生非弹性散射，致使原子核处于激发状态。当原子核从激发状态恢复到稳定状态时，将会放射出具有一定能量的伽马射线。对于不同元素的原子核来说，其非弹性散射伽马射线的能量不一样。因此可对地层中的非弹性散射伽马射线进行能量和强度分析（即能谱分析），来确定地层中存在哪些元素及含量。

作用：碳氧比测井是套管井评价地层岩性、含油性和孔隙度的新方法，可以在套管井中较好地划分油层和水层；可以过套管确定油层的剩余油饱和度；可以用来评价水淹层，复查老井，寻找被遗漏的油层；在注水开发过程中监视油水运动状态。

碳氧比测井对地层中常见的 4 种元素 ^{12}C、^{16}O、^{28}Si 和 ^{40}Ca 反应敏感。这 4 种元素正是储层的岩性及流体的综合反映。碳氧比测井资料中的碳氧比曲线反映了地层中的含油性；俘获 Si/Ca 曲线和非弹性散射 Ca/Si 曲线用于指示地层的岩性；CI、CIM2 和 FCC 是好的孔隙度指示曲线，与补偿中子曲线很相似，可用于确定地层总孔隙度。

碳氧比能谱测井仪具有精度高、耐温和耐压的特点，可以在 150℃ 以下地层准确确定地层剩余油饱和度。利用碳氧比能谱测井可以对孔隙度 15% 以上的地层定量解释、对孔隙度 10%～15% 的差产层半定量解释。定量解释的含油饱和度计算误差小于 6%、半定量解释的含油饱和度计算误差小于 12%，定量解释的产水率计算误差小于 10%、半定量解释的产水率计算误差小于 20%。碳氧比能谱测井良好的地质效果为剩余油饱和度分布研究打下坚实基础。在套管井中测定含油饱和度的碳氧比测井特点：（1）碳氧比测井是套管井评价地层岩性、含油性和孔隙度的新方法，可以在套管井中较好地划分油层和水层；（2）可以过套管确定油层的剩余油饱和度；（3）评价水淹层；（4）复查老井，寻找被遗漏的油层；（5）在注水开发过程中监视油水运动状态。因此，碳氧比测井具有以下优点：（1）可以用于套管井地层评价（比较电法测井）；（2）所计算的含油饱和度和孔隙度等参数受地层水矿化度影响小（中子寿命测井不能在低矿化度地层水地区使用）；（3）不受地层水矿化度影响。

三、过套管电阻率测井

过套管电阻率测井为一种能在套管井中测量地层电阻率的新方法，该测井仪器经过 20 多年研发，通过严格的现场测井试验和大量的测井作业，表明它能够可靠地和准确地测量套管外地层的电阻率。过套管电阻率测井在油田开发中进行油藏动态监测，评价剩余油方面显示出了独特的优势。油田进入开发中后期，由于长期注水，多数主力油层已被水淹，给油田继续稳产和高产带来难度。利用测井技术正确评价油层水淹程度，确定油层含油饱和度，寻找剩余油富集区，指导油田进一步调整和开发是油田急需解决的难题。早在 20 世纪 70 年代，世界各测井研究机构已陆续开发和研制出过套管测量电阻率的测井仪器，并取得效果。2002 年应用斯伦贝谢公司的 CHFR（Cased Hole Formation Resistivity）测井仪测试国内油田 37 口井，分析了过套管测量地层电阻率的原理、方法、技术特点，并结合油田测井实例，说明该技术在油田开发中的应用。

过套管电阻率测井是在金属套管井中测量地层电阻率，其测井原理与裸眼井中侧向测井原理相似，是一种带电极的测井技术。由于金属套管本身是良好的电导体，电阻率为 $2×10^{-7}Ω·m$，对供电电流起屏蔽作用，通过金属套管泄漏到地层的电流微小，仪器测量电流与供电电流比值为 $10^{-5}～10^{-3}$。由于测量地层电流是通过测量套管电阻实现的，而套管电阻只有几十微欧姆，因此测量过套管电阻率比在裸眼井中测量地层电阻率的难度大。

过套管电阻率测井主要用于评价地层剩余油饱和度，实现油层水淹程度评价、油藏动态监测等。对于物性相同或相近的储层，其电阻率的高低取决于储层饱和流体的性质，当储层完全饱和水时，电阻率明显低于储层完全饱和油的电阻率。因此，应用过金属套管地层电阻率可以确定储层剩余油饱和度，此方法类似于裸眼井中利用地层电阻率评价储层剩余油饱和度。针对不同油田，不同储层地质特性，找出合适含油饱和度解释模型，例如，利用阿尔奇公式：

$$S_w = nabR_w / \phi m R_t \tag{2-4-1}$$

$$S_o = 1 - S_w \tag{2-4-2}$$

式中　S_o——含油饱和度，%；

　　　S_w——含水饱和度，%；

　　　R_w——地层水电阻率，$\Omega \cdot m$；

　　　R_t——油层电阻率，$\Omega \cdot m$；

　　　ϕ——储层孔隙度，%；

　　　m——胶结指数；

　　　n——饱和度指数；

　　　a，b——地区常数。

根据开采状况和特点选择解释模型参数，尤其是地层水电阻率参数，在注水开发模式下，根据注入水性质调整地层水电阻率。

监测流体饱和度。油藏监测包括时间推移测井，即在不同时间测井跟踪饱和度的变化及监测正常生产和注水过程中的流体界面位置。对注水开发油田，随着油田的开发，储层流体的性质将发生变化，在套管井中测量油层电阻率是油藏动态监测的有效手段之一。随着原油采出程度的提高，油藏含油饱和度不断降低，原始油层饱和度与剩余油饱和度的比值可以反映油层水淹状况。斯伦贝谢公司将其定义为衰竭指数 η，即：

$$\eta = S_{woh} / S_{WCHFR} \tag{2-4-3}$$

式中　S_{woh}——裸眼井测井时的地层含水饱和度；

　　　S_{WCHFR}——套管井测井时的地层含水饱和度。

衰竭指数在 0～1 变化，其值越低，说明油层水淹程度越高。这一定性指标的优点是不受过套管电阻率测井因素的影响，不需要知道地层水电阻率以及地层孔隙度等参数，但地层水矿化度需保持不变。

四、脉冲中子全谱测井

在油田开发中后期，脉冲中子全谱测井是目前在金属套管中评价地层剩余油饱和度、岩性及油层水淹等级的一种有效手段。脉冲中子全谱饱和度测井仪集碳氧比能谱测井、碳氢比能谱测井、氯能谱测井、钆能谱测井、示踪能谱测井、中子寿命测井于一体，能在 10% 以上孔隙度条件下，穿透套管、水泥环等介质，实现对地层剩余油饱和度的测量。多种方法交互使用，使得测量精度和解释符合率大大提高。

脉冲中子全谱测井通过向地层发射 14MeV 的中子流，这些中子与地层中各种元素的原子核发生非弹性散射、弹性散射、原子核的活化、辐射俘获及活化反应。在测量方式上，有的是测量射线的强度，为能谱测井，有的测量中子随时间的变化，为时间谱测井。

脉冲中子全谱测井将中子与地层物质原子核反应产生的各种伽马射线和剩余中子共 10 张谱全部记录下来，能够更全面地获取地层信息，实现了碳氧比测井、氯能谱测井、氧活化测井、中子寿命测井等功能，能够更好地评价地层岩性、物性、含油性、水性等信息，是理想的套后检测手段。

　　总结各种测试方法，都有其优缺点及适用条件，脉冲中子全谱测井是一种集合多种剩余油饱和度测井功能的测井方法，可以在具体井况、地质条件下选择不同的测井方法，还可以进行一次下井多种方法进行对比，因此，在后期油田饱和度测试中是一种比较可靠、合适的测井方法。

| 第三章 |

构造油藏剩余油分布研究

我国东部各大油田以陆相沉积储层和复杂断块构造为基本特征，复杂断块油田普遍具有断层发育、断块面积小、构造复杂、油水关系复杂等特点。随着油田开发的不断深入，剩余油分布呈现整体分散、局部富集的特点。研究复杂断块油田各级次断裂特征及其封闭性能，建立不同级次断层组合样式及其控油模式，分析不同构造、微构造形态对剩余油的控制作用，对于认识开发中后期剩余油分布有着重要意义。本章在总结前人研究成果的基础上，阐述了复杂断块油田不同级次断层的断裂特征及其预测方法，论证了断层封闭性评价方法及其对剩余油的影响，建立了复杂断块断层分布样式及剩余油控油模式，探讨了断裂构造对剩余油的控制作用。通过分析微幅度构造的成因、分类与配置模式，明确了微幅度构造的识别方法及其与剩余油的关系，明确了油气富集高产与构造的配置关系，系统建立复杂构造因素控油复合模式。

第一节　断层精细描述与剩余油控油模式

复杂断块油田受多期断裂活动控制，内部发育不同级次的断层，断层组合样式复杂，空间形态多变。大量研究表明，在油田开发中后期，断块内部的小断层对油水关系以及开发中后期剩余油分布起着控制作用。因此，出于剩余油表征等生产实践的需要，断裂体系的刻画需要更加精细，同时需要进一步明确不同规模断层的封闭性及其与油气分布的关系。

一、断层识别与精细解释技术

（一）断层级别划分及其特征概述

前人关于断层级别划分有较多研究，众多学者对其概念的理解各不相同，本书结合复杂断块油田特点，根据断层发育规模的不同，将其划分为 6 个级别（表 3-1-1）：

（1）级断层。 级断层 般为盆地边界大断层，其特点是发育时间长、断距大、延伸距离长，平面延伸长度 50km 以上，断距 3000 ~ 6000m，对盆地的沉积过程具有明显的控制作用。由于一级断层平面跨度大，在空间上常有明显的分段特征，不同区域其断层产状、接触关系等结构构造特征相差甚远。例如渤海湾盆地的沧东断层，该断层南起吴桥以南，北抵宁河之西，长逾230km，断层产状变化颇大，在不同地段隆坳接触关系截然不同。该断层直接控制了沧县隆起和歧口凹陷的沉积成藏。

（2）二级断层。二级断层是构造带的主要控制断层，在空间上控制着砂体沉积和油气的分布，平面延伸长度20～50km，断距400～3000m，可切割整个沉积地层，向下断至结晶基底的深大断裂，纵向上沟通油源，断层两侧控制着沉积厚度及油气分布。例如北大港构造带的港东断层，其延伸长度约33km，断距500～850m；该断层自沙三段沉积期开始活动发育，于明化镇组沉积期结束，导致断层两侧的港东油田和港中油田在地层沉积厚度、油藏埋深、含油层系等方面均表现出明显不同。

（3）三级断层。三级断层是一级和二级断层的派生断层，其走向多平行于二级断层，平面延伸长度4～20km，断距100～400m。三级断层是各断块之间的分界断层，一般活动期较短，断距较小，延伸距离较短，对不同断块的油气分布起控制作用。

（4）四级断层。四级断层是二级和三级断层派生的次级断层，平面延伸长度小于1km，断距一般20～100m，分布在各断块内。四级断层走向多变，但还是以大致平行区域主要和次要构造线方向的略占优势。大多数四级断层是叠加局部应力场后产生的，发育时间都较短。绝大多数四级断层都不切开二级和三级断层，断面比较陡，主要分布在局部构造上，是划分自然段块的依据。四级断层可以构成含油断块的边界，使各个断块有自己的油水系统，起着分隔作用，使两侧断块在开发中很少相互干扰。四级断层和规模更小的微小断层，影响断块内部的局部构造，使得油气水关系更加复杂。

（5）五级断层。五级断层位于含油断块内部，属于四级断层的派生小断层，规模小、延伸短，一般延伸距离仅为几百米，断距仅为几米到十几米。对断块和沉积没有控制作用，仅对断块及油水关系起着复杂化的作用。

（6）六级断层。六级断层是高品质地震上可识别的最小断层级别，地震识别结果常有较大的不确定性，由构造派生、地层性质和后期开发等共同导致，影响油水关系。

表 3-1-1　不同级别断层划分标准及特征

断层级别	延伸（km）	垂直断距（m）	规模（km²）	特征
一级断层	>50	3000～6000	>200	控制凹陷与凸起形成与演化的基底正断层（控盆）
二级断层	20～50	400～3000	20～200	控制凹陷内部次级构造单元构造和沉积作用的基底正断层（控注、控带）
三级断层	4～20	100～400	1～20	一级和二级断层的派生断层，控制注陷内的次级构造发育，分布于二级构造带内，控制圈闭和油气富集（控块）
四级断层	1～4	20～100	0.2～1	次级派生断层，进一步分割含油断块，为油藏内的主要断层（控藏）
五级断层	0.4～1	10～20	0.01～0.2	分布于四级断层控制的自然断块内，多属四级断层的派生断层，控制油水关系（控剩余油）
六级断层	<0.4	<10	<0.02	主要是由构造派生、地层性质导致，影响油水运动

（二）低级序断层预测方法

对低级序断层来说，众多学者对其概念的理解各不相同。罗群等（2007）和刘显太等（2012）把低级序断层定义为由高级序断层产生的次级应力场形成的产物，在一般地震资料上无法识别，相对于高级别的断层来说，通常都是一些细微断层。断距和延伸长度分别小于10m和100m。刘岩等（2011）将低级序断裂定为三级和四级断裂，而四级断层分布范围和规模较小，一般在三级构造顶部由于构造活动产生的张裂作用引发的次级张性成因机制的正断层，也被称为"微小断层"。而张昕等（2012）和赵红兵等（2010）采用低级序的名称并根据断层级别将低级序断层定义为断层级别中四级及以下的小断层。戴俊生等（2012）认为，低级序断层主要受区域构造应力场背景下由一条或者几条高级序断层派生形成局部构造应力场控制，或由岩层弯曲变形派生形成的。

综上所述，低级序断层是相对于高级序断层提出的概念，任何级序的断层相对于比其级序高的断层都可称为低级序断层，低级序断层多为高级序断层的派生断层。在油田开发研究中，低级序断层指四级、五级及可识别的六级断层，这些小断层对油水关系以及开发中后期剩余油分布起着控制作用。

21世纪以来，随着高精度（高分辨）地震采集技术、相干数据体解释技术、三维可视化技术和谱分解等技术的相继出现和广泛应用，使地震资料的识别能力和解释精度大幅提高。特别是在老油田滚动扩边和开发调整过程中，低级序断层已成为精细构造解释的重点内容之一。

1. 井震结合低级序断层综合解释技术及应用

复杂断块油田具有断层多、断块小的特点，高含水开发阶段低级序断层对于精细注水、有效开发造成了很大影响。前人主要利用井间对比、全三维解释、相干体分析、边缘检测等方法，对断距较大断层的分布形态已经有了较清晰的认识，但受地震资料品质、算法可靠性等因素影响，对于10m以下低级序断层的分布特征、几何形态、组合关系仍然难以有效识别。针对这些问题，综合利用高精度三维地震资料，结合钻井、测井和录井等成果，采用油藏地球物理手段，创新形成低级序断层综合解释技术，通过分方位叠加得到反映各向异性的地震数据体，以地层倾角、方位角解释数据体为基础，应用构造导向滤波和边缘检测技术来加强断层显示效果，利用相干体和曲率体检测断层边界，在以上解释基础上应用蚂蚁体技术自动追踪小断层，采用井震藏结合方法联合验证、精准组合断裂系统；解决了5m断距断层的识别和组合的技术难题，为准确认识和挖掘低级序断层控制的剩余油潜力打下基础。

1）地震资料分方位叠加处理

分方位叠加处理通过方位角资料差异分析，利用平行断层方位和垂直断层方位的各向异性特征，可使不同走向的断层得到更加清晰的地震响应，从而使低级序断层识别能力得到提高。针对性地对研究资料进行分方位叠加处理，得到4个方位的数据体。然后在分方位数据的基础之上进行后续处理进而识别断层。如图3-1-1所示，从垂直方位的时间切片更加能够识别东西向断层，沿平行方位更能识别南北向断层。

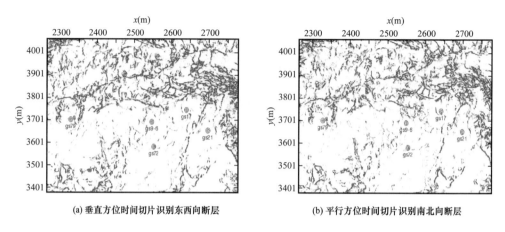

(a) 垂直方位时间切片识别东西向断层　　　　　(b) 平行方位时间切片识别南北向断层

图 3-1-1　利用分方位数据体识别断层展布

2）提高地层倾角和方位角精度

倾角是反映地层空间倾斜程度的参数。假设：一套地层内存在小断层时，在理想情况下，地层突然中断，断面内不存在该地层，对地层的倾角无法描述。但是，如果做技术处理（层位内插）的话，可以很容易地得到断面的倾角，倾角对断层的识别就是基于这个原理。但实际地震处理过程中，由于三维去噪模块的应用，许多小的断层出现层断波不断的现象。小断层在地震剖面上被模糊化，只出现局部的扭曲现象，在解释过程中很难处理，往往被忽略，层位解释为连续的。倾角技术就是利用层位与断面倾角的差异性来识别断层，在小断层存在的地方，倾角值将会发生瞬间突变，倾角图上出现有规律的倾角异常带，这种变化显示为线状即可认为是小断层的表现。

倾角和方位角体是体曲率、相干、振幅梯度、地震纹理和构造导向滤波的基础。采用多窗口扫描方法，选取分析点周围多个窗口进行扫描，求取相似度最大的窗口作为分析点处的倾角、方位角估算窗口，瞬时倾角即为具有最大相干的倾角。该方法提高了分析点倾角、方位角的精度，在识别小断裂方面有明显效果。

对得到的方位角数据体、沿主测线方向倾角数据以及沿联络测线方向倾角数据进行分析。如图 3-1-2 所示，联络测线倾角切片更加能够识别南北向断裂，主测线倾角切片能够更好识别东西向断裂。

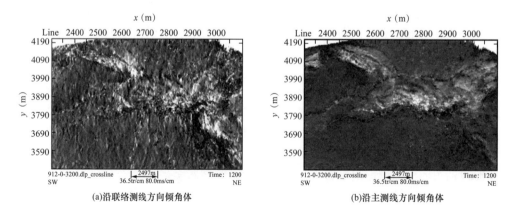

(a)沿联络测线方向倾角体　　　　　　(b)沿主测线方向倾角体

图 3-1-2　倾角扫描技术识别断层

3）构造导向滤波增强断层信息处理

构造导向滤波的实质是针对平行于地震同相轴信息的一种平滑操作，采用"各向异性扩散"平滑操作，只对平行于地震同相轴的信息进行，而对垂直于地震同相轴方向的信息不作任何平滑。如果发现地震同相轴横向不连续，将不作平滑，即此平滑操作不是超出地震反射终止（断层及岩性边界）的操作，因此这种滤波方法能保护断层和岩性边界信息。

通过构造导向滤波处理剖面与原始地震剖面对比，滤波后断层的显示效果更加明显（图 3-1-3）。

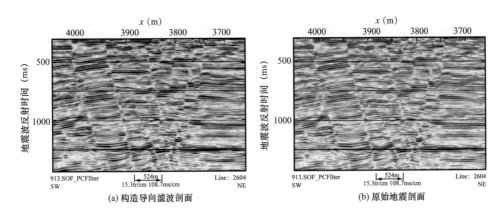

图 3-1-3　构造导向滤波剖面与原始地震剖面对比

4）地震方差体断层检测

当地层存在局部连续性变化时，其地震道的反射特征与其相邻的地震反射特征差异明显，地震方差体技术可以求取整个三维地震数据体的所有方差值，进而检测地层特征变化的不连续性。断层附近的地震道特征通常与相邻道不同，其方差值存在明显差异，在方差体数据切片上，能得到断层面附近真正断裂分布的高方差值，从而提高断层识别能力。

5）相干属性增强断层信息

相干属性主要用来检测断层、裂缝以及刻画地质体边界。在相干属性提取过程中，主要分析以目标点为中心的时窗内的相邻地震道波形的相似性。波形的相似性与地层的连续性密切相关，因此，相干属性就是利用波形之间的相似性来反应地层的不连续性特征。图 3-1-4 为 GD 油田基于特征值法的相干体，图中断层信息得到加强。

6）蚂蚁体技术识别低级序断层

蚂蚁体技术遵循蚂蚁觅食原理，利用可吸引蚂蚁的信息素传达信息，以寻找最短路径。该技术突出特殊的地层不连续性，生成蚂蚁追踪立方体，提取、确认、校验断层，最终创建断层解释模型，实现断层和裂缝的自动追踪，缩短构造解释周期，提高解释效率。

图 3-1-5 中蚂蚁体与相干体对比剖面能够看出，蚂蚁体能够对小断裂进行加强，在剖面上更好识别，使得进一步分析井间油藏关系时能够更加有据可依。

7）小波多尺度识别小断层

由于地震资料采集和处理的影响，断距较小的地质层位在地震剖面上仍表现为连续反射界面，形成"层断波不断"的现象。解决"层断波不断"的方法是对地震资料的多尺度分析。多尺度分析是将信号从一维信号映射到时间频率域二维空间，从每一个时间点都可以看到不同频率成分能量的变化，也可以看到某一个时间段不同频率的能量变化情况。这样，在地震道的时频域可以很清楚地看出某一个时间点不同频率成分的能量大小，从而可以知道该点频谱的宽与窄。"层断波不断"的地震波频带范围较窄，即信噪比较高的信号能量较强，而其他频率的成分（包括反映地层断点的信号）很弱。将不同能量的频率成分在时频域进行平衡，如果存在小断层，则剖面上表现为反射轴的中断，否则，如果是连续的地层，不管如何调整其频谱，反射地震波也始终是连续的。

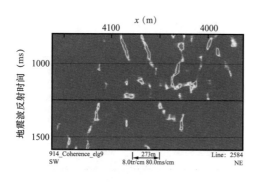

图 3-1-4　特征值相干体剖面　　　　图 3-1-5　主测线、联络线融合蚂蚁体剖面

8）井断点指导下的小断层精准识别

小断层的地震反射特征一般不是很明显，尽管已经应用上述多种地球物理方法增强小断层的地震反射信息，但仍然可能存在断层反射不清楚等现象。因此，需要进一步应用复杂断块油田密井网开发区地层对比确定的断点数据，在井断点的引导下进行小断层识别，从而提高小断层的解释精度。在井断点深—时转换的基础上，利用时间域的井断点信息对地震的异常响应进行辨别，在地震剖面上确定小断层真实的空间位置。

9）技术应用实例

GD 二区 G251 井与周围井对比断缺 5m 左右地层，通过蚂蚁体追踪能够看到明显断点；通过过井剖面分析认为，该方法能够较好地识别 5～10m 的低级序断层（图 3-1-6）。进一步进行井震结合断层解释和断裂组合，确定出低级序断层位置。

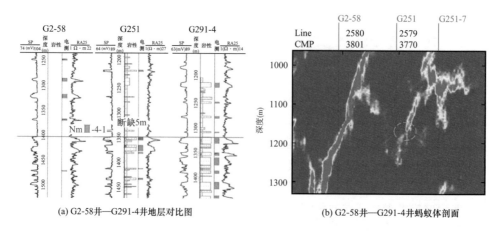

(a) G2-58井—G291-4井地层对比图　　　　(b) G2-58井—G291-4井蚂蚁体剖面

图 3-1-6　G2-58 井—G251 井—G291-4 井地层对比图与蚂蚁体剖面图

2. 复杂断层智能识别方法研究及应用

不同解释人员在不同时期面对同样的地震资料，由于模式与认识差异，导致断层解释结果不一样。针对这一问题，基于深度学习的智能断层识别技术发展迅速，该方法充分尊重数据本身规律，最大限度减低人为因素干扰，更加客观解释断层。2016年以来，深度学习技术的应用爆发式增长，目前已经应用于低级序断层识别、岩性智能预测等油气地质研究领域。如前研究现状中所述，深度学习在地震资料断层识别上的应用，匹配度高且效果较好的就是计算机视觉中的全卷积语义分割神经网络技术。重点探索全卷积神经网络技术术在断层智能识别中的应用。

1）全卷积神经网络深度学习技术原理

全卷积神经网络深度学习依托合理的神经网络架构，总结地层特征、收集准确样本并建立训练数据集，然后进行大量的训练和学习，从而将该特征通过函数和层级结构记录下来，以预测更加隐蔽和抽象的特征。

全卷积神经网络深度学习进行断层识别，其基础是选择合理的神经网络架构。用于进行断层识别的语义分割神经网络是伍新明于2019年提出的FaultSeg3D网络，这个网络架构基于U-Net神经网络进行了改进。U-Net架构是一个端到端的神经网络全卷积神经网络架构，同时运用了跳跃连接来恢复下采样损失的信息（图3-1-7）。其优点包括：

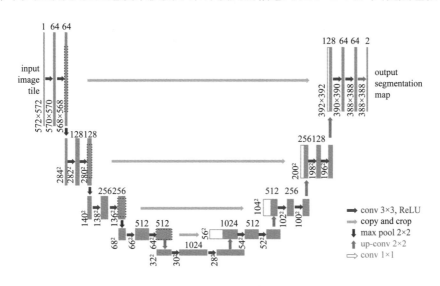

图 3-1-7 U-Net 网络结构

（1）该网络在ISBI比赛中对细胞边缘进行检测得到良好效果并获得当年比赛冠军，该模型应用场景与地震的断层识别任务相似，模型不需要太多改动即可应用。

（2）物体边缘检测任务可视为边缘与非边缘的二分类任务，边缘部分往往占比较少，会出现标签样本不均衡问题，该模型运用了很多的方法来修正不均衡样本分类带来的影响。

（3）可以使用较少数据进行训练，在分割对象特征明显的情况下用较少数据就可以取得较好效果。对应用于地震资料上的断层解释任务来说是十分契合的，首先地震资料断层显示明显且识别特征相对单一，同时地震资料的获取受限因素多，很难收集到大量资料。

（4）模型建立后，推断速度很快，一个512×512图像的分割在2019年最新的GPU上花费不到1s。这对于单个数据量较大的地震资料来说尤为重要，在建模过程中可以以较短的时间去实验调参，快速迭代实现模型的优化、完善。

2）训练数据集的建立

随着机器学习领域相关算法的不断优化完善，现阶段利用地震资料深度学习进行断层自动解释，其关键是训练数据集的建立。训练数据集的建立遵循以下原则：（1）明确研究区的构造特征，包括断层产状特征、构造发育模式、断层组合模式等，并将断层构造样式融入数据集；（2）选择典型完钻井，完钻井资料易于对比，能够明显确定存在断层断失，确保断层断距可控；（3）选择典型地震剖面，断层特征明显且相对单一，断点位置清晰，反射特征明显，降低地震识别断层的不确定性。

本次研究的训练数据采用正演方法生成，具体流程步骤如图3-1-8所示，标签数据（断层标注数据）也是在正演过程中生成。

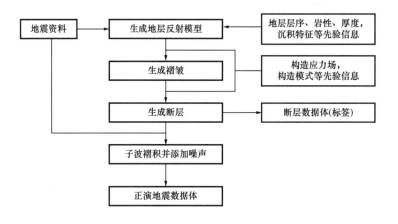

图 3-1-8　正演地震数据体流程

正演生成的数据大小为128×128×128的三维地震数据体，采样率为4ms。对比图3-1-9所示频谱图可以看出，正演地震数据的质量与实际地震资料相近，且主频略高于实际地震资料，两者的振幅值分布特征、频谱特征相近，保证了数据的一致性。搭建好神经网络模型后，将正演生成的220个三维地震数据体（数据大小为128×128×128）输入神经网络进行训练，其中训练数据180个、测试数据40个。

3）技术应用实例

将模型应用到GD油田一区实际地震资料，对研究区现有地震资料全部进行断层识别处理。如图3-1-10所示为断层智能识别结果，该三维数据体是一个值域范围0～1的概率数据体，0表示该位置不发育断层，其他概率值则代表了该位置发育断层的概率。从图中可以看出，高级序断层清晰可见，低级序断层也能有较好的识别效果，同时整个剖面上噪声较少。但发现多条断层交接及相邻较近的断层彼此之间不能很好地分辨，识别的断层面位置还不够精确，显示也还比较杂乱。

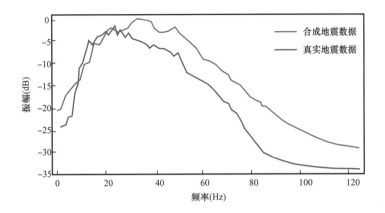

图 3-1-9　GD 地震数据与正演地震数据频谱对比图

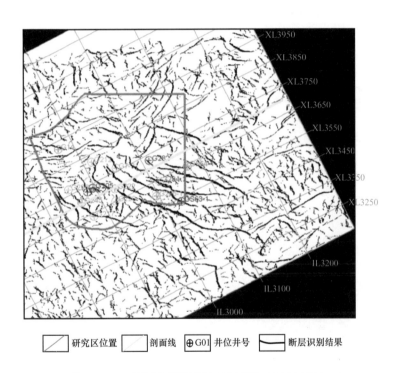

图 3-1-10　断层识别概率体时间切片（时间 1000ms）

　　通过建立不同级序断层分布模型，形成训练数据并输入，然后进行深度学习，在此基础上预测断层分布，识别出 856 条断层。根据断层不同规模划分为 3 个级次：

　　（1）三级及规模较大的四级断层为高级序断层（32 条），构成了 GD 一区的构造格架，其各项特征要素往往不符合整体数据分布，需要单独分析。

　　（2）低级序断层（五级及部分四级断层）多为高级序断层的派生断层，数量较多（>300 条）且相互之间关系密切。

　　（3）六级断层规模最小同时断层的数量（462 条）最多。

（三）复杂断块断层分布特征

复杂断块油田发育不同级别的断层，低级序断层以不同形式分布于主断层附近，导致组合样式复杂，空间形态多变。其断层分布样式主要有两种：一种为单条高级序断层与低级序断层的配置关系；另一种为多条高级序断层与低级序断层的配置关系。

图 3-1-11 所示为单条高级序断层派生低级序断层的配置关系，其最为常见的组合为平行和相交两种情况。平行关系下，低级序断层往往发育在弯曲度低的高级序断层的下降盘，地层沿铲式断层面下降形成逆牵引背斜，持续受力则易在背斜轴部派生平行发育的低级序断层。例如，港东断层与其派生的平行断层就多为该派生关系。其次，断层倾角较大时，后期掀斜作用使靠近高级序断层的上升盘地层受重力影响派生低级序断层。在垂直于主断层构造剖面上以多级 Y 字形和地堑型组合为主。断层相交模式则主要发育在高级序断层的弯曲部位或末端，这些部位应力集中，通过产生一系列的低级序断层来释放应力，相交关系派生的断层规模相比于平行派生要小。一部分与主断层斜交呈侧列式展布。在"包心菜式"、负花状构造、多级 Y 字形和阶梯状，在垂直于构造走向的剖面上以不同级次的 Y 字形组合为主。

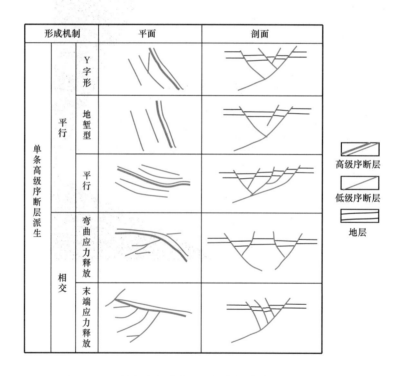

图 3-1-11　单条高级序断层派生低级序断层配置关系表

多条高级序断层共同组合派生低级序断层的关系如图 3-1-12 所示，同样分为平行和相交两种基本模式。平行状态可分为倾向相同与倾向相反，两者多为高级序断层下降盘逆牵引背斜中的派生断层。其中倾向相同的两条高级序断层分布在背斜轴部一侧，后期的构造活动派生了所夹断块中延伸较短的低级序断层。倾向相反的高级序断层多分布于背斜的轴部，与派生的低级序断层共同组合形成地堑。交错状态可分为相交和不相交，主要发育在两组走向断层的接触部位。若高级序断层不相交且末端位移变化较大，两条断层间易形成构造转换带，派生低级序断层。相交的高级序断层因下降盘各部位位移程度不同，易派生相交于一条断层而平行于另一条断层的次级断层。

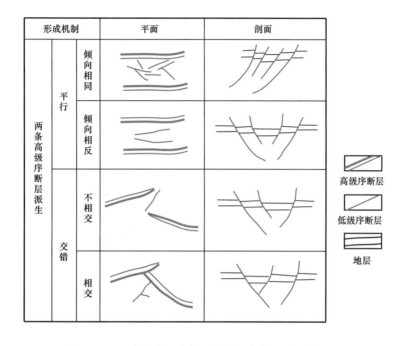

图 3-1-12　多条高级序断层与低级序断层派生关系表

二、断层封闭性与剩余油分布关系

复杂断块油田断层发育、断块面积小、油水关系复杂，封闭断层可以遮挡圈闭使油气聚集，同时也可以分割油藏、影响剩余油分布。大港复杂断块油田近 60 年的勘探开发实践表明，较大规模断层一般为封闭；而小断层的封闭性有待进一步研究。由于开发中后期剩余油高度分散，通过研究小断层的封闭性，可以判识油藏连通关系，结合开采状况，预测剩余油分布规律，从而对油藏开发具有重要指导意义。

（一）断层封闭性评价方法

通常从断层性质、倾角、最大断距和埋深方面进行封闭性评价。一般而言，因其力学性质，逆断层封闭性要优于走滑断层，走滑断层优于正断层；断层倾角越小，埋深越大，受到应力越大，压实作用和胶结作用越强，越有利于断层封闭；合适的断距，有利于形成砂岩储层与泥岩层对置的岩性对置关系和连续的泥岩涂抹带以封闭油层。

微断层与一般断层的差异主要表现在延伸长度和断距两个方面，延伸长度对断层封闭性影响较小，研究断层封闭性的主要区别在于断距，所以断距是影响研究区微断层封闭性的主要因素。断距影响着断层两盘岩性对置关系和泥岩涂抹情况，若断距小于油层厚度，无法错开砂岩层，导致储层仅上部砂泥对接，下部砂砂对接；断距小虽然有利于泥岩涂抹的连续性和厚度，但泥岩涂抹的长度仅能封闭上部油气，断层下部开启。

1. 断层对接封堵评价法

1）对接封闭机理

静水条件下断层封闭能力强弱依赖于断层与储层的排替压力差的大小。Smith（1966）建立了断层两盘岩性对接封闭理论模型，基本含义为目的层中的岩石排替压力小于与之对置的断层另一盘地层的排替压力时，断层封闭。这种原理适用于断裂带无充填，两盘直接接触的断层，如逆断层、小的正断层等（图 3–1–13 和图 3–1–14）。

2）岩性对接模式

断层两盘地层对接通常有 6 种模式（图 3–1–15），根据泥岩对砂岩的对接程度判断断层封堵程度。砂层—泥岩层对接即气库渗透层与外侧对置盘泥岩非渗透层对接，并且对置盘泥岩完全封堵砂岩时才能实现断层全部封堵有效。

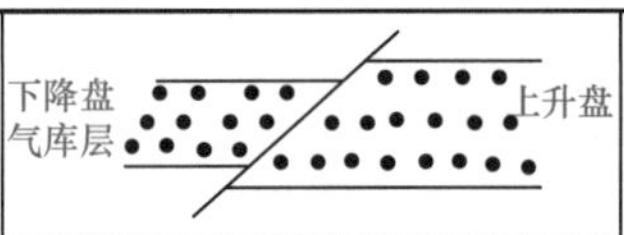

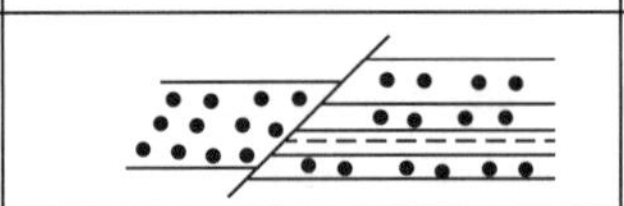

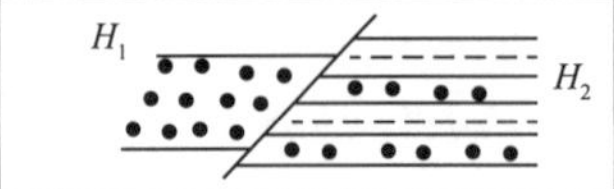

图 3–1–13　断层侧向渗漏模型

图 3–1–14 断层侧向封闭模型

与下降盘砂层对应的上升盘层段的最底层为砂岩层	上升盘此层砂厚大于下降盘砂厚		封堵厚度 0 完全不封堵
	上升盘此层砂厚小于下降盘砂厚		封堵厚度 0 完全不封堵
			封堵厚度 H_2–H_1 部分不封堵
与下降盘砂层对应的上升盘层段的是底层为泥岩层	上升盘此层泥厚大于下降盘砂厚		封堵厚度 H_2–H_1 完全封堵
	上升盘此层泥厚小于下降盘砂厚		封堵厚度 0 完全不封堵
			封堵厚度 H_2–H_1 部分不封堵

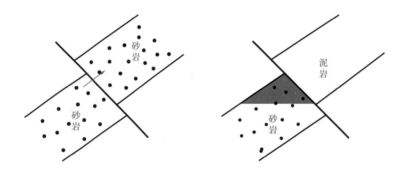

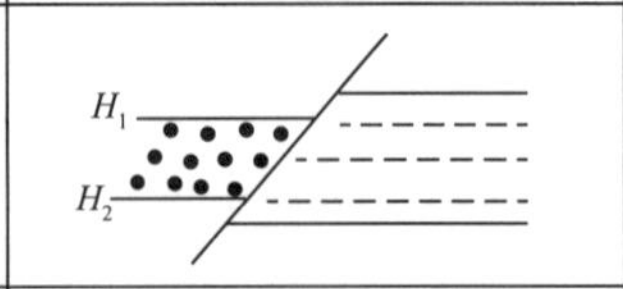

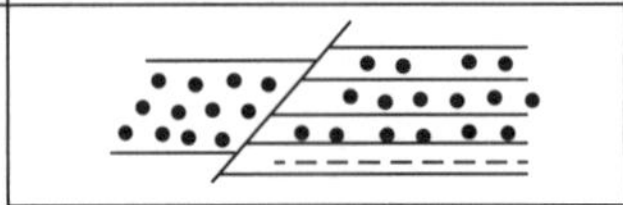

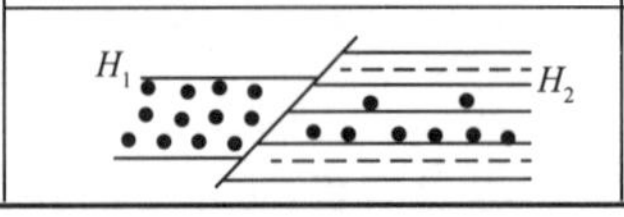

图 3–1–15　岩性对接封堵配置关系图

H_1，H_2—海拔，m

　　3）岩性对接封堵方法

　　（1）地层对比图分析法：利用钻井测井资料结合断块地质特征，编制目的层段地层对比图，评价渗透砂层与非渗透泥岩层对接关系，若对置泥岩层在侧向可全部封堵气库储层时则认为封堵；反之则存在泄漏风险。

　　（2）地震剖面图分析法：利用地震资料解释断层两侧的地层对接关系，结合两盘钻井或储层预测等信息分析判断对接地层岩性、厚度、对接关系、密封性。

　　（3）两盘并置图分析法：并置图是将一个断面的切片绘制成三角形，其中横轴代表断层断距，左右两侧纵轴分别代表断层上升盘泥岩（下盘）与下降盘砂岩（上盘）的地层厚度（深度剖面），将下降盘的地层剖面按照断距覆盖在上升盘三角形之上。两盘深度差即为可封堵砂层厚度。若充满气体则为可封闭气柱高度。

　　2. 动态分析法

　　动态分析法评价断层封闭机理是，断裂两侧相近储层所检测的压力和流体性质在开采动态过程中存在差异性，反映不连通封闭，反之则不封闭。所使用的资料为开采过程中录取的生产动态资料，此方法是油田最为可靠和简便的用于判断断层封闭性的方法。

　　1）断层两侧压力系统分析法

　　断层两侧相近储层是指与本储层对接最近的储层，因地层厚度和断距大小不等的影响，本储层对接最近的储层不一定是同一砂体储层。断层两侧相近储层内压力水平、尤其是压力变化趋势存在明显差异直接反映断层的封闭性。此方法是最为可靠和简便的用于判断断层密封性的方法。

　　例如 F2 断层封闭性判别：水井 W1 井于 2019 年测压压力系数为 0.91，油井 O1 井于 2017 年测压压力系数为 0.76，断层另侧水井 W2 井于 2018 年测压压力系数为 0.65，油井于 O2 井于 2019 年测压压力系数为 0.62，两侧压力不一致，判断为断层封闭。

　　2）断层两侧流体性质分析法

　　断层两侧储层内流体性质及其变化特征不同反映断层封闭，反之存在不封闭可能。

　　3. 断层泥岩涂抹封堵评价方法

　　1）砂泥岩互层中的泥岩涂抹规律

　　泥岩涂抹系数是 Lindsay 于 1993 年提出，即断层的断距越小，断开泥岩的厚度越大，泥岩涂抹层在空间的连续性越好，断层的密封性越强。

　　在成岩早期（如同生断层）泥岩易于塑性流动，泥岩沿断面大量拖曳涂抹断面；岩石成岩后多易发生岩石碎裂作用，不易发生涂抹。因此在浅地层泥岩欠压实，易发生涂抹。

　　泥岩涂抹规律主要适用于砂泥互层压入型涂抹，不适合非均质的厚层碎屑岩层序。

　　2）泥岩涂抹系数（SSF）法

　　泥岩涂抹系数是指单个泥岩层沿断层面发生涂抹的相对黏土量，即产生泥岩涂抹层的厚度占断层面距离的比值（图 3-1-16）。对于多层泥岩的复合涂抹，涂抹作用由最厚泥岩层代表，涂抹系数应采用最厚泥岩层单层计算。

　　计算公式为：

$$SSF=H/D \qquad\qquad (3-1-1)$$

式中　D——最大泥岩层厚度，m；
　　　H——断层的垂直断距，m。

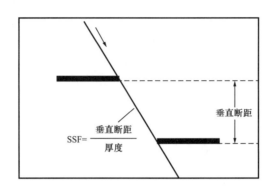

图 3-1-16　砂泥岩互层泥岩涂抹示意图

涂抹系数标准：根据 Riehard G. Gibson 测试结果，当泥岩涂抹系数 SSF<4，即错开泥岩层厚占断距总厚的 25% 以上时，断层侧向封闭。

断层垂向封闭机理：断裂带内往往形成大量裂缝，断裂活动越强、断距越大，则断层两盘盖层对接的厚度越小、岩石破碎程度越高、裂缝扩展延伸越长。当裂缝互相连接贯通形成气体渗流通道时，盖层的垂向封闭能力被破坏，形成垂向渗漏。断层垂向密封性受控于泥岩涂抹连续性，因此应用 SSF 方法也可推测断层垂向密封性。

3）断层泥比率（SGR）法

断层泥比率法定义为在断层位移段内某一点的泥质含量，过该点的累计泥岩厚度与该点断距的比值，即断层泥比率取决于断裂岩层的泥岩总含量，计算公式为：

$$SGR = \sum (H_i \times P_i) / H \times 100\% \qquad (3-1-2)$$

式中　SGR——断层泥比率，%；
　　　H_i——断移地层 i 的厚度，m；
　　　P_i——断移地层 i 的泥质含量，%；
　　　H——断层垂直断距，m。

断层泥比率（SGR）法是评价断层面被泥岩涂抹的纯度，进而评价断层在横向、纵向的密封性。断层泥比率标准：国外，当 SGR 在 50% 时为泥岩涂抹封闭；当 SGR 在 15%～20% 区间以下时，为碎裂岩或岩石崩解带，不封闭。国内，断裂带内不同带的渗透性完全取决于断层泥含量，如果断层泥含量超过 30% 可封闭油，超过 48% 可封闭天然气。

（二）断层封闭性对剩余油的影响

断层的封闭遮挡作用造成了断层两侧开发井部分层位不连通，通过利用动态与静态资料对断层边部剩余油潜力开展系统研究，取得三点认识：

一是断层边部具有井网密度低、水驱控制程度低、采出程度低的"三低"特点。统计断层边部和无断层区油藏特征参数发现，断层边部井网密度、水驱控制程度、采出程度普遍低于无断层区。这是因为开发方案部署时为了确保钻井成功率，通常甩开断层安全距离，造成井网不规则，注采不完善。

二是低级序断层附近具有剩余油相对富集特点。由于历史上部分低级序断层没有被有效识别，造成注采井网与断层分布位置的不匹配。低级序断层对砂体连通性的破坏，导致注水井无法有效驱替采油井，从而造成剩余油富集在低级序断层附近，是高含水老油田剩余油挖潜的重点目标区。

三是随着油田多年的注水开发，断层两侧处于不同的压力系统，断层两侧压力不平衡会引起断层的复活，导致断层边部的井出现套损。

三、断层与剩余油控油模式研究

复杂断块油藏发育不同级次的断层，宏观断层控制油砂体原始油、气、水的分布；而三级、四级及其以下大量的微小断层，基本与控制砂体原始油气聚集关系不大，但是对控制剩余油分布起到了至关重要的作用。研究表明，储层物性好、含油饱和度高、连通面积大的油层往往由于断层的存在阻断了砂体的连续性。注水开发过程中油水运动受断层影响，断层周围注采井网水驱控制能力低，通常会因为水动力滞留形成剩余油的富集区。通过研究断层对剩余油分布的控制作用，总结了断层控油的 4 种模式，对于寻找剩余油富集区、剩余油挖潜及提高采收率具有极其重要的意义。

图 3-1-17 总结了 4 种断层分割剩余油富集模式：弯曲断层断棱分割、交叉断层分割、平行断层分割以及复杂断块区的微小断块分割。下面详细介绍各模式油气富集规律及其在研究区的分布。

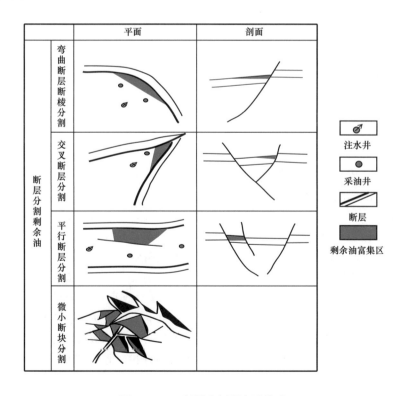

图 3-1-17 断层分割剩余油模式

（一）弯曲断层断棱分割形成的剩余油

受地层应力及地层岩石物理性质的差异，断层面在空间的展布并不是一条直线，在岩性软弱的地方，断层面会发生一定程度的弯曲。断棱是正断层的下降盘地层在运动过程中受牵引作用形成高部位，随后被封闭性断层封堵形成油层高部位，注水开发过程中难以波及，从而形成剩余油富集区。平面上来说，弯曲断层的拐弯处该情况尤其明显。该现象的存在会导致注水驱油时，无论是纵向还是平面上油层水淹状况都极不均匀，同时，这些剩余油富集区域分布狭窄，没有井控的情况下难以在微构造图中识别。

如港中油田在断层内凹的部位，即断层拐弯处易形成剩余油的富集区［图3-1-18（a）］。

（二）交叉断层分割形成的剩余油

两条断层相交夹持的下降盘地层，一方面受不均匀牵引影响；另一方面，断层相交常常是高级序断层派生的小断层释放应力，从而使两条断层周围地层常常不均匀沉降，形成上倾地层被断层封堵。油藏位置较高加之断层夹角较小，相比于断棱分割更难有效水驱。

如港中油田发育北东向和北西向两组断层，两组断层呈130°或50°的夹角相交［图3-1-18（b）］，在两条断层斜交的区域，在平面上形成三角状的断层夹持区，同样也是剩余油富集区的有利分布位置。

（三）微小断块分割形成的剩余油

该情况常见于多条断层控制的复杂断块区，低级序断层控制形成的交叉分割、平行分割及无井控制的含油小断块内剩余油富集，通常这些部位难以制订有效开发方案，油水井间难以建立有效驱替通道，形成水注不进、油采不出的生产现象。如港中油田南二和南三断块，小断层特别发育，形成大小不等、互不连通的小断块，在这些微小断块内部形成剩余油富集区［图3-1-18（c）］。

（四）平行断层分割形成的剩余油

这种情况往往出现在平行的高级序断层之间，发育走向基本相同的低级序断层。原本高级序断层夹持的断块中地层就会不同程度地向某一侧倾斜，加之内部低级序断层的发育将断块更加破碎，封闭的断层还会引导流体向低部位流动，从而使低级序断层与高级序断层所夹持的高部位更加难以水驱。该情况下，随着构造解释精度的提高，低级序断层得到有效识别，同时井网不断加密能使该区域剩余油得到有效开发。

港中油田的应力背景是拉张环境，多形成雁列式分布、近平行的断层。在平面上，原来看似规则的注采井网，受断层的分割，在地下难以形成有效注采对应关系。如图3-1-18（d）所示，北三断块为受滨海控油断层和ZH9-64井断层所夹持的断块，断块处于有利的构造位置，整体含油性好。开发中先后完钻5口井，开采初期都有较好的产量，但都处于断块的中部，后期因高含水而停井。经区块潜力评价，该断块仍有一定量的剩余油没有开采出来，在平行于断层边部形成有利的剩余油富集带。

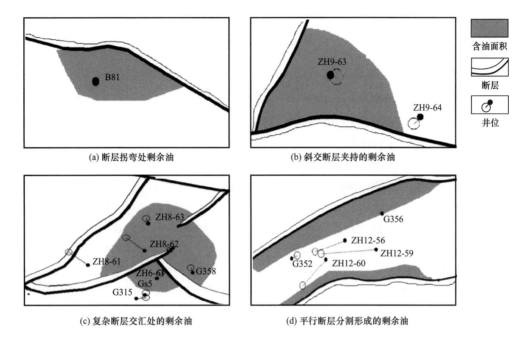

(a) 断层拐弯处剩余油　　　　(b) 斜交断层夹持的剩余油

(c) 复杂断层交汇处的剩余油　　　(d) 平行断层分割形成的剩余油

图 3-1-18　港中油田断层控制剩余油分布图

第二节　微幅度构造形态与剩余油控油模式

油田注水开发以后，油层内的原始油水界面将随开发程度变化而变化，原来具有统一油水界面的圈闭将因为油层的微型构造变化而分割成不同的微型圈闭，这时油层的微型构造形态成为控制剩余油分布的主要构造因素。大量的生产实践资料证明，进入开发后期，油层的倾斜和起伏形成的高差会引起油水重新分异；同时，油层微幅度构造影响注入水的驱油方向，正向微幅度构造均为向上驱油，而负向微幅度构造均以向下驱油为主。以上两种因素共同作用，导致正向微幅度构造多为剩余油富集区，负向微幅度构造多为高含水区。随着开发程度的提高，我国东部老油田综合含水已经普遍达到 90% 以上，剩余油整体上呈现高度分散特点，针对微幅度构造的研究和剩余油挖潜已在大庆、大港、辽河等东部油田中付诸实践并取得较好成效。

一、微幅度构造成因、分类与配置模式

微幅度构造的概念由李兴国在 20 世纪 80 年代提出，其定义为：在宏观构造背景之下，油层的顶面和底面都是不平整的，普遍存在局部的起伏变化，将这些油层顶底面的微型起伏变化而形成的构造特征称为微幅度构造。微幅度构造的幅度和范围一般都很小，其闭合面积通常在 0.3km² 以内，相对高差在 10m 以内，长度在 500m 以内。但由于各油田地质特征不同，微幅度构造的幅度、范围又稍有不同。微幅度构造可以分为 3 类：（1）正向微幅度构造，即砂层相对上凸部分，包括小高点、小鼻状构造、小断鼻构造等；（2）负

向微幅度构造，即砂层相对下凹部分，如小低点、小沟槽、小断沟、小向斜等；（3）斜面微幅度构造，即砂层正常倾斜部分，常位于正向、负向微幅度构造之间，也可单独存在。

（一）微幅度构造的成因

微幅度构造成因主要包括构造成因、沉积成因、古地形成因、差异压实作用等。

微幅度构造形成因素常常相互影响。一般来说，微幅度构造形成往往是多种因素综合作用产生的，通常是以某种因素为主，其他因素为辅。

1. 构造成因

断层活动的过程中必然会导致新的微幅度构造的产生，如与断层相关的微断鼻、微断沟等构造类型。这类微幅度构造常发育在断层的两侧，且具有明显的继承性，一般为小的断鼻或断块。断层在活动过程中，断层两盘因受不均衡拖曳，不同区域下降速度并不完全一致：拖曳力强处速度相对较快，易形成下凹；拖曳力弱处速度相对较慢，则易形成上凸。同时，在大断层的上升盘和下降盘常伴生一些小断层，这些小断层与大断层以一定角度相交，在上升盘形成局部微幅度构造高点，下降盘形成局部微幅度构造低点。与构造作用有关的微幅度构造一般规模较大，大的面积可超过 $0.1km^2$，幅度可达 10m，小的面积只有 $0.01km^2$，幅度只有 2m，对油气富集有很大影响。

2. 沉积成因

河流相沉积在迁移过程中，在砂层顶面形成局部高点。针对馆陶组辫状河沉积的研究表明，顶面构造中高点和鼻状构造主要对应于河流边滩微相；而低点和沟槽型微幅度构造对应于天然堤微相；底面构造则相反，高点和鼻状构造主要对应于天然堤微相，低点和沟槽对应的沉积微相则以边滩相为主。而在湖底浊积扇沉积环境下，沉积物沉积速度快，沉积砂体顶、底面的起伏形态变化快，浊积水道主体的下切作用在单砂层底部可形成正向微幅度构造和负向微幅度构造。浊积砂在水下流动过程中，水动力条件有时强、有时弱，水动力强的地区下切能力较强，砂体底面相对下凹，水动力弱的地区下切能力弱，这样就在单砂层底部形成了正向微幅度构造和负向微幅度构造。

3. 古地形成因

古地形对微幅度构造形成有着重要影响。沉积物沉积时，由于古地形中继承性高点的存在，原始地形凸起则会形成正向微幅度构造，原始地形下凹则会形成负向微幅度构造。

4. 差异压实作用

砂体沉积时受物源、沉积速率等因素变化影响，导致沉积厚度分布不均，沉积粒度粗细不一，沉积相变快、在砂泥岩交界处，极容易发生差异压实作用。由于差异压实作用的存在，在砂体厚度大，泥质含量少的地区就容易形成上凸；在砂体厚度小，泥质含量高的地区就形成下凹，这样就形成了局部正向微幅度构造和负向微幅度构造。差异压实作用形成的微幅度构造多存在于沉积相变地区，且微幅度构造幅度相对较小，不具有继承性。

（二）微幅度构造分类

根据微幅度构造的起伏形态和变化，复杂断块油田微幅度构造类型主要有以下 3 种：正向微幅度构造、负向微幅度构造、斜面微幅度构造（图 3-2-1）。

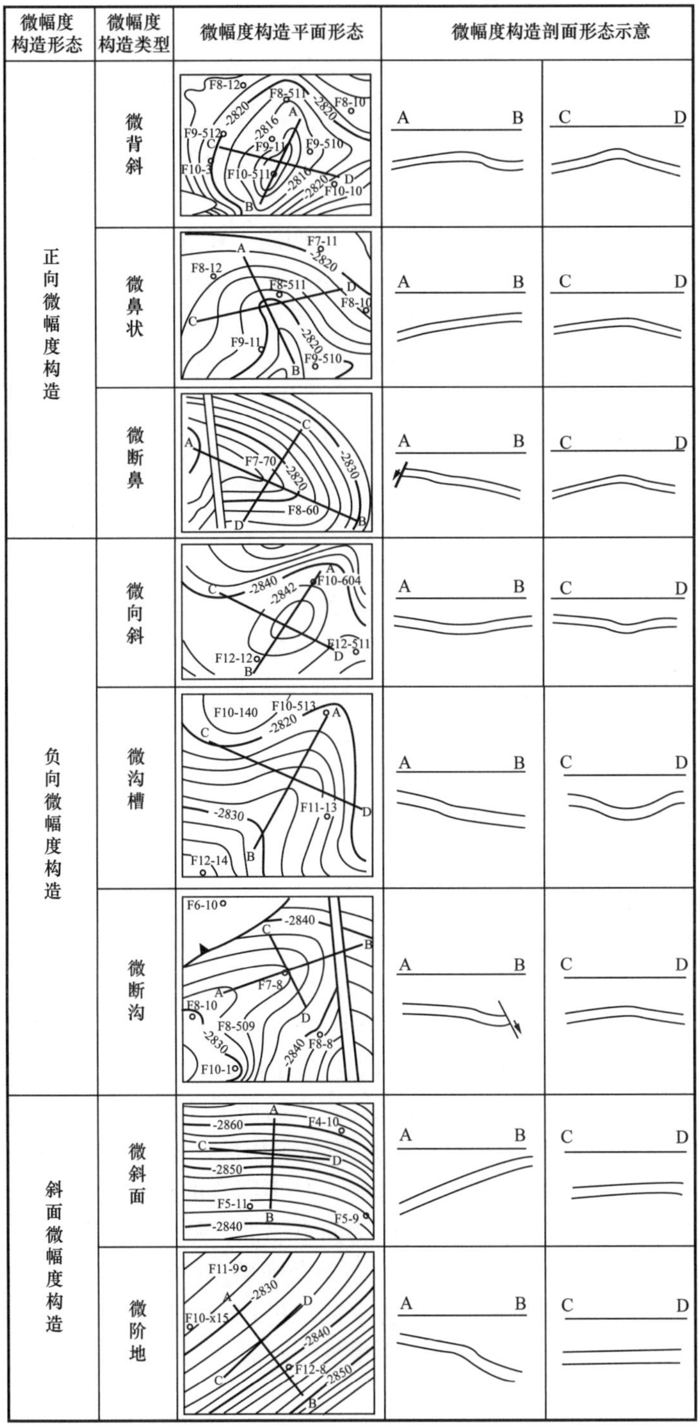

微幅度构造形态	微幅度构造类型	微幅度构造平面形态	微幅度构造剖面形态示意	
正向微幅度构造	微背斜			
	微鼻状			
	微断鼻			
负向微幅度构造	微向斜			
	微沟槽			
	微断沟			
斜面微幅度构造	微斜面			
	微阶地			

图 3-2-1　X 断块微幅度构造类型综合分析表

1. 正向微幅度构造

正向微幅度构造定义为砂岩顶面起伏形态与周围地形相比相对较高的地区，为储层顶面相对上凸的部分。从微幅度构造构成特征来看，正向微幅度构造主要有3种类型：第一种是没有断层参与，纯由闭合背斜构成的背斜型微幅度构造；第二种是微鼻状构造，该类微幅度构造等值线不闭合；第三种是由断层与被断背斜的一部分组成的断鼻型微幅度构造，该类构造较普遍。

（1）微背斜：储层顶、底界面起伏形态高于四周，在平面上等值线闭合、相对独立的一种地貌单元。微背斜构造幅度一般为 $1 \sim 7m$，闭合面积一般为 $0.1 \sim 0.5km^2$。因处于油层局部高处，在 4 个方向均为向上驱油。随着后期开发进程的不断深入，油水重力分异作用不断加强，剩余油往往聚集在微背斜高部位。这类构造类型一般在地形相对平缓的地区发育，且微背斜的发育具有明显的继承性。

（2）微鼻状：储层顶、底界面起伏形态高于四周，但等值线不闭合的微构造类型，通常与微沟槽构造相间出现。倾角一般小于 3°，面积一般为 $0.2 \sim 0.4km^2$。微鼻状构造一般没有闭合高度，但是上倾方向如果为砂岩尖灭，则会具有一定的闭合高度。该构造鼻轴部位位置相对较高，两翼部位相对较低，油气易于在较高的鼻轴部位聚集，成为仅次于微背斜构造的剩余油富集区。微鼻状构造在闭合的三个方向为向上驱油，开启的一方为向下驱油。微鼻状构造发育也有一定的继承性，但没有微背斜继承性强。

（3）微断鼻：鼻状构造沿上倾方向受断层切割形成的微构造单元，是由断层和鼻状构造共同组合而成的正向地貌单元。微断鼻构造由断层与被断背斜的一部分组成，其发育规模与构造趋势、砂体展布范围有关。微断鼻构造靠近断层，且在局部有构造高点，油田开发后期也是非常有利的剩余油富集区。这类构造因开启的一方受断层的切割无下驱，其余 3 个方向均为向上驱油。

2. 负向微幅度构造

负向微幅度构造定义为构造位置相对较低的区域，在微幅度构造图中多表现为闭合的低洼地形或一定幅度的沟槽地貌单元。包括微向斜、微沟槽、微断沟等。

（1）微向斜：与微背斜相对应，指砂层顶、底面起伏低于四周，周围闭合的微构造单元，幅度差一般 $2 \sim 6m$，闭合面积一般为 $0.1 \sim 0.4km^2$。因处于油层局部低处，在四个方向均为向下驱油，开发过程中水流容易在此聚集而使油井水淹。

（2）微沟槽：与微鼻状构造相对应，只是方向相反。指沿着构造横轴方向中间部位底，两侧相对较高，沿着纵轴方向向一端倾斜，是不闭合的低洼处，在注水开发过程中易形成水淹通道。因处于局部低处，三个方向为向下驱油，一个方向向上驱油。

（3）微断沟：与微断鼻构造相对应，形态与微断鼻正好相反。指沿构造下倾方向被小断层切割的微构造单元。因相对较低的一方受断层的切割，其余三个方向为向下驱油。这类构造相对周围位置较低，后期开发过程中也易于水淹。

3. 斜面微幅度构造

斜面微幅度构造定义为储层顶底倾向与区域背景一致，等值线在某一方向逐渐下降或升高的微地貌单元。包括微斜面和微阶地。

（1）微斜面：指地层倾角变化较小，坡降比较稳定，局部无明显高低起伏的微构造单元。这类微幅度构造等值线均匀平直排列，常常出现在具有一定地层倾角的油层中。例如港中油田的北三断块，即为一个由西南向北东方向倾斜的微斜面构造。

（2）微阶地：与微斜面构造大体一致，区别在于沿着斜面的倾向方向上等值线变化不是相对均匀，即地层倾角会发生变化。

（三）微幅度构造配置模式

微幅度构造是油层顶面由于受古地形及差异压实作用影响而形成的局部有微小起伏的构造。根据微幅度构造类型及其顶底界面形态，微幅度构造配置模式可以分为正向微幅度构造配置模式、负向微幅度构造配置模式、斜面微幅度构造配置模式。

1. 正向微幅度构造配置模式

正向微幅度构造配置模式可以分为顶底双凸型、顶凸底平型和顶平底凸型（图3-2-2）。

（1）顶底双凸型：顶底双凸型是指单砂层顶、底面均对应于微背斜、微鼻状和微断鼻等正向微幅度构造，简称双凸型。这种双凸型构造配置模式主要是由于沉积古地形、后期差异压实作用或者受到构造挤压作用而形成的顶、底面均同时向上凸起的组合模式。这类配置模式是最有利于剩余油富集的，其上的油井一般为高产井。研究区内这类微构造配置模式非常发育，特别是微背斜在单砂层顶、底面均发育，高点位置可能会发生偏移，但顶、底面均为正向微构造类型，组合为顶底双凸型配置模式。这类微构造配置模式是油田开发后期剩余油富集的主要部位，一般需要考虑在这种类型的构造上布井。

（2）顶凸底平型：顶凸底平型是指单砂层顶面为正向微幅度构造类型，底面相对平缓或为斜面微幅度构造类型。研究区浊积水道内部砂体沉积较厚的部位会出现这样的构造配置模式，这种构造配置模式也是剩余油主要富集区，一般为高产稳产井。

（3）顶平底凸型：顶平底凸型是指单砂层顶面相对较平缓或者为斜面微构造类型，底面为正向微构造类型。这类构造配置模式多为沉积地形的影响或者构造运动所致。沉积时，古地形相对凸起，导致底面砂体相对上凸，而顶部砂体影响较小，形成这类构造模式。该构造配置模式不易水淹，剩余油富集，是油井的相对高产区。

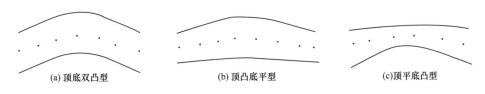

(a) 顶底双凸型   (b) 顶凸底平型   (c)顶平底凸型

图 3-2-2 正向微幅度构造配置模式

2. 负向微幅度构造配置模式

负向微幅度构造配置模式可以分为顶凹底平型、顶平底凹型和顶底双凹型（图3-2-3）。

（1）顶凹底平型：顶凹底平型是指单砂层顶面下凹为低点，底面平缓的微幅度构造类型。这类构造配置模式经常被水淹，剩余油分布较少，开发效果较差。

（2）顶平底凹型：顶平底凹型是指单砂层顶面相对较平缓或者为斜面微幅度构造类型，底面为负向微幅度构造类型。研究区中浊积水道主体沉积会出现这种类型的构造，水道下切作用造成砂层底面形成负向构造，顶面相对平缓。这类构造配置模式常被水淹，剩余油分布较少，开发效果差。

（3）顶底双凹型：顶底双凹型是指单砂层顶、底面均对应于微向斜、微沟槽和微断沟等负向微幅度构造，简称双凹型。与双凸型构造成因大体一致，也是受沉积古地形、差异压实作用或者构造作用形成的。这种类型的微幅度构造配置模式顶、底面均为低点，注水开发过程中易于水淹，剩余油分布很少。研究区内这类微幅度构造配置模式主要是砂层顶、底面均为微沟槽而产生，这种配置模式与双凸型构造配置模式通常相邻。这类微幅度构造配置模式不利于剩余油的聚集，油井易水淹，一般不考虑在这种类型的构造上布井。

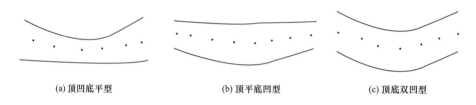

(a) 顶凹底平型   (b) 顶平底凹型   (c) 顶底双凹型

图 3-2-3　负向微幅度构造配置模式

3. 斜面微幅度构造配置模式

斜面微幅度构造配置模式主要为顶平底平型（图 3-2-4）。顶平底平型是指单砂层顶、底面均较为平缓或者为斜面微幅度构造类型。这类微幅度构造主要形成于中扇外缘和外扇的席状砂体，砂体厚度相对较小，范围较广。复杂断块受断层切割影响，除背斜高部位受断层切割易形成断鼻外，

图 3-2-4　斜面微幅度构造配置模式

斜面微幅度构造在其他地区非常发育，使得顶平底平型配置模式也非常常见。这类微幅度构造开发效果要与其他因素综合考虑，有时候开发效果好，有时候开发效果差。

二、微幅度构造识别方法

微幅度构造研究通过刻画油层顶、底面的微型起伏变化而形成的构造特征，从而确定含油层的微幅度构造形态、揭示微幅度构造高点，成为老油田控水稳油的一项重要综合技术。

早在 1982 年，我国学者赵子渊就进行了低幅构造识别的研究，并使用统计法进行构造等时分析，最终得到时间剖面上的等值线构造图，从而识别低幅构造。之后，王小善等（1995）、徐文梅等（2003）、陈广军等（2004）分别利用测井构建速度场、层位解释、特征点等方法，开展微幅度构造识别。王延章等（2006）归纳了常用的低幅构造识别方法，主要有特征点法、速度场分析法、相干体分析法、水平切片法等方法。随着油田开发工作的不断深入，对微幅度构造研究精度要求越来越高，上述方法常联合使用；另外，在油田开发中后期，还需要借助密井网精细对比资料对微构造图进行校正。图 3-2-5 总结了微幅度构造的研究流程。

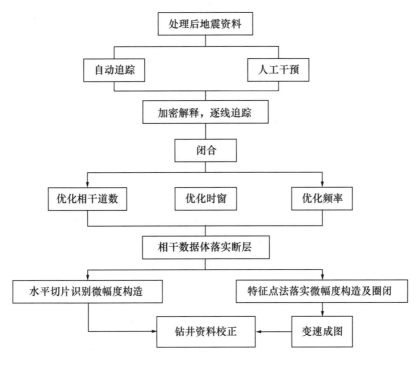

图 3-2-5 微幅度构造研究流程

（一）构造精细解释和变速成图

构造精细解释的一般做法是：在层位标定的基础上，找到砂岩组顶面对应的地震相位，开展基于地震同相轴追踪的全区构造精细解释，然后进行时—深转换和构造成图。

1. 自动追踪技术

对微幅度构造的同相轴解释，采用自动追踪技术，可以提高微幅度构造解释的精度。微幅度构造解释的关键在于：一是微幅度构造引起地震反射同相轴的轻微起伏，有时用肉眼难以观察到，有时即便用肉眼观察到，用手动方式也难以解释准确；二是用同相轴自动追踪的方法可以捕获到同相轴的轻微起伏。研究过程中，在构造平缓区，尽量采用自动追踪技术来保证同相轴追踪的客观性。

2. 特征点法加密解释

在解释过程中加密解释网络、实行逐线追踪是微幅度构造解释的基础。在追踪过程中，不仅要看同相轴的产状，更重要的是找到其产状突变点，这些特征点是地下地层产状的真实反映，相当于微幅度构造圈闭的溢出点，以此作为微幅度构造圈定的依据，在成图时就可以保证它不是速度场变化造成的。

3. 变速成图

首先进行速度场的研究，利用合成地震记录和 VSP 等资料建立速度场，然后根据合成地震记录标定出的标志层地震反射层位，利用 Landmark 或 Geoframe 解释功能对同相轴进行三维空间追踪和闭合，并对断层进行精细解释，最后将层位文件和断层文件一起输出，用三维速度场进行变速时—深转换，在计算机上实现构造成图，编制微幅度构造的构造图。

（二）利用水平切片识别和刻画微构造

水平切片显示了某一时间所有的地震同相轴，每个同相轴都是倾斜反射界面与水平面的交线显示，因而指示了反射界面的走向。同相轴的宽度可以指示地层的倾角和反射波的频率变化。当反射波频率固定时，切片上同相轴宽度随着地层倾角变小而变宽；当地层倾角不变时，切片上同相轴宽度随着反射波频率变低而变宽。

利用水平切片快速识别和刻画微构造方法如下：开展完钻井合成记录标定，确定油藏顶、底界面地震反射时间；提取目的层顶、底界面地震时间切片，将所有完钻井油层顶界深度标识到地震切片中，根据地震同相轴走向绘制油层顶面构造等值线图，以 2 ～ 5m 间距均匀内插加密等值线，生成油层顶面微幅度构造等值图。

（三）密井网约束下的精细地层对比

受地震资料采集的面元和频带宽度所限，构造解释的精度取决于三维开发地震资料的菲涅尔半径（即最小 CDP 面元）的大小及剖面分辨率的高低，难以确保地层上的微小起伏在地震上能完全准确识别，需要借助开发后期密井网精细对比资料对构造图进行校正。

密井网精细对比，首先需要对研究区逐口井进行海拔高度、补心高度及井斜的校正，然后利用新的单砂层对比结果，以 2 ～ 5m 等深线精细刻画小层顶底的构造形态。以油层顶面实际资料绘制小等间距构造图，显示出局部微小构造形态起伏特征。对于正韵律砂体以底面为准作图，反韵律砂体以顶面为准作图，厚油层顶底面均作图。

三、微幅度构造与剩余油的关系

油气由于重力分异作用在隆起区聚集，作用的时间越长，分异得越完全。隆起边缘由于靠近边水或底水，一般为低产区；而隆起区高部位油气富集程度高，往往是探井的重点部署区。在宏观构造背景下，已成藏的油气在微构造控制下进行了再次分布。研究表明，正向微幅度构造为油气低势区，有利于油气聚集；负向微幅度构造为油气高势区，不利于油气聚集。

油层在注水开发以后，原始的油水关系发生改变，油层的微小起伏都会引起油水的重新分异，称为次生分异作用。这时候油层的微幅度构造对于油水分布影响作用显著，由于次生分异作用的存在，正向微幅度构造一般为剩余油富集区，负向微幅度构造则多为产水区，而斜面构造上油井受动态影响因素较大，生产状态不固定。

（一）微幅度构造对注入水驱油方向的影响

1. 驱油方向对油井生产的影响

不同的微幅度构造类型，驱油方向不同。在油气藏中微构造在局部会影响驱油方向的变化，使油气进行局部运移，从而使生产井效果发生变化。

油气与水之间存在密度差，这是油、气、水重力分异现象产生的内因。在油井注水开发以后，注入水对油气的驱替往往是油气趋于向上运动，水则向下运动。油田生产实践也证明，注入水向上驱油比向下驱油效果要好。克雷格指出："在某个流速下，随着地层倾角的加大，向上驱油的注水效果会越来越好，向下驱油的驱动效果则会变差"。莱弗里特方程可以解释这个现象：

$$f_w = \frac{1 + \dfrac{K}{v_t}\dfrac{K_{ro}}{\mu_o}\left(\dfrac{\partial p_c}{\partial L} - g\,\Delta\rho\sin\alpha_d\right)}{1 + \dfrac{\mu_w}{\mu_o}\dfrac{K_o}{K_w}}$$

式中　f_w——水的分流量（油井产液的含水率），%；

K——油层渗透率，D；

K_{ro}——油的相对渗透率，D；

K_o——油的有效渗透率，D；

K_w——水的有效渗透率，D；

μ_o——油的黏度，mPa·s；

μ_w——水的黏度，mPa·s；

v_t——总流速，cm/s；

p_c——毛细管压力，0.101MPa；

L——沿流向的距离，cm；

g——重力加速度，cm/s^2；

$\Delta\rho$——油水密度差，g/cm^3；

α_d——油层倾角，以水平线为零，沿倾角向上流动为正，向下流动为负，（°）。

由于微幅度构造的存在，局部油层倾角和倾向发生变化，从而使莱弗里特方程中的 $\sin\alpha_d$ 发生变化，f_w 也随之发生变化，油井的开发效果受到一定的影响。注水开发以后，微构造的存在引起油水新的重力分异作用，虽然这种作用时间短暂，分异并不完全，但还是促使一部分油气从负向微幅度构造向正向微幅度构造运移，一部分水从正向微幅度构造向负向微幅度构造运移。油田众多实践也证明，砂层无论是正、反韵律，剩余油总是在油层上部聚集。单井产量高的井往往位于正向微幅度构造之上，且很多单井采出量已经超过了单井控制的地质储量，主要原因就是重力分异作用使得部分油气从负向微幅度构造向邻近的正向微幅度构造运移，而产量低的井则大多分布在负向微幅度构造之上。

2. 不同微幅度构造类型注水驱油影响

（1）正向微幅度构造：油井主要是向上驱油，油井生产情况较好。其中位于微背斜［图3-2-6（a）］和微断鼻［图3-2-6（c）］上的油井，各方向全部为向上驱油，部分油气也从邻近的负向微幅度构造中运移到此处聚集，成为剩余油富集区，油井一般高产。

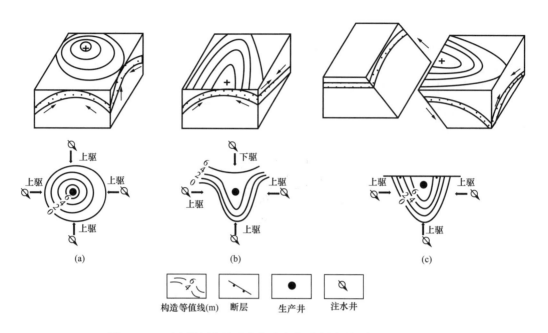

图 3-2-6　正向微幅度构造水驱油方向示意图（据李兴国，2000）

（2）负向微幅度构造：油井主要是向下驱油，多为低产井。其中位于微向斜［图 3-2-7（a）］和微断沟［图 3-2-7（c）］上的井，各方向全部为向下驱油，低点易成为水淹区，开发效果很差。微沟槽［图 3-2-7（b）］为三个低部位方向为向下驱油，另一个方向为向上驱油，地质条件也很差，普遍为低产井。

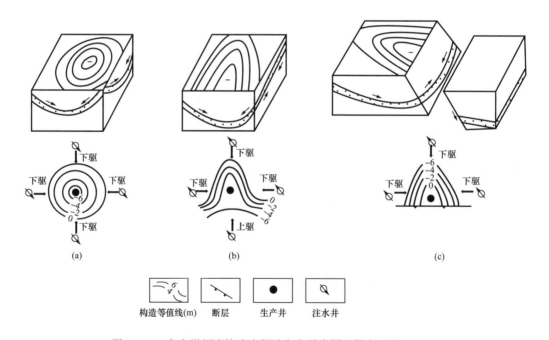

图 3-2-7　负向微幅度构造水驱油方向示意图（据李兴国，2000）

（3）斜面微幅度构造：存在两个水平驱油方向，即一个上驱和一个下驱，既有有利条件，也有不利条件，两者相互抵消。此时油井生产情况不再受控于构造因素，主要受沉积微相和动态开发因素控制。故油井在沉积微相和动态开发因素有利时高产，否则低产。微阶地向下驱油的油层倾角小于向上驱油的油层倾角，理论上布置在该构造位置上的油井比微斜面上的油井生产情况要好（图3-2-8）。

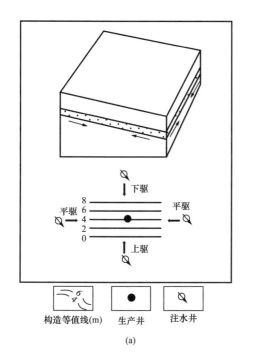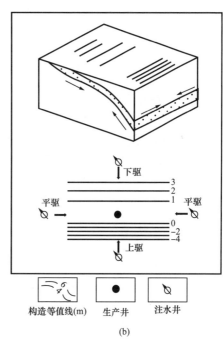

图3-2-8　斜面微幅度构造水驱油方向示意图（据李兴国，2000）

（二）微幅度构造对剩余油分布的影响

随着油田的开发，在压力驱动下，油气会继续向正向微幅度构造顶部运移、使得正向微幅度构造高点形成剩余油富集区，负向微幅度构造则易形成高含水区。因此，中、高含水期油田剩余油主要富集于正向微幅度构造高点。不同的微幅度构造类型对剩余油的富集程度不同。研究区目的层段在注水开发以后，经过数次加密，统计多个微幅度构造上有代表性的油井生产情况，结果显示微背斜、微鼻状和微断鼻等正向微幅度构造上多为高产井，单井累计产油量较高，单井生产时间也较长。而微向斜、微沟槽和微断沟等负向微幅度构造上多为低产井，单井累计产油量较低，单井生产时间也较短。斜面微幅度构造采出情况介于两者之间。总体来看，研究区正向微幅度构造的油井开发效果好，而负向微幅度构造的油井易水淹停产，开发效果差。

因此，针对不同微幅度构造类型的挖潜对策主要有两点：（1）未波及型剩余油挖潜。开发实践表明，独立型井间微幅度正向构造、微断鼻构造单元常常容易富集未波及型剩余油，部署补充开发油井。（2）完善注采关系型剩余油挖潜。微断鼻构造由于多处受断层遮挡，注水井驱油到微断鼻构造内，形成死油区，因此该类构造边常富集剩余油。

第三节　复杂断块油藏剩余油类型划分及构造控油复合模式

控制剩余油的复杂构造因素主要包括断裂系统、微构造、水动力等单一因素或复合因素，剩余油主要集中在微构造高点、水动力控制区、断层遮挡区以及复杂断块油藏组合控制的剩余油聚集区域。

一、复杂断块油藏剩余油类型划分

复杂断块油藏随着多年开发，受水势（注水、边底水）平面、侧向的多方位作用，已形成动态水势、静态遮挡联合作用的动态流体势格局。由于以下三方面原因，在复杂断块油藏内部的相对低势闭合区，往往形成剩余油潜力区：一是实际部署的注采井网不可能100%控制油藏储量；二是构造、储层的全面特征难以彻底认识清楚；三是井网及注采液量的较大调整变化等。与剩余油潜力成因相对应地，可将复杂断块油藏剩余油类型划分为静态型、动态型及复合型三大类，并根据静态特征和动态特征可细分成10种基本类型。

（一）岩性—构造要素控制型

岩性—构造要素控制剩余油类型以静态条件为主，动态条件为辅，仅影响油水界面的形态特征；针对特高含水复杂断块油田而言主要是油藏非均质性影响，注水未波及、或注水波及极少、或独立的微地质体油藏，一般分布于断层复杂化的构造油藏高部位，微构造特征为正向型微构造高点，油气富集、多呈未动用或低动用状态，具有"小而肥"特征。岩性—构造要素控制型剩余油类型包括微背斜、微断鼻、断脊、上倾尖灭等类型（图3-3-1），在复杂断块油藏内部通常表现为1～2个井距内的构造单元，为开发后期剩余油挖潜的主要研究对象。

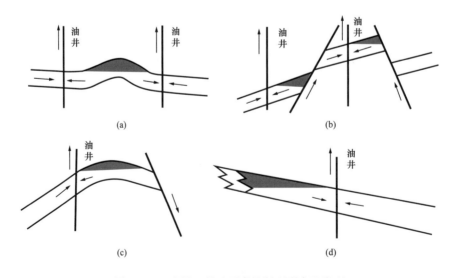

图 3-3-1　岩性—构造要素控制型剩余油类型

（二）流体势要素控制型

流体势要素控制型剩余油类型以动态水势作用为主、静态条件为辅，就特高含水复杂断块油田而言，受注水波及的影响，油藏剩余油赋存状态在宏观上和微观上得到较大的改变，典型体现原始油水边界被改变。一般是构造的平缓区，表现为由动态水势平面与侧向多方位作用而形成的注水开发中新的低势闭合区，往往由零星油气重新运移而成。其分布与构造高低、注采井网及其变化、储层与边界遮挡条件等有关，如特高含水而废弃的断鼻油藏、井网重大调整的油藏等圈闭的高部位与特定部位（图 3-3-2）。

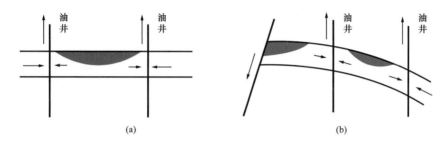

图 3-3-2　流体势要素控制型剩余油类型

（三）地质—流体势复合控制型

地质—流体势复合控制型剩余油类型由动态水势作用与静态遮挡两者共同作用而成，一方面受注水波及的影响，油藏剩余油赋存状态在宏观上和微观上受到一定程度的改变；另一方面，地质条件限制，受已钻井井控程度的影响，剩余油赋存状态受控于静态地质因素与油藏动态因素。一般位于构造低部位或斜坡区，受储层上倾方向高部位注入水、低部位断层或岩性遮挡等共同作用而形成的低势闭合区（图 3-3-3）。这些区域在油藏注水开发后，仍可能存在剩余油潜力。

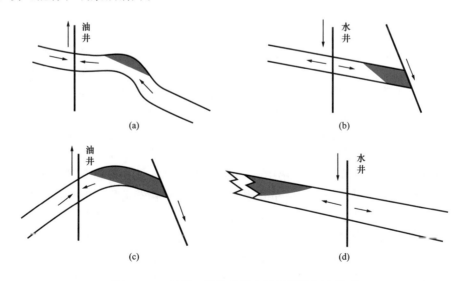

图 3-3-3　地质—流体势复合控制型剩余油类型

二、复杂构造因素控制剩余油复合模式

复杂构造因素控制剩余油的复合模式主要包括 8 种：单砂体局部微构造高点控制剩余油、构造挠曲部位剩余油、上倾尖灭末端剩余油、微断鼻顶部剩余油、垒式断角剩余油、堑式断角剩余油、顺向断层高部位剩余油、反向断层高部位剩余油（图 3-3-4）。

序号	形成机制	平面	剖面
1	单砂体局部微幅度构造高点控制剩余油		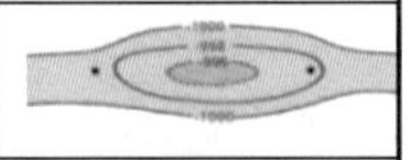
2	构造挠曲部位剩余油	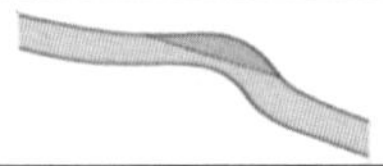	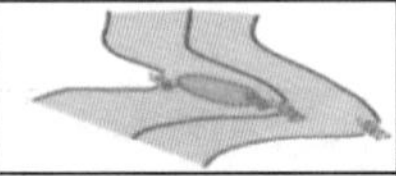
3	上倾尖灭末端剩余油	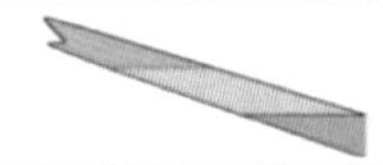	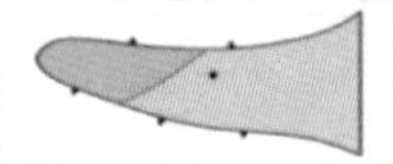
4	微断鼻顶部剩余油		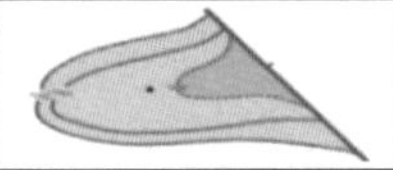
5	垒式断角剩余油		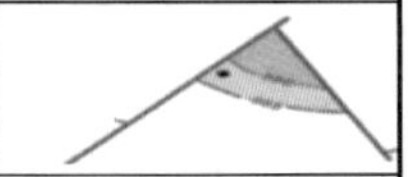
6	堑式断角剩余油		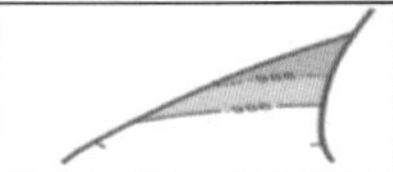
7	顺向断层高部位剩余油	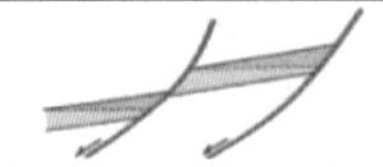	
8	反向断层高部位剩余油	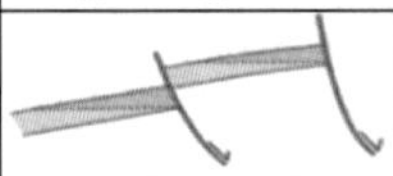	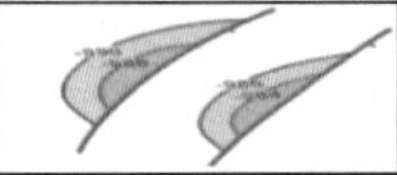

图 3-3-4　复杂断块油藏剩余油构造控油模式

以 GD 一区为例，对全区所有产油井进行了统计分析，重点分析高产井与构造的配置关系。首先，有利的油气富集区为构造高部位和构造变换带，从图 3-3-5 所示的顶面构造图上可知，明显的高部位分别位于研究区南部和中部 15 号断层以东的位置。中部是两组走向断层的交切部位，属于研究区首要的构造变换带。局部的构造高部位多位于高级序断层下降盘的逆牵引背斜构造高点（断鼻构造）、上升盘的断层中间边缘部位以及垒块断层夹角，局部的构造变换带多为多条高级序断层所夹持的断块。

研究区内井分布不均匀，主要集中在中部偏西南方向。中部偏南部位井口多、井网密，其余部位仅有零星探井分布，该布井规律符合研究区构造上显示的有利油气富集区。

高产井集中在研究区中下部，尤其以中部两组走向断层交接的构造变换带部位分布最多，并且多围绕 1 号断层和 15 号断层分布。高产井与断层配置关系密切，很多高产井紧靠研究区内的三级和四级断层，说明断层对油藏的分割、封闭作用较强，油气富集受断层和沉积控制作用明显，分布的层面构造也多为断层改造形成的构造高部位。

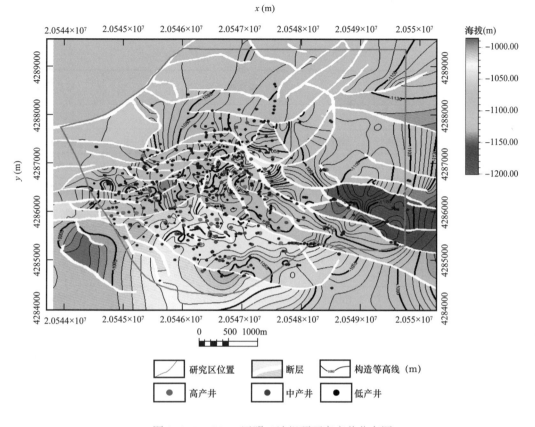

图 3-3-5 GD 一区明二油组顶面高产井分布图

中产井的分布规律与高产井基本相同,从整体的位置来看,中产井仍集中在研究区中下部,但从分布来说相比于高产井更均匀。中产井同样靠近断层分布,同时注意到,以断块内均匀分布为主,封闭小断块内常见。整体上位于高部位,但相比于高产井占据的绝对高部位,中产井围绕高部位分布均匀,同时中产井和高产井在位置上相关性较强。

低产井在布井范围内均匀分布分布,构造部位的高低与其产量没有直接的相关关系。同时与断层的关系不明确,与中部构造变换带的关系不明确。总的来说,低产井分布规律性差。

通过分析 GD 一区累计产油 10×10^4t 以上的 22 口井在研究区的分布以及与断层、层面构造的配置关系,得到高产油井与构造的配置关系如下(表 3-3-1):

(1)高产井与断层的关系最为密切,绝大多数位于四级及以上级序断层周围,主要是单条高级序断层的下降盘中间部位,以及两条断层夹角的下降盘。

(2)高产井与层面构造关系密切,高产井均位于研究区中下部的构造高部位,但高产井多位于高部位上与断层伴生的正向微构造。

(3)有 65% 左右的高产井位于中部的构造变换带,中产井则围绕构造变换带均匀分布,距离较远。

(4)高产井的分布受构造和沉积两方面控制,两者均发育较好,条件成熟,才能形成高效油气富集区。只要其中一方面未形成有利条件，则油气不能有效聚集，因此构造在 GD 复杂断块油田中扮演着重要角色。

表 3-3-1　GD 一区高产井与构造配置关系表

井号	区块	累计产油量（10^4t）	断层配置关系	构造特征
GD8-27	一区五六	33.53	位于 15 号、9 号断层夹角	微断鼻顶部
GD220	一区五六	30.77	位于 15 号、9 号断层夹角	微断鼻顶部
GD4-20	一区一	27.74	位于 15 号、1 号、2 号断层夹持断块	全式断角
GD4-22	一区一	21.24	两条五级断层平行夹持	顺向断层高部位
GD6-22	一区七八	19.98	位于 14 号、15 号断层夹角	微断鼻顶部
GD3-32	一区一	18.61	位于 1 号断层上盘	顺向断层高部位
GD7-31	一区五六	18.03	位于 10 号断层北西末端，9 号、10 号断层形成构造变换带	上倾尖灭末端
GD8-28	一区五六	15.7	位于 15 号、9 号断层夹角	全式断角
GD205	一区一	15.2	两条五级断层平行夹持	反向断层高部位
GD16	一区一	14.26	位于 2 号断层附近	微断鼻顶部
GD6-28	一区一	13.64	位于 1 号、五级断层夹块部位	全式断角
GD7-33	一区五六	13.61	位于 9 号断层下降盘	微断鼻顶部
GD6-30	一区五六	13.07	位于 10 号断层北西末端，9 号、10 号断层形成构造变换带	上倾尖灭末端
GD53	一区七八	12.44	位于四级断层夹角部位，下盘	微断鼻顶部
GD7-35	GD 东	12.41	位于 3 号、4 号、6 号断层所夹断快，靠近 4 号、6 号断层	微断鼻顶部
GDX19	一区七八	12.37	位于四级断层夹角，下盘	微断鼻顶部
GD7-30	一区五六	11.65	位于 9 号断层与低级序断层夹持部位	微断鼻顶部
GD6-26	一区一	10.82	位于 1 号、五级断层夹块部位	局部微高
GD6-33	一区五六	10.69	位于 9 号、10 断层平行夹持部位	微断鼻顶部
GD221	一区五六	10.23	位于 10 号断层北西末端，10 号断层及次级断层形成的构造变换带	构造挠曲部位
GD237	一区一	10.23	位于 2 号断层下盘	构造挠曲部位
GD5-30	一区一	10.01	位于 1 号与五级断层夹角部位	微断鼻顶部

第四章

储层构型模式与剩余油表征

储层构型是指储集砂体的几何形态及其在三维空间的展布，是砂体连通性及砂体与渗流屏障空间组合分布的表征。储层构型从宏观上控制流体渗流，是决定油藏数值模拟中模拟网块大小和数量的重要依据。储层构型模型的核心是沉积模型，不同的沉积条件会形成不同的储层结构类型。为此，研究过程中从沉积微相入手，综合所有的静态与动态资料，精细研究砂体规模、连续性、连通性、各种界面特征，最后建立精细的储层结构模型。

1985 年，A.D.Miall 根据多年的研究，在第二届国际河流会议上提出了"Architectural Elements"与河流层次划分的"Bounding Surface Hierarchy"的概念。A.D.Miall 又将河流分成了 12 类，并同时提出了一种新的研究方法，即构型要素分析法（Architectural Element Analysis），并指出无论现代还是古代，每一条河流都具有其特殊的一面，传统的河流分类与相模式存在着较多的局限性。A.D.Miall 的储层构型理论与研究方法使沉积储层的研究进入了一个崭新的历史时期。一是突出了层次概念；二是体现了沉积物的三维形体与内部岩相；三是河流的研究走出了简单的形态分类。这三大特征或理念不仅对储层沉积学的形成与发展，而且对沉积学的完善均具有划时代的意义，直到 21 世纪的今天仍具有着明显的指导作用与借鉴价值（于兴河，2002）。

第一节　冲积扇储层构型与剩余油表征

沉积构型界面划分系统的确立，首先是 J.R.L.Allen 在 1983 年研究威尔士泥盆系褐色砂岩时提出的，将其划分为三级界面。A.D.Miall（1985）首先提出构型要素分析法时，在 Allen 的界面划分基础上将河流的界面划分为 4 级，在 1988 年将原先的方案修改为一个 6 级界面的划分方案，其后，在 1 级界面前，增加了一个反映纹层间界面的 0 级界面，并在 6 级界面之后，增加了两个地层意义的界面，称之为盆地构型界面（Miall，1996）。这样，便构成了一个 3 级层序地层内的 9 级界面的划分方案，即从 0 级的纹层界面到 8 级的盆地充填复合休界面。2013 年，吴胜和和纪友亮等在前人的研究基础上将异成因地层与自成因沉积体进行衔接，采用倒序分级方案将沉积盆地内的层次界面分为 12 级。在综合分析两种分级方案的基础上，提出了构型分级方案（表 4-1-1）。

表 4-1-1　研究区储层构型层次划分表

Miall 构型分级方案	本书采取的方案	构型界面
—	1 级	叠合盆地充填复合体
—	2 级	盆地充填复合体
9 级	3 级	盆地充填体
8 级	4 级	体系域
7 级	5 级	叠置河流沉积体
6 级	6 级	单期河流沉积体
5 级	7 级	单一曲流带 / 辫流带
4 级	8 级	单一点坝 / 心滩
3 级	9 级	单一增生体
2 级	10 级	纹层系组
1 级	11 级	纹层系
—	12 级	纹层

大港油田南部沧东—南皮凹陷内，发育着王官屯、小集、枣园等 7 个油田，主要含油层位孔一段探明地质储量达到 2.65×10^8t，除了枣 0、枣 I 和枣 V 油组发育小面积的扇三角洲和辫状河三角洲外，地质储量较高的枣 II、枣 III 和枣 IV 油组均被冲积扇覆盖，冲积扇沉积是大港南部油田最主要的沉积类型之一。而冲积扇型油层平均采收率仅有 20.45%。

一、冲积扇储层构型模式及表征方法

冲积扇的概念最早由 Drew（1873）提出，由于冲积扇内部的复杂性及其油气地质储量相对较少，其研究程度也低于河流和三角洲。

（一）冲积扇沉积特征

冲积扇沉积特征主要包括岩性、水动力条件、形态和分类 4 方面。

1. 岩性特征

冲积扇为间歇性急流堆积的产物，岩性变化大，粒度粗，结构和成分成熟度低（Bull，1977；Galloway et al.，1983；赵澄林，2001）。冲积扇形成和发育过程中可发生退积和进积作用，分别形成下粗上细的正旋回层序和下细上粗的反旋回层序。

2. 水动力条件

冲积扇沉积过程复杂，可出现两种类型的搬运和沉积作用，分别形成水携沉积物和碎屑流沉积物，前者又包括河道沉积漫流沉积和筛状沉积（Friedman et al.，1978；Nilsen，1982；Galloway et al.，1983）。

3. 形态

冲积扇平面上呈扇状，横切物源方向呈底平顶凸的形态，顺源方向厚度变小呈楔状，按其地貌特征和沉积特征划分为扇根、扇中和扇缘 3 个亚相（Spearing，1974；朱筱敏，2008）。

4. 分类

按照气候条件的不同，可将冲积扇划分为干旱扇和润湿扇两种类型，其河流性质河床分布特征、沉积机制、沉积物特征及扇体规模等方面均有较大的差异（Schumm，1977；Friedman et al.，1978；冯增昭，2013）。

（二）冲积扇储层构型模式

学者们根据形成冲积扇水动力条件的不同，将冲积扇储层构型模式分为3种。

1. 碎屑流主控的冲积扇

碎屑流主控的冲积扇本质上是由多期碎屑流沉积复合而成的扇形沉积体，间洪期可发育小规模季节性水道，并对碎屑流沉积造成一定程度的侵蚀和改造，在沉积过程中，大量碎屑物质快速搬运至山前卸载，形成长条朵状砾石体，并在间洪期接受暂时性辫状水道体系的侵蚀改造，形成冲沟，冲沟两侧为未被侵蚀的残余朵体，多为中粗砾沉积体，可视为砾石堤。水道经历长时间的冲刷淘洗后形成两类沉积物：原有朵体中的粗粒沉积物被淘洗后滞留在原地，形成粗粒的水道滞留沉积。辫状水道在沉积过程中形成细砾、粗砂充填水道，分布于辫流水道内侧。顺水流方向上，辫状水道对碎屑流朵体的侵蚀作用由强变弱，在冲积扇近端部位可形成较深的深切水道，而在远端部位下切作用减弱，碎屑流朵体得到较好的保存（Blair et al.，1998）（图4-1-1）。

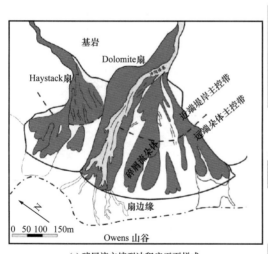

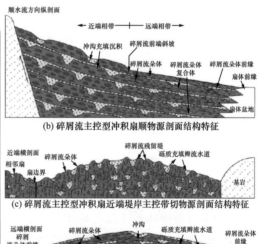

图 4-1-1　碎屑流主控冲积扇模式（Blair et al.，1998）

2. 河流主控的冲积扇模式

河流主控的冲积扇实质上为扇状的多河流体系，因此又称为河流扇。这类扇主要出河流在扇面来回迁移摆动沉积形成，主要发育于潮湿的气候条件下。河流主控冲积扇的沉积构型特征与其他沉积机制控制的冲积扇具有明显的区别。Shukla（2001）曾对印度 Ganga

扇进行了深入的构型分析，在顺源方向上将冲积扇划分为 4 个带，即：Ⅰ—砾质辫流带、Ⅱ—砂质辫流带、Ⅲ—网状交织河道带和Ⅳ—孤立曲流河道带。Clarke（2010）通过试验装置对冲积扇沉积过程进行了详细的模拟研究。认为，辫状河型冲积扇在扇面不是均匀分布的，而只是占据扇面的一部分，选择低势区分布，并且低势能区不停地发生迁移改变，从而导致了扇面水道的迁移（图 4-1-2）。

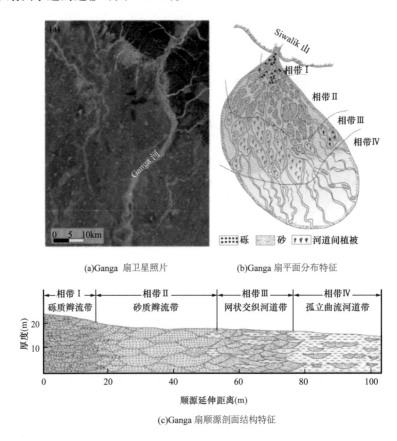

(a)Ganga 扇卫星照片　　　　　　(b)Ganga 扇平面分布特征

(c)Ganga 扇顺源剖面结构特征

图 4-1-2　河流主控的冲积扇模式（Shukla，2001）

3. 碎屑流与辫状水道控制的冲积扇

在冲积扇形成过程中，若碎屑流和牵引流作用占据大体相当的比重，则可将其归属为碎屑流和河流（牵引流）共同控制的冲积扇在近山口处，冲积扇以碎屑流沉积为主，而在远山口处，碎屑流转化为牵引流，形成辫状水道和径流水道。与完全由碎屑流主控的冲积扇相比，这类冲积扇多发育在半干旱气候条件下，且水流相对充足，碎屑流沉积物的浓度相对较低（吴胜和等，2012；印森林，2014；冯文杰等，2015）（图 4-1-3）。

（三）冲积扇储层构型

为了更好地将级次划分方案与油田的实际工作习惯相结合，调研了前人的储层构型级次划分方法，参考了吴胜和提出的碎屑沉积地质体构型分级方案，在此基础上，提出了冲积扇沉积 12 级构型级次划分方案。按照规模由大到小依次为 1 级到 12 级，其中，1～6 级为地层构型，7～9 级为砂体构型，10～12 级为层理构型；对于构型规模，1～3 级构型单元对应勘探阶段的研究级次，1 级构型一般对应地层单元中的系，2级构型一般对应地层单元中的段，3 级构型一般对应地层单元中的组，1～3 级构型单元规模整体为 100～5000m。从 4 级构型单元开始对应开发阶段的研究级次，4 级构型一般对应地层单元中的油组，其规模为 100m 左右。5 级构型一般对应地层单元中的小层，其规模为 10～50m。6 级构型一般对应地层单元中的最小单元单砂层，同时，也对应着砂体构型的最大单元，7～8 级构同样为砂体构型，整体规模为 1～10m。9 级构型为砂体构型，其规模为 0.1～5m。10～12 级构型为层理构型，其规模整体为 1～500mm。

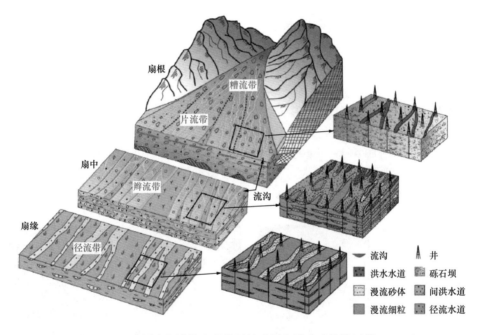

图 4-1-3　碎屑流与辫状水道控制的冲积扇模式（吴胜河等，2012）

　　构型单元类型主要是指各级构型每一级构型具体包括的构型单元种类。以冲积扇扇中、扇缘为例，1～4 级构型单元通常是在勘探阶段依据层序地层学划分地层的基础之上完成的沉积体表征。5 级构型单元包括冲积扇扇中和冲积扇扇缘。6 级构型单元，冲积扇扇中包括辫流带和漫流带，冲积扇扇缘包括径流带和漫流带。7 级构型单元，扇中辫流带包括辫流砂岛和辫流水道，扇中漫流带包括漫流细粒和漫流砂体，扇缘径流带包括径流水道，漫流带包括漫流细粒。8 级构型单元包括辫流砂岛、辫流水道。9 级构型单元出现在扇中辫流带中，如辫流砂岛中的增生体和落淤层，辫流水道中的增生体。10 级构型单元包括平行层理、交错层理、水平层理、波状层理、粒序层理等各种层理系组。11 级构型单元包括平行层理、交错层理、水平层理、波状层理、粒序层理等各种层理系。12 级构型单元包括纹层。

二、构型单元识别与刻画

下面以沧东凹陷东部陡坡带冲积扇沉积为例，依据密闭取心资料进一步阐述冲积扇单井构型单元识别方法。

（一）岩心描述划分取心井单井构型单元

通过5口取心井400余米岩心描述，明确了单期复合砂体（7级构型单元）、单成因砂体（8级构型单元）以及内部夹层和增生体（9级构型单元）的沉积和测井相特征，划分了取心井构型，下面以冲积扇扇中为例展开说明。

研究区内，冲积扇扇中7级构型单元主要包括辫流带和漫流带，辫流带整体岩性较粗，以砾岩、砂岩和粉砂岩为主，可见碎屑流与牵引流沉积构造；SP曲线多呈箱形或钟形。漫流带岩性较细，多为泥质粉砂岩、砂质泥岩、泥岩，可见波状层理；泥岩多为块状，SP曲线接近基线，微电极幅度差最小。8级构型单元主要包括辫流水道、辫流砂岛、漫流细粒和漫流砂体，辫流水道岩性主要为细砾岩、含砾粗砂岩、粉细砂岩，单砂体厚度在2～6m之间，底部有冲刷面，可见粒序层理［图4-1-4（a）］，平行层理，顺层分布的植物茎，有一定磨圆的泥砾；SP和GR曲线呈钟形，幅度较低。辫流砂岛岩性主要为中细砂岩、泥质粉砂岩、含砾砂岩［图4-1-4（b）］等，单砂体厚度通常大于4m，具不明显的正韵律或均质韵律，发育平行层理［图4-1-4（c）］、交错层理［图4-1-4（d）］，韵律底部可见泥砾；SP和GR曲线呈箱形，电阻率幅度差大，较平滑。漫流细粒岩性最细，主要为泥质粉砂岩、粉砂质泥岩，颜色通常为灰绿色、紫红色或杂色［图4-1-4（e）］。

(a) X11-6-2井，2877.9m，
粒序层理

(b) XX14-19井，2638.4m，
含砾中粗砂岩

(c) GUAN78-28-2井，2681.4m，
平行层理

(d) GUAN78-28-2井，2725.5m，
交错层理饱含油中砂岩

(e) XJ1井，2829.8m，
杂色泥质粉砂岩

(f) XX14-19井，3097.3m，
生物扰动、平行层理

(g) XX14-19井，3081.9m，
增生体顶部的冲刷面

(h) GUAN78-28-2井，2773.5m，
落淤层

图4-1-4　研究区冲积扇岩心照片

漫流细粒 SP 曲线回返较强,回返率为 46% ~ 73%。漫流砂体由于辫流水道的频繁改道而保留较少,其通常夹于厚层的漫流细粒泥岩之间,横向厚度分布不稳定,内部可见事件性砾、石生物扰动及平行层理[图 4-1-4(f)]等不同成因的沉积构造;漫流砂体自然电位曲线呈中低幅指状,自然电位曲线有一定幅度差。

9 级构型单元主要包括增生体和夹层,增生体为单一砂体内部由于水位变化形成的最大单一旋回沉积体,夹层即单一增生体顶部由于水动力条件变弱形成的细粒沉积。研究区内水动力条件较强且变化频繁,辫流水道单一增生体厚度小且不稳定,在 15 ~ 60m 之间;其上细粒沉积由于较强的水流冲刷而不易保存[图 4-1-4(g)],极为少见。辫流砂岛增生体厚度较大且较稳定,在 20cm 至 1m 之间,夹层(落淤层)[图 4-1-4(h)]分布稳定非常多见,厚度集中在 5 ~ 30cm,SP 曲线回返较弱,回返率为 18% ~ 43%。

(二)井间构型刻画

井间构型刻画即在规模约束和单井划分的基础之上,对各级次构型单元在井点之间的形态、规模、叠置关系等特征进行表征。针对不同级次构型单元,本文形成了测井、录井、地震、动态多资料融合的井间刻画方法。

1.7 级构型井间刻画

7 级构型的井间刻画同样应用测井和录井资料结合地震资料。在平面上,根据测录井资料的特征分析,总结了单一辫流带识别标志,即辫流带顶部高程差异、辫流带砂体规模差异、不连续的相变砂体及测井曲线形态差异,据此从复合辫流带中找出单一辫流带的边界。在剖面上,则通过地震反演来研究单一辫流带的叠置关系。应用针对薄层开发的地震波形指示反演(SMI),充分利用地震波形的横向变化来反映储层空间的相变特征,分析储层垂向岩性组合高频结构特征。反演结果能有效地解释出 10m 左右的砂体,对应着测井解释的一个或多个单砂体,因此可以刻画出 7 级甚至 8 级构型单元在垂向上的叠置关系以及在横向上的拼接关系(图 4-1-5),为井间砂体的展布范围提供一定的参考。最后将平面与剖面结果结合分析完成 7 级构型平面分布表征。

2.8 ~ 9 级构型井间刻画

8 级构型的井间刻画,是应用测录井资料、地震资料以及动态监测资料,通过密井网解剖,在研究区内共识别出了 4 种单砂体的组合样式,即辫流水道—辫流砂岛—辫流水道、辫流水道—辫流水道、辫流砂岛—辫流水道—辫流砂岛、辫流水道—漫流砂体—辫流水道,在地震反演效果理想的井区,可以通过单井构型识别结果结合反演砂体的形态及厚度判断单一成因砂体类型,通过反演剖面的响应特征来确定井间 8 级构型单元的具体展布范围;在地震反演效果不理想的井区,则主要依靠测井曲线特征结合沉积单元发育的基本规律来预测井间展布(表 4-1-2)。由于不同单砂体渗透性的不同以及在单砂体间存在的渗流屏障,注采井在相同单砂体内和不同单砂体间的注水见效速度及吸水性会有较大差异,因此可以以此为依据,通过分析注水见效速度和吸水数据等动态资料来验证所刻画单砂体的联通性。最后,综合考虑测录井、地震与动态验证的分析结果得到 8 级构型的平面分布。

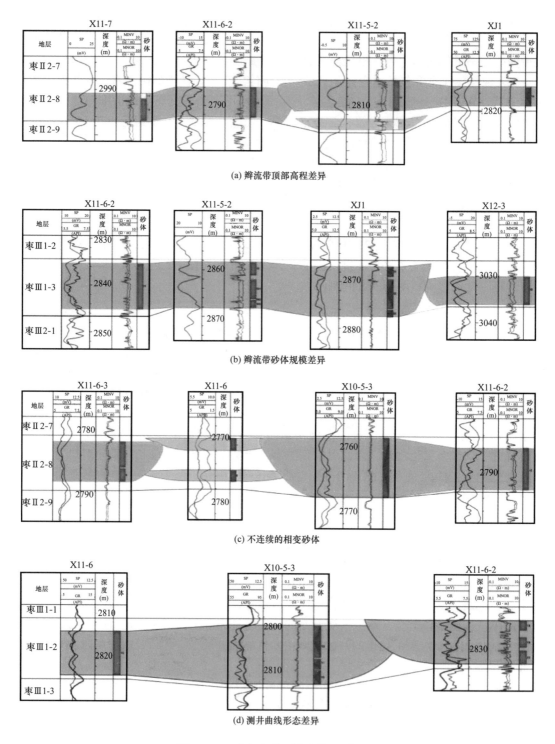

图 4-1-5　冲积扇单一辫流带识别标志

由于单砂体内部的夹层及增生体在平面上分布连续性相对较差，在垂向上的厚度较薄，因此，在9级构型的井间刻画中多用到垂向分辨率高的岩心资料和测井资料。通过单井控制识别出各类型夹层及增生体的定性定量特征，建立起岩电关系，应用于非取心井，在非取心井间，依据露头剖面观测或前人的研究成果对夹层及增生体的展布规模和形态进行约束，进而完成井间刻画。

表 4-1-2　8 级构型单砂体组合样式

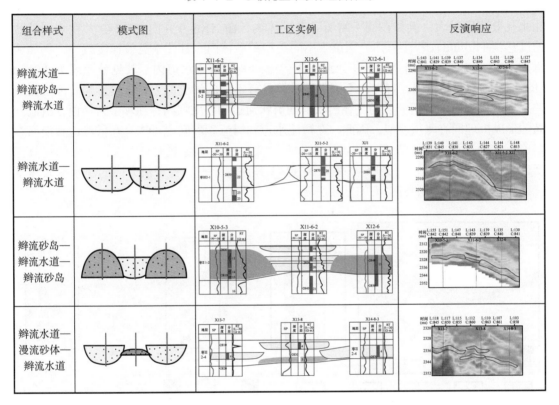

三、冲积扇储层构型对水淹特征和剩余油分布的影响

研究认为，扇根储层呈连片状分布，驱油效率高，水淹较强，剩余油主要富集于槽流砾石体内部及片流朵体侧缘，平面上呈多个独立的片状展布；扇中为多种成因的砂体相互切割，构型界面的屏障作用不利于流体运动，剩余油呈条带状分散于高能水道之间；扇缘径流水道规模小，呈透镜状分布，剩余油分布于径流水道内部。随着冲积扇储层构型研究向着准确化、精细化方向的发展，加强冲积扇砂体及其内部构型对剩余油分布的影响研究将具有重要的理论及实践意义。

（一）构型对水淹特征的影响

在特高含水期老油田，油藏经水驱开发之后，储层物性特征、流体性质及油水分布规律都会发生相应的变化，明确储层构型对水淹特征的影响，将有助于认识剩余油的分布规律。

注水是油田开发广泛使用的方法之一，水井注水后，地层压力提高效应自水井不断沿流线方向向油井传播。当沿速度最快、路径最短的主流线传播到油井后，油井开始受到注入水的影响，油井开始受效，这个时间就是所谓的见效时间，其对应的速度为见效速度，见效速度是描述注水效果最重要的参数之一。一方面，注水后引起油井附近压力场变化的效应有利于油井的生产；另一方面，受到不同构型单元物性特征的影响，长期注水冲刷会形成优势渗流通道而产生水淹，进而造成无效注水。

储层构型对注水见效的影响体现在两方面：一方面，若注采井在同一单砂体内，其注水见效速度较大，例如在同一辫流砂岛砂体内，由XX6-0井向X5-3-3井注水，见效速度达到11.5m/d；若注采井分别位于不同类型单砂体内，其注水见效速度较小，例如注水井XX6-0井和采油井X6-1井分别位于辫流砂岛和辫流水道内，其见效速度为3.9m/d（图4-1-6）。究其原因，首先，不同类型砂体具有不同的渗流能力，直接影响着注水见效速度；其次，有学者研究认为，在辫状河的辫状河道和心滩坝间存在坝道转换面，辫流砂岛的形成机理同心滩坝类似，因此，在辫流水道和辫流砂岛间也可能存在低渗透转换面影响着流体的运移。另一方面，顺古水流方向的注水见效速度要大于垂直古水流的见效速度，如图4-1-7所示，由XX6-0井向X7-1-1井注水，垂直古水流方向的注水见效速度仅为2.1m/d，远小于顺古水流的见效速度。

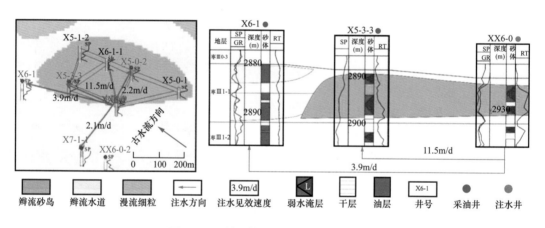

图4-1-6　储层构型影响的注水见效速度

（二）单砂体构型对水淹特征的影响

根据2010年之后新钻井的生产数据，分别统计了扇中内带、扇中中带、扇中外带—扇缘带中辫流水道、辫流砂岛两类主要单砂体的不同级别水淹层厚度百分比。对于两类单砂体，辫流水道的水淹程度要大于辫流砂岛，辫流水道的水淹层占到了47.7%，其中，强水淹占14.8%，中水淹占18.5%，弱水淹占14.4%，多为中、强水淹；辫流砂岛的水淹层占到39.8%，其中强水淹仅占8.6%，中水淹占11.7%，弱水淹占19.5%，多为弱水淹。而对于3个带来说，由扇中内带到扇中中带再到扇中外带—扇缘带，两类单砂体的未水淹层厚度百分比是在逐渐增大，即水淹层厚度百分比逐渐减小，这是由于储层自扇中内带的中孔隙度、中渗透率到扇中中带中孔隙度、低渗透率再到扇中内带—扇缘带低孔隙度、低渗透率逐渐变差造成的。从水淹层发育的位置来说，除去靠近注水井这一因素，中强水淹层多出现在主流线上联通程度较好的单砂体中，比如发育辫流砂岛的 XX11–13 井，发育辫流水道的 X14–20 井和 X12–15 井。弱水淹层和未水淹层在平面上出现在流线的侧缘与其他砂体连通程度较差且渗透率较低的单砂体中，比如发育漫流砂体的 X13–18 井；在垂向上则会出现在辫流砂岛正序的中上部，这是由于其中上部渗透率较低以及注水受重力作用造成的，比如 XX11–13 井和 X11–13 井（图 4–1–7）。

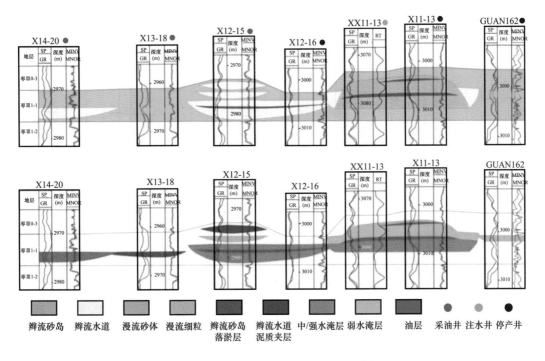

图 4–1–7　储层构型影响的剖面水淹特征

（三）单砂体内部构型对水淹特征的影响

对两类单砂体辫流水道和辫流砂岛内部的水淹层分布规律进行分析，依据单砂层内夹层上下增生体水淹强度的变化，共建立了 5 种水淹模式，其中辫流水道包括向上减弱式水淹及均匀式水淹两种，辫流砂岛包括向上减弱式水淹、均匀式水淹及中部水淹 3 种。由前期的构型单元特征研究可知：一方面，在扇中内带水动力条件较强，辫流水道顶部的泥质沉积物易被下一期水流冲刷得不到保留而很少发育泥质夹层；另一方面，辫流水道单砂体多为正序，下部物性较好有利于注入水的推进，再考虑到注入水的重力作用，使得扇中内带辫流水道单砂体下部水淹程度高，上部水淹程度低，发育向上减弱式水淹［图 4–1–8（a）］；在扇中中带及外带中，水动力条件减弱，辫流水道增生体间泥质沉积得以保留，形成泥质夹层，夹层对注水在垂向上的运移起到阻挡作用，单砂体内水淹程度较为均一，发育均匀式水淹［图 4–1–8（b）］。同辫流水道相比，辫流砂岛内的泥质落淤层更为发育，由于落淤层遮挡能力不同，形成了不同的水淹模式。对于遮挡能力最差的落淤层，下部水淹程度高，上部水淹程度低，形成向上减弱式水淹［图4-1-8（c）］，对于遮挡能力中等的落淤层，上下增生体水淹程度相同，形成均匀式水淹［图4-1-8（d）］。例如在XX6-0井的注采井网中，XX6-0井和X6-1-1井位于同一辫流砂岛单砂体内，XX6-0井夹层0.62m，相对较厚，遮挡能力中等，其上下平均含水饱和度分别为60%和56%，属于均匀式水淹，而X6-1-1井夹层0.23m，相对较薄，遮挡能力差，受到重力的影响，其下部含水饱和度接近100%，上部为47%，为向上减弱式水淹［图4-1-8（f）］；对于遮挡能力最强的落淤层，其下部未水淹，在落淤层的上部、辫流砂岛的中部有弱水淹，形成中部水淹［图4-1-8（e）］，这3种水淹模式多出现在扇中内带及扇中中带。

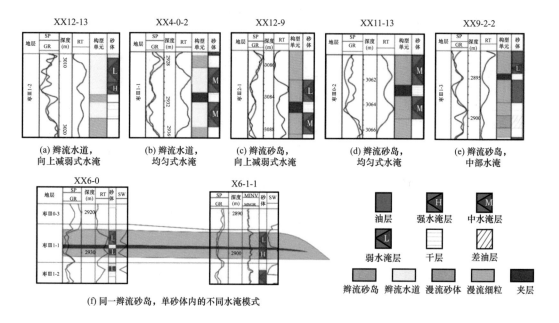

图4-1-8　单砂体内部储层构型控制下的水淹模式

（四）构型对剩余油分布的影响

1. 剩余油富集区

根据油藏数值模拟得到的现今含油饱和度结果，对比构型模型及渗透率模型，在平面上总结了4类7～8级构型控制的剩余油富集区，在垂向上总结了3类9级构型控制的剩余油富集区。

在垂向上，剩余油分布主要受到9级构型渗透率韵律特征的控制。在辫流砂岛［图4-1-9（a）］不明显的正韵律处［图4-1-9（b）］，由于重力作用，注入水沿底部推进，剩余油主要分布在隔夹层底部［图4-1-9（c）］。在辫流水道［图4-1-9（d）］正韵律处，由于重力作用，注入水沿底部推进，剩余油主要分布在隔夹层底部［图4-1-9（f）］。在辫流砂岛［图4-1-9（d）］反韵律处［图4-1-9（e）］，剩余油主要分布在隔夹层顶部［图4-1-9（f）］。

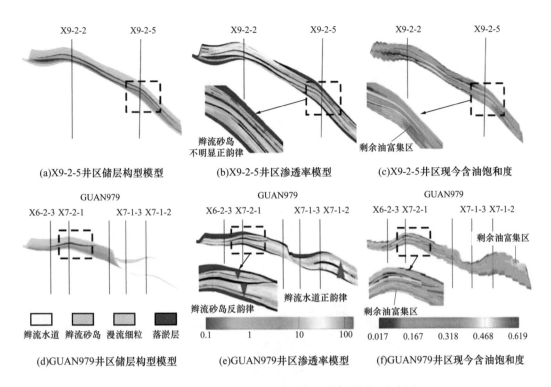

(a)X9-2-5井区储层构型模型　(b)X9-2-5井区渗透率模型　(c)X9-2-5井区现今含油饱和度

辫流砂岛
不明显正韵律

剩余油富集区

(d)GUAN979井区储层构型模型　(e)GUAN979井区渗透率模型　(f)GUAN979井区现今含油饱和度

辫流水道　辫流砂岛　漫流细粒　落淤层

辫流砂岛反韵律　辫流水道正韵律

剩余油富集区　剩余油富集区

图4-1-9　冲积扇构型、渗透率、剩余油剖面分布图

2.剩余油分布模式

根据平面及垂向剩余油富集区的研究结果，结合碎屑—牵引流控冲积扇储层构型模式，建立了碎屑—牵引流控冲积扇剩余油分布模式（图4-1-10），总结了4大类储层构型控制的剩余油，包括辫流砂岛富集型剩余油、辫流水道单砂体富集型剩余油、辫流水道弱连通富集型剩余油和漫流砂体富集型剩余油，其中，辫流砂岛富集型剩余油又包括增生体顶部富集型剩余油和增生体底部富集型剩余油2类。

扇中内带水动力较强，常见碎屑流沉积，复合砂体在平面上呈连片状，在剖面上呈切叠状，辫流水道砂体间连通性较好，漫流砂体较为发育，部分辫流砂岛增生体底部粒度较粗，胶结作用强，渗透率低。因此，扇中内带主要发育辫流砂岛富集型剩余油、辫流水道单砂体富集型剩余油及漫流砂体富集型剩余油，其中增生体顶部富集型剩余油和增生体底部富集型剩余油均可见。扇中中带水动力强度减弱，碎屑流沉积少见，复合砂体呈连片状向条带状过渡的形态，辫流水道砂体连通性较弱，漫流砂体发育较少，辫流砂岛增生体渗透率多为正韵律。因此，扇中中带4类剩余油均发育，但辫流水道弱连通富集型剩余油和漫流砂体富集型剩余油较少，且辫流砂岛富集型剩余油主要为增生体顶部富集型剩余油。扇中外带—扇缘带水动力条件最差，仅发育牵引流沉积，复合砂体呈条带状，辫流（径流）水道粒度较细，辫流砂岛几乎不可见。因此，扇中外带—扇缘带仅在储层物性较好的辫流水道底部发育辫流水道单砂体富集型剩余油。4类剩余油特征见表4-1-3。

表 4-1-3　冲积扇储层构型控制的剩余油特征

剩余油类型	成因	构型控制级次	发育区带
辫流砂岛富集型剩余油	单期增生体底部或顶部渗透率较低，注入水沿高渗处突进而未充分波井及	9	扇中内带 扇中中带
辫流水道单砂体富集型剩余油	扇中内带及中带辫流水道顶部渗透率较低，注入水沿底部突进而未充分波及；扇中外带辫流水道底部物性较好，赋存的原油未动用	8～9	扇中内带 扇中中带 扇中外带
辫流水道弱连通富集型剩余油	辫流水道或辫流带横向拼接处连通程度低，物性较差，且缺少有效注采井网，水驱后剩余油富集	7～8	扇中中带
漫流砂体富集型剩余油	漫流砂体在漫流带中渗透率相对较高，与辫流带相比较低，注入水沿辫流带突进，且缺少有效注采井网	7～8	扇中内带 扇中中带

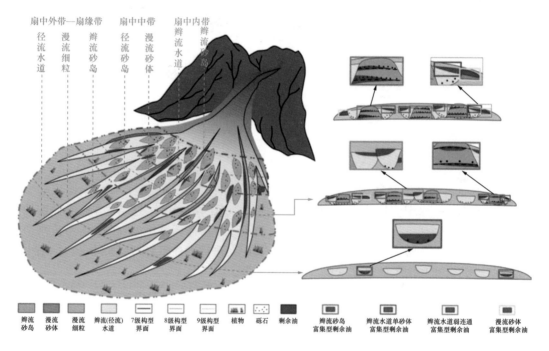

图 4-1-10　碎屑—牵引流控冲积扇剩余油分布模式

3. 储层构型研究对开发综合调整的建议

各区带储层物性差异明显，在中—高渗透区带部署注采井网时，应考虑避开长期注水在顺古水流方向上形成的优势渗流通道，使采油井不要完全在注水井的顺古水流方向，而与主流线方向有一定的夹角，也可以适当加大井距。在低渗透区带，应使注水方向顺着古水流方向或适当减小井距，注采井井距要小于单一砂体的短轴长度，使得井组尽量在同一单砂体内保证注水效果。

不同单砂体类型内部受到夹层发育情况以及渗透率韵律差异的影响，具有不同的水淹及剩余油分布模式，在层系重组的前提下，针对冲积扇储层构型控制的4大类剩余油，分别提出了对应的挖潜措施，主要包括打加密井、打水平井、补孔、调剖堵水、分注5种。

辫流砂岛富集型剩余油，可采用水平井动用增生体顶部或底部较厚层剩余油；由于辫流砂岛内部有相对稳定的落淤层，因此在注水井高渗段可放置分隔器，实现精细分注［图 4-1-11（a）］。辫流水道单砂体富集型剩余油，在扇中内带、扇中中带辫流水道边部或扇中外带 - 扇缘带辫流水道主体可布置加密井，若有井穿过而未射孔则可进行补孔；同时，如果注采井位于同一单砂体内，也可注入化学堵水剂，实现高渗层的封堵［图 4-1-11（b）］。辫流水道弱连通富集型剩余油，与辫流水道单砂体富集型剩余油类似，可采取加密井、补孔及注入堵水剂等措施［图 4-1-11（c）］。漫流砂体富集型剩余油，可采取加密井及补孔措施［图 4-1-11（d）］，由于漫流砂体和辫流水道连通性一般较差，因此不适合进行调剖堵水。

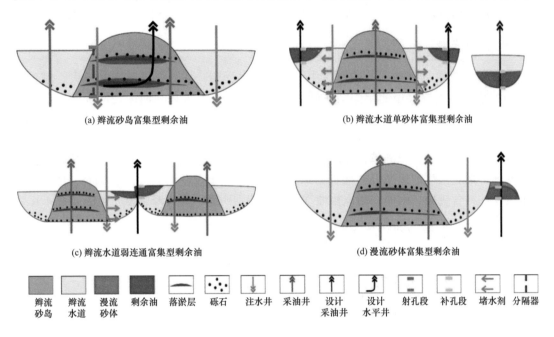

(a) 辫流砂岛富集型剩余油   (b) 辫流水道单砂体富集型剩余油

(c) 辫流水道弱连通富集型剩余油   (d) 漫流砂体富集型剩余油

辫流砂岛　辫流水道　漫流砂体　剩余油　落淤层　砾石　注水井　采油井　设计采油井　设计水平井　射孔段　补孔段　堵水剂　分隔器

图 4-1-11　不同类型剩余油对应的挖潜措施

第二节　曲流河储层构型与剩余油表征

曲流河又称蛇曲河流，通常曲流河河道蜿蜒曲折，在形态上是由一系列曲率较大弯曲段和微弯顺直段组成，在成因上是由连续不间断的主流水道和截弯取直后的废弃河道组成。根据卫星图片对现代的曲流河进行分析，将曲流河沉积体系根据曲率和点坝规模分为大曲率大点坝、大曲率中点坝、大曲率小点坝以及中曲率中点坝、小曲率小点坝等类型；按照废弃河道的复杂程度分为简单废弃型、中等复杂废弃型和频繁废弃型。根据地下各沉积单元的砂体展布特征，GD 一区明化镇组曲流河储层属于中等复杂废弃型曲流带，点坝规模从大到小均有发育。

曲流河砂体在平面上展布一般呈两种形态：孤立的透镜状砂体和连片分布的曲流带砂体。单个孤立透镜状砂体实质就是一个完整的点坝沉积，点坝之间由活动水道（末期河道）相连，河道组合类型比较简单。曲流带连片砂体其本质是由河道频繁废弃或改道形成的多个点坝砂体叠合或拼接而成的砂体带。点坝之间发育具有一定遮挡能力的废弃河道，使单个点坝砂体形成独立的流动单元。

一、曲流河构型要素

曲流河沉积体系可分为4个亚相，即河床亚相、堤岸亚相、河漫亚相和废弃河道亚相。亚相又可细分若干微相，河床亚相包括河床滞留沉积、边滩（点坝）微相；堤岸亚相包括天然堤、决口扇等微相；河漫亚相包括河漫滩、泛滥湖泊和河漫沼泽等微相。曲流河相包括河床滞留沉积、点坝（边滩）、天然堤、决口扇、洪泛平原和废弃河道等微相。

（一）河床滞留沉积

河床河道流水具有强烈的冲刷作用，尤其是洪泛期，从上游搬运来的较大、较重的碎屑颗粒物质与近岸冲塌的半固结泥砾、沙粒等物质一起沉积在河床最深处而形成的砂（砾）岩沉积，该类沉积为一种砾质底形或河床滞留沉积。该微相位于河流层序最底部，冲刷面之上，与下伏泥岩呈突变接触，砾石以泥砾为主，含少量石英、长石、灰质岩块等，厚度 0.2～0.5m，呈断续透镜状分布。测井曲线特征表现为自然伽马和自然电位曲线为箱形到钟形，由于河道底部往往有泥砾，所以在曲线上反映为微齿化；同时，由于河道滞留沉积往往含钙质，因而在微电极曲线上反映特别明显，为尖峰刺刀状（图 4-2-1）。

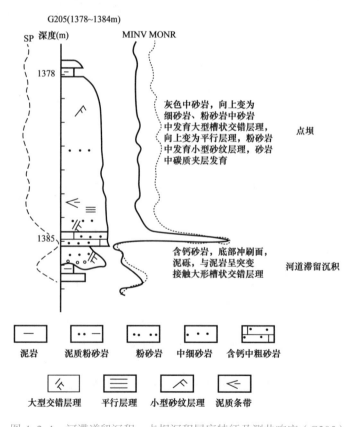

图 4-2-1　河滞道留沉积、点坝沉积层序特征及测井响应（G205）

（二）点坝（或边滩）

点坝也称为边滩，为侧向增生沉积（Lateral-Accretion Deposits），相当于 Miall（1985）的构型要素 LA。多呈透镜状、席状、毯状、楔状；点坝是曲流河中最主要的沉积产物，是河水连续螺旋式前进、单支横向环流的产物。河道迁移过程中从状态 1 演变到状态 5 的过程，也是点坝（或边滩）在河道凹侧不断侧向增生的过程，点坝增生过程中形成的层里面向河道迁移方向倾斜（图 4-2-2）。由于底流在侧向运动中强度逐渐减弱，因而引起机械分异作用，使得边滩下部沉积相对较粗，而上部沉积相对较细，形成向上变细的正韵律沉积。

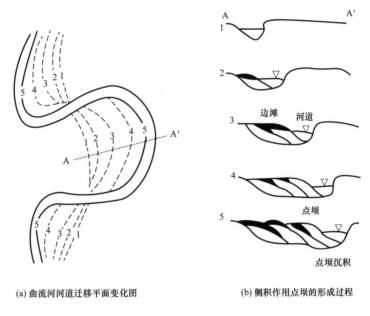

(a) 曲流河河道迁移平面变化图　　　　(b) 侧积作用点坝的形成过程

图 4-2-2　曲流河点坝侧积过程示意图（据尹燕义等，1998）

点坝沉积为以大型槽状交错层理和平行层理为主的中细砂岩沉积，粗砂岩较少见。垂向上具有粒度向上变细、沉积规模向上变小的典型正韵律特征。一般层序底为冲刷面，冲刷面之上偶见泥砾沉积，向上由中、细粒度渐变为细、粉砂岩至纯泥岩（溢岸沉积），表现为明显的二元结构；自下而上具平行层理、槽状交错层理、爬升层理、波纹层理，顶部为具水平层理的泥岩。点坝厚度一般大于 4m，最大叠置厚度可达 20m。在点坝体内还发育一些泥质粉砂岩、泥岩夹层。夹层厚度从 20cm 至 1m 不等，一般分布于边滩的中上部，斜交层面分布。点坝砂体在自然电位曲线为箱形—钟形，曲线略微齿化，自然伽马及电阻率上也有类似的反映（图 4-2-3）。在微电位曲线上，微电位与微电极有偏差，向上偏差幅度变小，反映了砂岩粒度变细、物性相对变差过程。

（三）废弃河道

废弃河道相当于 Miall（1988）的构型要素 CH 和 OF，是曲流河沉积体系中特有的一种沉积相。河道废弃的方式通常有 3 种：曲流截直、流槽截直和冲裂作用。冲裂作用导致河道改道，原河道被废弃。曲流截中很普遍。废弃河道其底部还具有河道沉积特征，发育冲刷面、大型槽状交错层理、平行层理，只是厚度较小。而其上有时直接覆盖细粒泥质沉积物，平面上一般位于河道凹岸。沉积厚度 2 ～ 4m，有的超过 6m。渐变废弃河道沉积层序与一般河道相似，只是砂岩沉积厚度稍微变小，而上覆泥质沉积相对增多，且砂岩主要以细砂岩、粉砂岩组成，在测井曲线上表现呈箱形—钟形。突然废弃河道沉积层序由于沉积物供给中断，在原先河道沉积之上直接沉积较厚的泥岩，在测井曲线上反映为钟形—指形，与顶底呈递变接触。

曲流河在沉积过程中，凹岸受到侵蚀、垮塌，同时凸岸产生沉积。此过程不断进行，在凸岸沉积了一个个点坝。由于河道的迁移改道，在一次洪水期，河水冲破河弯颈、取直前行，原先的河道段经充填淤积形成废弃河道沉积，下部与河道充填相似，局部可见河道滞留沉积，自然电位曲线有轻微幅度凸起，纵向上渐变或突变为厚层泥岩（图 4-2-4）。

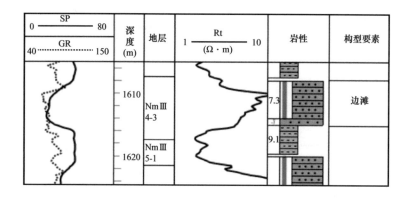

图 4-2-3　八级储层构型——点坝（Z6-16-5 井）

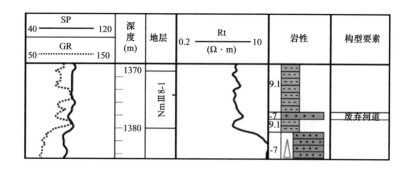

图 4-2-4　废弃河道储层构型（Z5-10-3 井）

（四）泛滥平原

泛滥平原属于一种相对细粒的溢岸沉积，相当于 Miall（1988）的构型要素 OF，该亚相可进一步分为河漫滩、河漫湖泊与沼泽沉积。河漫滩主要发育为漫洪期的片流沉积，岩性主要为泥质粉砂岩和粉砂质泥岩，河漫湖泊和沼泽主要为静水沉积，岩性主要为泥岩，若沼泽发育则有机质丰富。河漫沉积一般以棕红色、灰绿色泥岩，块状泥岩为特征。厚度较大，一般超过5m。河漫沉积为河流体系中沉积物粒度最细的沉积单元，是油气层主要的隔、夹层。

曲流河的泛滥平原分布面积开阔，厚度较大，主要由粉砂质页岩夹粉砂岩和碳质页岩组成，测井曲线常呈微齿形或者直线形（图4-2-5）。

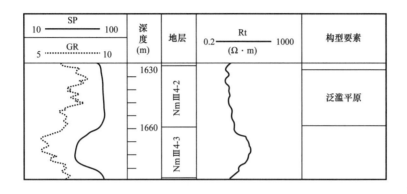

图 4-2-5 泛滥平原储层构型（Z9-13-1井）

（五）天然堤

天然堤相当于Miall（1988）的构型要素LS和OF。由于洪水期河水漫溢河岸后，流速突降，携带的大部分悬移物质在岸边快速沉积下来而形成。平面上主要分布于曲流河道的凹岸和顺直河道的两侧。天然堤为洪水期漫溢在河道两侧沉积的细粒物质。发育小型砂纹层理，以粉砂岩、泥质粉砂岩、粉砂质泥岩为主，粉砂岩与泥岩、泥质粉砂岩常常互层。反映洪水周期性变化。天然堤厚度一般小于3m。而由多次洪水形成的天然堤有时厚度可以达到7～8m。天然堤通常沉积于点坝上部，在剖面上呈楔状，远离河床方向厚度变薄，粒度变细，并逐渐过渡为河漫滩沉积。垂向上显正韵律，泥质夹层发育，平行层面分布。在测井曲线上，天然堤表现为齿化钟形，齿化漏斗形，与顶底渐变接触。

（六）决口水道与决口扇

决口水道与决口扇相当于Miall（1988）的构型要素SB。为洪水冲决天然堤形成的水道形或扇形沉积体，与天然堤共生。决口扇微相为洪水冲决堤岸，在泛滥平原上形成的扇状沉积体。以细砂岩、粉砂岩及泥质粉砂岩沉积为特征。当决口扇规模较大、持续时间长时，决口扇水道可以演化成支河道，发育平行层理，在底部见冲刷面及冲刷充填构造，与下伏泛滥平原泥呈突变接触。决口扇一般为正韵律，当洪水规模逐渐增强时，决口扇也表现为反韵律的特征。本区决口扇厚度一般小于3m。决口扇沉积岩性主要为粉砂质泥岩。河流在洪水期因水位较高，河水携带的细、粉砂级物质沿河床两岸堆积，形成平行河床的沙堤，其沉积物主要由粉砂和泥质组成，呈坝薄互层组合，一般厚度不大，主要分布在河道沉积的上部，呈渐变接触，曲线幅度底。

二、单一河道识别

复合河道通过河流充分的摆动、侧向侵蚀和加积使砂体的宽度逐步增加，随着河流不断地发生改道、废弃等演化过程，在冲积泛滥平原形成了广阔的复合河道带砂体。复合曲流带砂体在平面上多为宽大带状、不规则席状，其大面积砂体往往是由多条单河道砂体拼合而成，在河道带内部有分布废弃河道，以及尖灭区和非河道沉积物，造成了河道内部很强的非均质性，因此，有必要在复合河道带内进行单一河道的划分。单一河道是在平原上一条新的单一的河道的形成，经过发展、沉积、废弃，直到在新的区域产生新的河道开始另外一期河道的演化，而老的河道废弃。一般河道砂体是由一条或者多条单一河道组合而成，对于复合河道内部的单河道，可以是同期，也可以是不同期。不同成因砂体在岩性、电性平面和剖面几何形态上都有所差异，因此利用密井网条件下丰富的井资料结合河流演化的特点、各井点的曲线形态以及空间上的组合特点，综合识别出单一河道。

（一）单一河道单井识别

主要通过取心井进行单一河道的单井识别，运用了单一河道界面的识别标志见表4-2-1。

表4-2-1　七级构型单一河道界面识别标志

岩心识别标志	测井曲线识别标志	物性特征
泥/砂岩突变面	测井曲线突变	物性变化
砂/泥岩突变面		
底冲刷面	测井曲线异常	
	水动力转换面	

1. 泥岩

研究区内的泥岩主要为灰色、灰白色，也可见棕色，在馆二油组内较为发育，在馆一油组和馆三油组的取心井中发育较差，当这种泥岩具有一定厚度并且泥岩底部与砂岩接触时，可以作为单一河道的边界识别标志。

2. 粉砂岩

在研究区内主要为泥质粉砂，主要为灰色、浅灰色。一般发育在上下两套砂岩之间，厚度不大，是研究区内主要的夹层，由于辫状河摆动频繁，河流上部单元不发育且容易被冲刷而难以保留下来，如果冲刷作用较弱，则粉砂质沉积会保留下来，由于这种界面与砂体内部9级界面落淤层存在很多类似特征，因此需要在单井识别的基础上进行连井剖面的组合来确定界面的级次。

3. 物性变化层

物性变化层主要是由在沉积过程中水动力条件短暂减弱，导致粒度变细，泥质含量增加，使得物性条件变差。同粉砂岩层类似，这种物性变化层在河道界面及河道内部9级界面都有可能发育，但其规模有所差异，需要通过结合周围的测井资料来进行连井识别。

4. 冲刷面

冲刷面发育在河道底部，其上是河床滞留沉积，砂岩中多含有大量的砾石，同时也含有冲刷下部泥岩形成的泥砾，有时其上也是纯净的砂岩。

5. 水动力转换面

当复合河道之间冲刷较为严重时，先后两期的砂岩相互接触。这个时候要寻找水动力的转换点。

（二）单河道侧向边界识别

在单井识别单河道界面基础之上，还需要通过井间进行合理的空间组合来确定单河道的侧向边界，实际研究过程中主要同过以下几种方法来确定单河道的侧向边界。

1. 河道边界接触方式

不同的河流在沉积开始和结束时间上有短暂的先后顺序，导致晚期形成的河流对临近的早期形成的河流进行下切冲蚀，这种情况通常出现在河道分界附近，可以将其作为河道的分界依据。

2. 河道砂岩厚度变化趋势及突变

由于受水动力条件等的影响，导致每个单河道的砂岩厚度都不尽相同，所以河道砂体的厚度差异也是识别单河道砂体边界的一种方法。但是不得不说只用砂岩的厚度差异判断河道砂体的边界，可行性难度大，同时盲目性大。所以，此次利用河道砂体厚度的变化趋势与河道砂岩厚度差异相结合，来判断单河道砂体的边界。由于曲流河河道不断地侵蚀凹岸沉积凸岸，于是形成了凸岸河道砂体坡度缓而凹岸坡度陡。那么向河道凸岸，砂体是在不断缓慢减薄的，如果在一个河道凸岸砂体不断减薄的过程中，突然出现砂岩厚度变厚，那么该河道砂体的凸岸边界就在砂岩变厚的位置（图 4-2-6）。

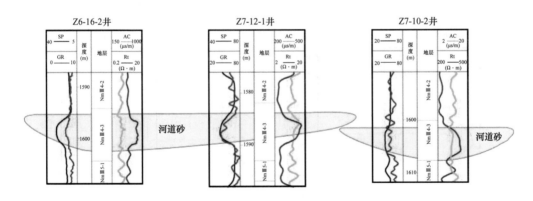

图 4-2-6　河道砂岩厚度变化趋势及突变剖面图

3. 河道砂体侧向相变

河道砂体横向相变说明了河道砂体的沉积已经结束，进入了其他相带的沉积环境中。河道砂体的横向相变主要有两种情况：一种是横向相变为泛滥平原亚相泥岩；另一种是横向相变为堤岸亚相砂岩。所以河道砂体发生侧向相变是判断河道砂体边界的一种有效方法。

4.废弃河道沉积

废弃河道的出现代表河道在该位置已经消亡，也就是说该部位的该期河道已经结束，所以废弃河道是河道凹岸的边界。当将砂岩顶拉平的情况下废弃河道在测井上主要表现是：废弃河道下部砂岩底与邻井该期河道砂岩底基本等高程，且厚度比周围井砂岩厚度薄。同时，废弃河道上部发育的可以是较为纯净的泥岩，也可以是泥岩与粉砂岩的互层（图4-2-7）。

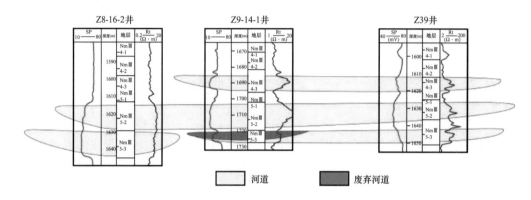

图 4-2-7　河道砂体侧向相变及突变为废弃河道剖面图

5.河道砂体厚度差异

由于不同河道分流能力受到多种因素的影响，不同河道砂体必然会出现差异，由此造成沉积砂体厚度上的差异，如果这种差异性的边界可以在较大范围内追溯，很可能就是不同河道单元的指示。在剖面上，如果同一时间地层单元内河道砂体沉积厚度连续出现厚—薄—厚特征，则其间肯定存在单河道边界。不同河道的沉积环境不同，水动力条件也存在差异，形成的沉积物在测井曲线上表现为不同的形态。特别是不同的河道中心主流线上，其曲线特征的差异是划分单一河道的明显标志（图4-2-8）。

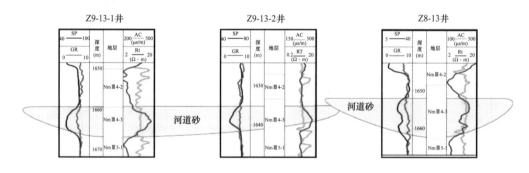

图 4-2-8　利用曲线特征差异识别单一河道

三、点坝内部构型分析

在8级构型识别的基础上，进行内部结构解剖，主要分析点坝内部侧积体和侧积层、心滩内部垂积体和落淤层的分布，实际上是以河流相加积体定量模式作为指导，应用地下多井资料进行模式拟合的过程。第9级界面：代表的是同种相组合的加积界面，界面上下相组合相同，常呈低角度，界面上具明显侵蚀作用，常可切割 11 级和 10 级界面，并具有内碎屑角砾披覆。这种界面也是大型（如点沙坝、纵沙坝等）构型单元内部最高一级的界面，这种界面的出现主要是由大型底床内部变化所引起。这种界面在露头和岩心上易于识别，但井间对比仍比较困难。

（一）点坝内部构型模式

近年来关于点坝内部侧积体、侧积层的文献很多，国内外众多学者根据露头和现代沉积建立了各种各样的侧积层模式，羊二庄油田的侧积层主要为"水平斜列式"侧积层，此类侧积层以相似角度向凹岸倾斜，每一个侧积体间的侧积层在空间上都为一倾斜的微凸新月形曲面，一系列这样的曲面向同一方向有规律地排列成点坝的夹层骨架。泥质侧积层向下的"延深"及保存情况取决于两个因素，其一是枯水期水位，其二是下次洪水的水动力。在洪水衰退过程中，所携带的砂质便沉积下来，并按颗粒粗细发生一定的机械分异作用，形成以砂质为主体的侧积体，在平水期，泥质悬浮物沉积在点坝侧积体表面，枯水期水位以下的侧积层由于长期受河水的冲刷及浸泡，与枯水期水位以上的侧积层相比保存程度差得多，即使保存下来，下次洪水来临很容易将其冲刷。现代沉积和露头成果显示枯水期的水位一般距河道顶约 2/3，故泥质侧积层保存在河道上部 2/3，所以大多侧积体底部是连通的，即形成"半连通体"模式，这种夹层一般分布于潮湿气候区水位变化不大的小型平原河流点坝中（图 4-2-9）。

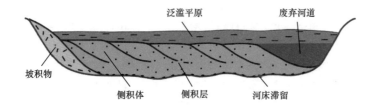

图 4-2-9　水平斜列式侧积层

在识别 9 级构型界面时，按照岩性的不同，将点坝（心滩）内部划分为 3 类夹层：泥质夹层、物性夹层和钙质夹层。泥质夹层岩性主要为泥岩、粉砂质泥岩，封隔能力强；钙质夹层岩性以钙质粉、细砂岩为主，渗透性差，具有一定的遮挡能力；物性夹层主要由泥质粉砂岩及粉砂质泥岩岩性组成，渗透性一般介于前两者之间。对于研究区大部分非取心井，主要依据测井曲线回返、幅度差异，并结合测井解释的数字成果定量识别。

（二）点坝内部构型的精细刻画

1. 应用水平井资料刻画点坝内部构型

在点坝内部构型研究中，以点坝内部具有明显夹层的井点为控制点，根据河道（废弃河道）与点坝的配置关系以及水平井资料、地层倾角测井资料、对子井资料的侧积泥岩倾角统计规律，预测侧积泥的产状、条数、侧积体的规模。针对 GD 一区 Nm Ⅲ 6-3 单砂层 GH2 油藏开展内部解剖工作（图 4-2-10）。首先根据点坝内部单砂体建筑结构研究方法和前期研究建立的侧积泥岩规模和产状认识，对点坝内水平井 GH2 进行侧积泥岩夹层识别

（图 4-2-11），分析侧积体的规模。水平井与点坝内其他井，平面和剖面结合的方法对点坝内部结构进行了描述。

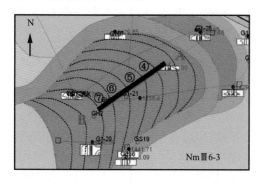

图 4-2-10　工区 GH2 井区 Nm Ⅲ 6-3 砂层
点坝内部构型平面图

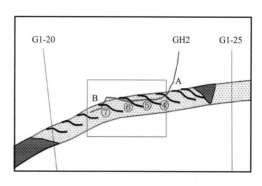

图 4-2-11　工区 GH2 井区 Nm Ⅲ 6-3 砂层
点坝侧积体剖面图

2. 密井网条件下点坝内部构型分析

GD 一区经过 40 多年的开采和多次加密，已形成井距 100 ～ 200m 的密井网开采状况。根据点坝内部构型研究方法和前期研究建立的侧积泥岩规模和产状认识，对 GD 一区典型点坝进行了内部构型研究（图 4-2-12）。图 4-2-12 是对 Nm Ⅲ 6-3 的 G3-38 油藏进行了内部构型的精细刻画，并通过平面和剖面结合的方法对点坝内部结构进行了描述。

研究表明，该点坝为一个大曲率的曲流河道由于侧向加积形成的点坝砂体，曲流段曲率一般为 2 ～ 2.53，废弃末期河道内砂体厚度为 1 ～ 2m，点坝砂体厚度为 6 ～ 12m。通过上述点坝砂体内部结构的精细刻画，可以看出该点坝由 11 个侧积体叠加而成，侧积体平面展布呈弧形的窄条带状，趋势与废弃河道趋势相似。侧积体规模 70m 左右，侧积泥岩倾角为 6° ～ 7°，倾向指向废弃河道的外法线方向。泥岩夹层纵向上延伸到砂体底部的 2/3 处，底部 1/3 为连通体。该点坝内部结构的特点导致点坝底部连通体水淹比较严重，而上部侧积泥岩构型控制的区域成为剩余油富集的有利区域。

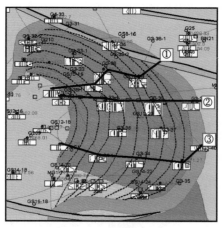

(a) 平面图

图 4-2-12　G3-38 井区 Nm Ⅲ 6-3 砂体点坝构型图

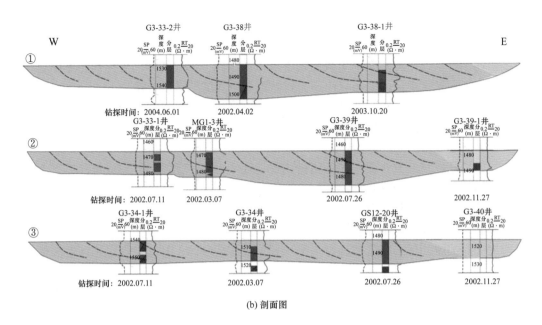

图 4-2-12 G3-38 井区 Nm Ⅲ 6-3 砂体点坝构型图（续）

四、曲流河构型剩余油分布模式

曲流河储层中的中储层构型特征的多样性，使得渗流性存在较大差异，再加上储层的非均质降低了水洗程度，造成剩余油的富集。其中影响剩余油分布最主要的两个因素是：曲流河河道—废弃河道的类型和点坝内部砂体的遮挡方式。

（一）河道构型模式与剩余油分布

河道平面相变在这里主要分为薄注厚采、厚注薄采、薄注—厚油层—薄采、厚注—薄油层—厚采 4 种模式（图 4-2-13），同河流相中的河间遮挡属于同样道理，但从模式来说，薄注厚采等 4 种模式所强调的非均质性不一定是河道与河间砂之间的，往往是不同厚度席状砂之间的非均质性，比起河道砂与河间砂的非均质性要小很多。

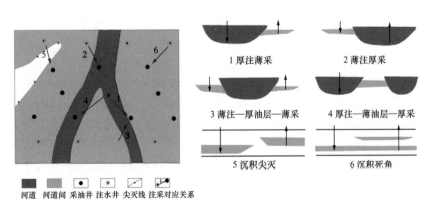

图 4-2-13 低弯曲流河道砂体注采不完善形成示意图

砂体尖灭引起的遮挡有两种主要模式：一种是平面砂体尖灭引起的注采主流线被遮挡，导致剩余油形成；另外一种是从平面上看砂体连续分布，但从剖面图看，其实砂体存在着沉积死角，从这一类剩余油生成模式中可以认识到，储层的非均质性比想象中更加复杂，想更深入揭示剩余油的分布规律还需要做更多更详细的地质工作。

基于不同层位沉积微相分布特征，详细分析不同注采关系对于聚合物驱开发效果的影响，总结影响聚合物驱效果的遮挡类型，得出低弯曲流河道砂体不同遮挡类型剩余油分布比例，见表 4-2-2。

薄注厚采型遮挡：采出井位于河道砂内部，注入井位于薄层砂，形成薄注厚采型遮挡模式，在油井附近聚合物驱开发效果较差。

厚注薄采型遮挡：注入井位于河道砂体内部，油井位于薄层砂，形成厚注薄采型分布模式，薄层砂附近聚合物驱开发效果较差。

薄注—厚油层—薄采型遮挡：注入采出井位于薄层砂体，井间发育窄小河道砂体，形成薄注—厚油层—薄采型分布模式，窄小河道砂体聚合物驱效果差。

厚注—薄油层—厚采型遮挡：注入采出井位于河道砂体，井间发育表外薄层砂，形成厚注—薄油层—厚采型分布模式，油井靠近薄层砂的部位聚合物驱效果差。

沉积尖灭型遮挡：注入采出井位于薄层砂体，井间砂体尖灭影响注采关系，形成了砂体尖灭型模式，油井受效方向减少，影响聚合物驱开发效果。

沉积死角：从平面上看注入和采出井连通情况很好，但实际上部分砂体发育沉积死角，注采不能受效。

表 4-2-2　GX 区明化镇组低弯曲分流河道砂体注采不完善剩余油分布表

类型	序号	遮挡类型	连通关系	剩余油富集部位	比例（%）	挖潜措施
低弯曲分流河道砂	1	厚注薄采	河道—河间	靠近采油井河道部位	14.2	缩小井距
	2	薄注厚采	河间—河道	河道边部	9.9	缩小井距
	3	薄注—厚油层—薄采	河间—河道—河间	局部河道段	15.1	缩小井距；水平井
	4	厚注—薄油层—厚采	河道—河间—河道	局部河道段	17	缩小井距、水平井
	5	沉积尖灭	不连通	席状砂内采油井附近	23.7	改变液流方式
席状砂	6	沉积死角	垂向局部连通	独立发育席状砂内	20.1	缩小井距、补孔

沉积尖灭和沉积死角型遮挡的剩余油富集比例较高，二者之和占到 43.8%，这是由于二类油层具有河道窄、砂体厚度薄的特点，可以通过改变液流方向、缩小井距和补孔的挖潜方式来改善这两类的遮挡。其次厚注薄采、薄注—厚油层—薄采和厚注—薄油层—厚采这三种遮挡类型的分布都在 14%～17% 之间，比例相当。缩小井距和进行水平井开发可以进一步增大聚合物驱的砂体控制程度，减弱遮挡作用。薄注厚采型遮挡的比例为 9.9%，缩小井距可进一步降低这种类型遮挡因素。

通过精细解剖低弯曲分流河道砂体内部构型，利用水淹层解释资料，模式化预测层内剩余油分布规律，研究表明：GX 区低弯曲分流砂体内部剩余油呈整体高度分散、局部相对富集，剖面上呈水平分布于储层的中上部。

（二）曲流河点坝构型级数值模拟概念模型

以 GD 开发区曲流河构型研究成果为基础，共设计 15 个机理模型，利用油藏数值模拟手段研究点坝内部剩余油富集规律。模型基本参数为长 600m、宽 500m、高 6m，采用行列式注水方式，3 口注水井、3 口采油井，排距为 510m，井距为 250m，侧积体砂体的渗透率为 1000mD，侧积体的孔隙度为 30%。设计的 15 个机理模型主要包括：设计了 5°、10° 和 15° 三种不同侧积倾角的机理模型，研究侧积层角度对剩余油的影响；设计了 50m、100m 和 150m 三种不同侧积层间距的机理模型，研究在水驱过程中不同间距的侧积层对剩余油的控制作用；设计了 1/3 遮挡、2/3 遮挡两种不同侧积层遮挡的机理模型，研究在水驱过程中不同遮挡幅度的侧积夹层对剩余油的控制作用；设计侧积层渗透率为 1mD 和 10mD 两种不同侧积层渗透率的机理模型，研究在水驱过程中不同渗透率的侧积夹层对剩余油的控制作用；设计顺侧积层和逆侧积层两种排状注水机理模型，研究不同的注水方向对剩余油的控制作用；设计了保持注采平衡，注水速度为 50m³/d、100m³/d 和 150m³/d 三种机理模型，研究不同的注采速度对剩余油分布的影响及其开发效果。针对 15 个机理模型分别进行 10 年模拟生产计算。

从模拟结果可以看出，每种机理模型之间开发效果都有所区别（图 4-2-14），但无论是侧积层倾角的大与小、侧积层间距的长与短、侧积层遮挡的深与浅、侧积层渗透性的大与小、注入速度的快与慢还是不同的水驱油方向，都会因为侧积层的存在对油水运移产生影响，使某些部位存在一定规模的剩余油富集区。针对数值模拟输出的剩余油饱和度分布图进行统计，得到每一个模型的水驱波及体系系数（表 4-2-3），可以看出，由于受侧积层遮挡，点坝内部死油区的范围在 13.20% ～ 35.05% 之间，平均为 24%。

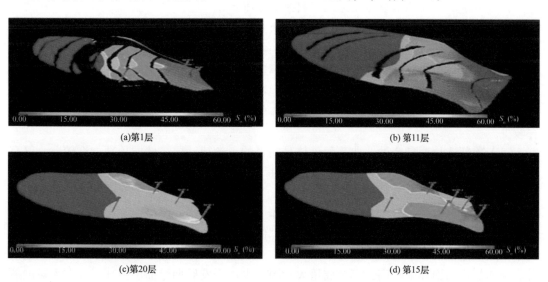

(a) 第1层　　　　　　　　　　　　(b) 第11层

(c) 第20层　　　　　　　　　　　　(d) 第15层

图 4-2-14　G2-58 井区点坝内部剩余油分布示意图

表 4-2-3　不同点坝模型水驱波及体积系数及死油区规模统计表

模型描述	波及体积系数（%）	死油区比例（%）	模型描述	波及体积系数（%）	死油区比例（%）
侧积倾角 5°	75.90	24.10	渗透率 1mD	75.90	24.10
侧积倾角 10°	79.27	20.73	渗透率 10mD	73.89	26.11
侧积倾角 15°	79.71	20.29	逆侧积层注水	75.90	24.10
50m 侧积层间距	64.95	35.05	顺侧积层注水	69.43	30.57
100m 侧积层间距	75.90	24.10	注水速度 50m³/d	68.61	31.39
150m 侧积层间距	74.77	25.23	注水速度 100m³/d	79.57	20.43
2/3 遮挡	75.99	24.01	注水速度 150m³/d	86.80	13.20
1/3 遮挡	78.15	21.85			

对上述利用不同研究方法对曲流河点坝层内剩余油分布研究成果进行总结，见表 4-2-4。通过开展物理模拟、数值模拟、密闭取心协同研究，认为高含水开发后期点坝内部仍有 20%～24% 地质储量没有受到注水波及，主要位于点坝顶部及侧积层上部。

表 4-2-4　不同方法研究点坝内部剩余油结果汇总表

方法	剩余油富集区		特点描述
	比例（%）	平均值（%）	
物理模拟（剖面模型）	11.9～30.2	20.9	位于油层中上部
数值模拟（机理模型）	13.2～35.05	24	位于侧积层上部
数值模拟（点坝模型）	22	22	位于油层顶部和侧积层上部
密闭取心	20.5	20.5	位于油层顶部和侧积层上部

（三）储层构型与注采井网控制的剩余油分布研究

1. 河道水驱阶段油水重力差异遮挡剩余油分布

在水驱开发阶段，由于主要采用行列注水开发，水驱过程具有比较明显的方向性，剩余油分布主要受到侧积夹层和物性变差部位的控制，含油饱和度分布相对高的区域集中在储层顶部、点坝体内部、物性变差部位及水驱边缘，在储层分布垂向上，曲流河沉积中受油水重力差异的影响，砂体内部的剩余油自上而下存在明显的差异，研究区相邻单砂层间受重力和河道阻隔的影响，剩余油明显在砂体的顶部富集较多，而在砂体的底部剩余油赋存较少。

（1）顶部连片型剩余油。曲流河砂体是明显的正韵律储层，储层顶部物性较差，又存在各个方向侧积夹层的遮挡，注水开发的条件下储层顶部不易被注入水波及，水驱采出程度小于 20%，形成顶部连片型剩余油。

（2）中上部宽条带型剩余油。曲流河砂体中上部储层物性明显变好，孔隙度与渗透率接近储层中下部主体部位。由于点坝砂体内部侧积夹层的发育，注入水无法绕开富含夹层的单个点坝体，水驱采出程度整体小于 35%，形成点坝砂体间宽条带型剩余油分布。这部分剩余油的含油饱和度较高，剩余储量大，因此水驱开发后期厚油层内部仍存在大量的剩余油，是后期挖潜的主要对象。

2.曲流河点坝构型控制的剩余油分布

点坝内部剩余油分布还与点坝形成的侧积模式相关。其中平面上呈现宽条带状的砂体组合主要受到顺流加积的控制，主体砂体由点坝、废弃河道及凹岸沉积组成。凹岸沉积以细粒物质为主，多形成于顺流加积过程中，水流在河道弯曲处受到阻碍，水流方向急速改变，使得1/3水流分流形成反向涡流，对遮挡物进行冲蚀。并在河道向下游移动的过程中，在点坝背面形成凹岸沉积。Brian做过一个数值模拟试验，试验结果显示凹岸沉积会有效提升点坝内部连通性。而在研究区内，宽条带状砂体组合下的点坝，整体采出程度较高，采出程度一般为35%～50%。平面上呈窄条带状的砂体组合主要受侧向加积的控制，主体砂体由点坝及废弃河道组成，连通性受废弃河道的影响较大，容易形成废弃河道边部剩余油富集区。

在实际点坝三维地质模型的基础上，通过数值模拟研究点坝内部剩余油分布特征。模型内选取了G2-64井和G3-38井区，通过模拟计算分析点坝内部斜交层面的夹层对剩余油分布的控制作用。从数值模拟剩余油饱和度分布图（图4-2-15和图4-2-16），不难看出，点坝下部储量优先动用，水淹较严重，剩余油主要富集在点坝中上部。

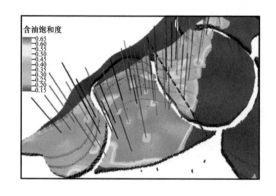 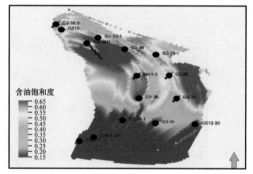

图4-2-15　点坝中上部剩余油分布图　　　　图4-2-16　点坝剩余油分布切片图

通过点坝内部构型实际生产模拟研究认为：点坝是上部侧积夹层半遮挡、底部半连通的储集模式，点坝内部水驱油波及体积增长具有一定的阶段性。点坝中下部物性好、流通阻力小，注入水很快波及，使油藏开发初期层内波及体积系数迅速上升，随着开发的延续，油层中下部形成优势渗流通道，在没有其他调整措施的情况下，水驱波及范围很难进一步扩大，在极限含水条件下，最终波及体积系数只有78%，即在目前注采井网和开采工艺条件下，点坝内部仍有22%的地质储量没有被很好地开采。由于侧积层的遮挡作用，注入水沿侧积层上倾方向无泄流通道而回流，在侧积层上部及砂体顶部形成注入水无法波及的高压区，形成一定量的剩余油，通过模拟计算，点坝底部采出程度将近65%，顶部采出程度只有10.82%，如图4-2-15所示。说明点坝内部受泥质侧积层的遮挡，注采井间和远离注采井的侧积体剩余油富集，注采井所在的侧积体水淹严重，可见泥质侧积层是控制点坝剩余油分布的重要因素（图4-2-16）。

3.剩余油模式应用

根据渗透率模型识别河道走向，形成曲流河剩余油分布模式，储层平面剩余油在整个复合河道内部在平面上受废弃河道的遮挡或半遮挡，单一河道间呈现出弱连通—不连通，而其中聚集的剩余油受到开发过程中末期（废弃）河道遮挡导致注入水驱替不到河道边部，点坝内部泥质型河道填充、迁移变化频繁的部位，水淹程度偏低。总体显示，在点坝末端、河道边部剩余油饱和度相对高，曲流河点坝剩余油纵向分布总体含油饱和度顶部高，水驱较弱的河道、废弃河道边部水淹程度较低，剩余油富集。

废弃河道遮挡宽条带状剩余油。点坝砂体凸岸外侧通常发育废弃河道沉积，废弃河道顶部物性较差。从数值模拟结果来看，由于废弃河道遮挡作用致使废弃河道凸岸外侧剩余油相对富集，剩余油呈相对宽条带状分布。这类剩余油是聚合物驱后层内挖潜的一个重要方面，其形成与废弃河道平面分布形态、废弃河道类型、注采井网有直接关系。在 GX 四区明化镇层系设计以 Nm Ⅲ 2-1 为目的层进行开发方案部署，曲流河点坝侧积泥岩夹层构成点坝"半连通体"，以南北向的一条剖面为例，选取新井 4 口，其中 3 口井所处的复合河道内部在平面上受废弃河道的不完全遮挡，呈现弱连通关系，投产初期含水率为 77%～89%，日产油 2.6～5.02t；一口井所处的复合河道内部在平面上受废弃河道的完全遮挡，呈现不连通关系，初期含水率为 100%，日产油 0t。方案总体显示，点坝内部泥质型河道填充、迁移变化频繁的部位，水淹程度偏低（图 4-2-17）。

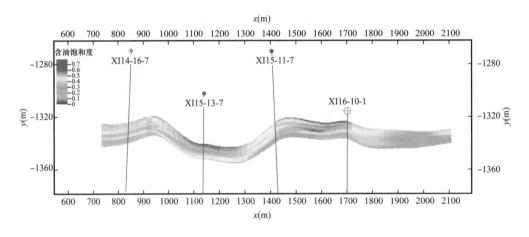

图 4-2-17 完钻井 X14-16-7 井—X 16-10-1 井 Nm Ⅲ 2-1 砂层剩余油分布剖面图

根据曲流河砂体构型剩余油分布模式，按照井组为单元，层内为重点、夹层是关键的原则，根据不同的剩余油类型，采取不同的挖潜对策，可以有针对性地提出 3 条挖潜措施挖潜曲流河砂体平面及点坝内部剩余油。

（1）平面加密调整，挖潜水驱阶段连片分布剩余油。在水驱开发阶段行列井网无法完善曲流河平面非均质性较强的砂体注采关系，形成平面连片分布型剩余油。因此可以采用平面井网加密的方式，缩短注采井之间井距，完善注采关系，实现利用注水井对储层的充分控制，改善油田开发效果。聚合物驱井网大大提高了储层的采出程度，在一定程度上依赖于井网加密的效果，也充分说明了基础井网水驱开发后平面井网加密调整的重要性。

（2）层内细分调整，提高油层动用程度。对于聚合物驱后点坝砂体内部的注水井，根据注采井组层内动用状况分析结果，对点坝砂体内部无效循环部位实施封堵，使注入水更多地沿着侧积层方向流动，挖潜侧积夹层遮挡形成窄条带状剩余油，实现层内细分注水，改善层内的开发效果。

（3）利用水平井挖潜点坝顶部富集型剩余油。对于发育规模大、上部侧积夹层发育、与上部单元隔层稳定的点坝砂体，可以利用水平井挖潜废弃河道遮挡形成宽条带状剩余油和点坝体内部注采不完善形成的片状剩余油，提高井点对点坝砂体内部各个侧积体的控制程度，完善点坝砂体内部的注采关系。

第三节　砂质辫状河储层构型与剩余油表征

辫状河类型多样，目前较为通用的辫状河分类标准为 Miall（1996）的分类，即把辫状河分为砾质辫状河和砂质辫状河，其中砂质辫状河又分为深的终年砂质辫状河、浅的终年砂质辫状河、高能砂质辫状河、漫流末端辫状河。不同类型的辫状河沉积具有不同的构型要素类型和空间组合关系，因此，进行辫状河储层构型研究，首先要根据区域地质背景和沉积物特征还原古沉积环境，从而确定辫状河类型。

辫状河通常指弯曲度小于 1.5 的低弯度的河流，整个河道宽度范围内发育有许多被沙坝隔开的河道，河道宽而浅，频繁摆动，时分时合，坡降大，流速急，对河岸侵蚀快，一般边滩和天然堤不发育，发育心滩坝。辫状河的最大特征就是河道与河道沙坝的频繁迁移。

一、辫状河储层构型要素特征

（一）辫状河流带

辫流带是指在古河床范围内沉积的辫状河砂体带，为 5 级界面限定的构型单元，包括心滩坝和辫状河道两个 4 级构型单元。砂体厚度与古水深相当，一般连片分布，大面积范围内呈顺直的宽条带状，宽度几十米到几千米不等（图 4-3-1）。在垂向上呈现出顶平底凸的槽形，内部有多个河道迁移形成的界面，表现为多个砂体叠置的特征。研究区辫流带以中—粗砂岩为主，中下部含少量砂砾岩，发育槽状交错层理、板状交错层理和少量的块状层理。在自然电位曲线上呈箱形或钟形，微电极曲线表现为幅度差大，厚度 $6.3 \sim 22.6$m。

1. 心滩坝

心滩坝是辫状河中主要的砂体类型。总体来说，因沉积事件的洪泛能量强弱不同，心滩坝纵向上碎屑沉积粗细不同，故垂向上韵律性不典型，心滩砂体中常见槽状交错层理和底冲刷现象。心滩坝的底界面常为明显的冲刷面，并可见泥砾、砂砾分布。测井曲线的响应，自然电位曲线和自然伽马曲线以箱形为主，微电极曲线幅度差大（图 4-3-2）。

2. 辫状河道

辫状河道沉积占据辫状河的沙坝间区域，可以形成以砂质充填为主和以泥质充填为主的两种类型。砂质充填的辫状河道沉积构造以块状层理及槽状交错层理为主。砂体以正韵律为主，底部往往发育冲刷面和滞留层，下部主要为较粗的垂向加积砂体，上部河道废弃时的充填悬移物质。研究区单层辫状河砂岩厚度一般 6 ～ 12m，电测曲线以明显钟形为主（图 4-3-3），平面上呈条带状或片状分布，横剖面上呈透镜状。

(a) 中国，雅鲁藏布江　　　　　　　　　　　(a) 孟加拉国，Jamuna河

图 4-3-1　辫流带平面特征

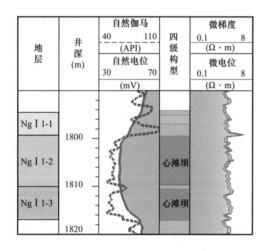 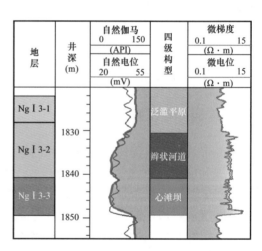

图 4-3-2　心滩坝测井曲线响应特征（G291-2 井）　图 4-3-3　辫状河道测井曲线响应特征（G291-2 井）

3. 废弃辫状河道

由于辫状河道频繁改道，致使原来有水流通过的辫状河道会逐渐废弃，形成废弃河道等泥质充填的辫状河道。废弃河道沉积相当于 Miall（1996）的构型要素 CH（FF）。河道在演变过程中，整条河道或某一段河道丧失了作为地表水流通行路径的功能时，原来沉积的河道就变为废弃河道。辫状河由于径流量大，河道侧向迁移频繁迅速，因此辫状河沉积中的废弃河道一般不形成牛轭湖，废弃快，易复活，细粒物质不易被保存下来，一般以粉、细砂岩充填为主。在测井曲线上，以锯齿状为特征，总体上呈钟形，显示为正韵律（图 4-3-4）。

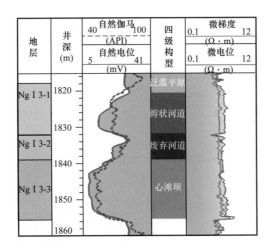

图 4-3-4　废弃河道测井响应特征（GD6-15 井）

（二）溢岸砂体

研究区辫状河沉积中溢岸砂体不是很发育，主要为天然堤沉积。由于洪水期河水漫越河岸后，流速突降，携带的大部分悬移物质在岸边快速沉积下来形成天然堤。平面上主要分布于辫状河道的两侧，剖面上与河道在同一水平位置，砂体厚度相对河道较薄。研究区溢岸主要为粉细砂岩、泥质粗砂岩与粉砂质泥岩的互层沉积，在自然电位曲线上呈指形或齿化钟形，微电极曲线表现为幅度差较小，厚度薄，一般小于 3m。

（三）泛滥平原

泛滥平原属于一种相对细粒的溢岸沉积，由于辫状河的特征，河道经常废弃、复活，在剖面上泛滥平原可以不连续分布，能够被下一期沉积的辫状河道侧向切割，也就是辫状河道侧积在前一期的泛滥平原沉积之上；或者是常见的辫状河道叠置在泛滥平原之上，在这种情况下，泛滥平原沉积相对连续。泛滥平原沉积的岩性以红棕色和灰绿色泥质粗砂岩、粉砂质泥岩、泥岩为主。在电测曲线上，自然伽马和自然电位近于基线，微电极曲线幅度低，基本无幅度差，是研究区重要的渗流屏障。

二、心滩坝与辫状河道的识别

为了准确地确定研究区心滩坝和辫状河道的分布，要先弄清二者沉积机制的差别，确定其识别标志，并利用此标志来识别心滩坝和辫状河道。

（一）心滩的识别

心滩砂体也是由多次洪水沉积形成的，因此其最重要的特征是其内部发育垂积体，单井垂向上一个心滩由若干垂积体组成，各垂积体之间会发育泥质夹层或物性夹层，在微电极曲线回返明显，自然伽马与自然电位测井曲线上有不同程度回返（图 4-3-5）。

由辫状河的沉积模式可以知道，辫状河沉积在平面上是由多条河道交织，心滩坝位于交织的辫状河道之间，其剖面模式如图 4-3-6 所示。

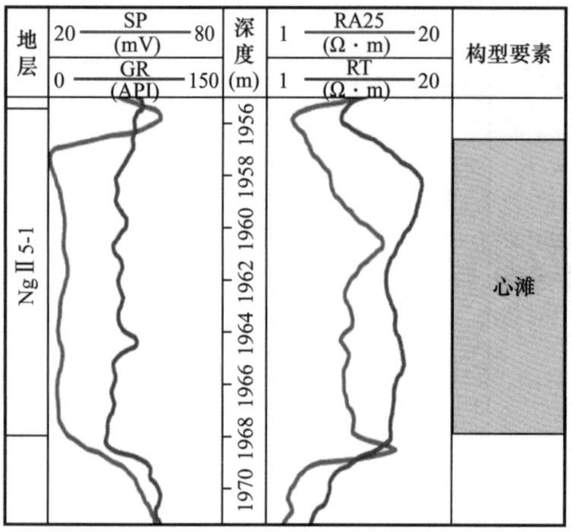

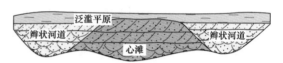

图 4-3-5　心滩单井沉积及测井曲线特征
（Z5-17-3 井）

图 4-3-6　心滩剖面模式图

心滩沉积物一般粒度较粗，粒度变化范围宽，粒度概率曲线常由 3 个次总体构成；成分复杂，成分和结构成熟度低。对称的螺旋形横向环流也导致心滩发生侧向加积作用，由此形成的巨波痕、大波痕等各种底型经过不断迁移，可形成各种类型的交错层理，可见大型楔状交错层理或板状交错层理，在低水位时期发生细粒沉积物的垂向加积作用。心滩沉积与辫状河道沉积的区别在于心滩砂体由多次加积形成，一般的心滩沉积厚度大于辫状河道沉积砂体，因此剖面图及砂厚图中的局部砂岩厚度中心也可以作为识别心滩的标志。

（二）心滩内部构型模式

对辫状河心滩坝内部构型进行重点解剖，分析其内部构型特征（对应 Miall 的 3 级界面）。在识别心滩坝的基础上，结合心滩坝内部构型模式和密井网资料，进行心滩坝的内部构型解剖。

在 8 级构型识别的基础上，进行其内部结构解剖，主要分析边滩内部侧积体和侧积层、心滩内部垂积体和落淤层的分布，实际上是以河流相加积体定量模式作为指导，应用地下多井资料进行模式拟合的过程。第 9 级界面：代表的是同种相组合的加积界面，界面上下相组合相同，常呈低角度，界面上具明显侵蚀作用，常可切割 11 级和 10 级界面，并具有内碎屑角砾披覆。这种界面也是大型（如点沙坝、纵沙坝等）构型单元内部最高一级的界面，这种界面的出现主要是由于大型底床内部变化所引起。这种界面在露头和岩心上易于识别，但井间对比仍比较困难。

心滩坝内部夹层主要为心滩坝内部各顺流增生体之间的夹层。辫状河中，增生体砂体沉积主要发育于洪泛事件的高水位期，当洪水能量衰减时，细粒悬浮物质会在心滩坝上垂向加积而形成落淤层；而在洪泛事件间歇期，即低水位期，心滩坝一般高于水面或与水面持平，落淤层形成于两次洪泛事件的水动力相对低能期，岩性上以细粉砂岩和泥岩为主。

研究区发育的心滩坝类型为顶凸底平型心滩坝（图 4-3-7），这种类型的心滩主要发育在平原地区的砂质辫状河内，内部构型具有以下两个特点：

（1）心滩坝内部顺水流方向上具有整体平缓前积、内部陡角前积的特点；心滩坝中心部位界面近似水平，坝头稍陡，两侧次之，坝尾平缓，具有明显的顺流加积特征。

（2）心滩内部底部落淤层易被水流冲刷导致保存情况较差，顶部落淤层则可以较好地保存下来，表现为心滩坝砂体内部底部连通、顶部不连通。

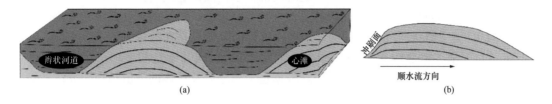

图 4-3-7　顶凸底平型心滩剖面模式图

（三）辫状河道充填样式

通过对野外露头和研究区取心井岩心的观察和描述，研究区辫状河道存在 3 种充填样式，分别是砂质充填、泥质半充填以及泥质充填。

砂质充填的辫状河道由于水动力持续较强，表现为较粗的垂向加积砂体，一般以中—细砂岩、细砂岩为主，垂向上二元结构不明显，但仍有一定的正韵律特征，在测井曲线上表现为钟形［图 4-3-8（a）］。这种辫状河道的沉积顶面与两侧坝体顶面基本处于同一水平位置，高程差不明显，当辫状河道正韵律特征不显著时，与心滩坝沉积难于区分，工区内大部分以该类型为主。

当辫状河道水动力逐渐变弱时，河道底部仍沉积较粗的砂体，随着水体能量的减弱，细粒悬浮物质逐渐沉积，在垂向上表现为下粗上细的二元结构，辫状河道上半部被泥质或粉砂质充填，下半部仍为中—细砂岩、细砂岩。在测井曲线上表现为单层上半部曲线接近基线或呈小幅度的锯齿状，下半部呈现钟形或箱形特征［图 4-3-8（b）］。

由于辫状河稳定性较差，水流侧向迁移频繁，河流经常改道，先期有水流通过的辫状河道在河水改道后，会快速废弃，充填泥质或粉砂质的细粒沉积物，形成废弃河道，测井曲线上表现为低幅度齿化钟形，当充填泥质较纯时，曲线近基线［图 4-3-8（c）］。后两种方式充填的辫状河道顶面与坝体顶面有一定的高程差，且曲线特征明显，易于在单井上进行识别。

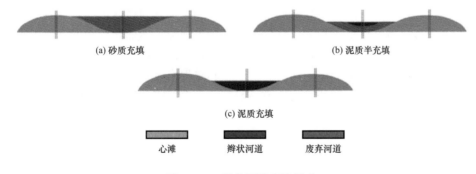

图 4-3-8　辫状河道充填样式

（四）心滩坝与辫状河道的识别方法

首先，根据测井响应特征在单井上对心滩坝和辫状河道进行解释，并进行平面的预分析。在本研究区内，由于已经识别了辫流带的平面分布，且统计了典型深河型辫状河心滩坝宽与辫流带宽、心滩坝长、辫流带宽之间的关系，因此通过辫流带宽与心滩坝宽的关系，首先求得心滩坝的宽度，进而根据心滩坝的宽度求得辫流带的宽度以及心滩坝的长度（表4-3-1），由于辫状河沉积过程的复杂性，统计的数据只是在数量级上符合工区，而且由于在平面识别、组合地下心滩坝的时候，可能剖面反映并不是心滩坝最宽、最长的部分，因此具体的数值仅仅起到约束作用。根据这个思路以及具体的数值约束研究区四级构型的平面分布。

表4-3-1　研究区心滩坝及辫状河道定量规模关系

地层	辫流带宽（m）	心滩坝宽（m）	心滩坝长（m）	辫状河道宽（m）
Ng Ⅰ 1-2	1000～1920	220～820	960～2510	100～230
Ng Ⅰ 1-3	1200～1880	350～800	1300～2450	130～230
Ng Ⅰ 4-3-2	1100～1930	290～820	1130～2530	120～230
Ng Ⅰ 4-3-3	>2000	>870	>2650	>240

其次，根据砂体厚度以及二维剖面（图4-3-9）、三维互动进行多井模式拟合。

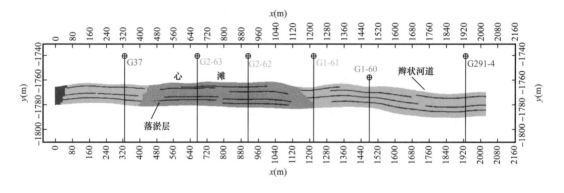

图4-3-9　二维剖面展示的心滩与辫状河道关系

深的砂质辫状河，辫状河道改动也较为频繁，在地下辫状河储层中，能识别的辫状河道仅是河道废弃前最后一期的辫状河河道。在洪水期，辫状河携带沉积物达到最大，辫状河道作为主流线位置，水动力很大，沉积物经常被侵蚀掉。然而在落水期，由于水量和水流能力的减小，而发生最大的沉积作用，辫状河道发生加积作用。深的砂质辫状河在洪水期河道全部被淹没，形成宽的单一河道，落水期心滩坝出露水面，水道呈现辫状化，枯水期，河道逐渐废弃，最后一期的辫状河道一般都非常窄。因此辫状河一般形成宽坝窄河道沉积样式。

三、心滩坝内布隔夹层类型及展布模式

由于砂体中各级内部构成单位在沉积和成岩过程中能量与强度的不均一性，产生了大

量的低渗透隔夹层，心滩内部构型解剖的核心也是对其内部夹层的合理精细刻画。

（一）辫状河内部夹层分类

（1）细粒质夹层：主要形成于短暂的洪水间歇期或者是由于洪水动力减弱形成的，是静水期的相对低流态的细粒沉积物，其本质都属落淤沉积。研究区泥质隔夹层的岩性包括泥岩或粉砂质泥岩，含油性为油浸、油斑及不含油；分布于心滩坝的中部和上部，泥质或粉砂质隔挡层具有各向同性的特征。而且这类夹层的分布范围在其成因单元内部一般较稳定，对注水可以起到分流或者隔挡作用。

（2）泥质砾岩夹层：泥质砾岩夹层主要形成于河床底部滞留沉积，由于河道底部水流的剪切作用，水动力局部减弱，形成粗砾与泥粉质物混杂沉积，分布局限。它是由定向或非定向排列的泥砾在砂岩中构成的隔挡层，一般位于心滩坝和辫状河道底部，属于河道底部的滞留沉积物，其孔隙度和渗透率值通常也较低，测井曲线上常表现为高自然伽马值。

（3）钙质夹层：分沉积成因和成岩成因，一是因孔隙水的蒸发或 CO_2 脱气而产生沉淀。在潮湿气候区，孔隙水垂直下渗，有利于在下部发生沉淀和胶结；在较干燥气候区，强蒸发作用引起孔隙水上升，在地表形成钙结层；二是在成岩作用过程中，随埋深增加、温度升高、压力增大，有机质热演化释放大量 CO_2 与储层水中的 Ca^{2+} 和 Mg^{2+}，在一定条件下结合形成钙质胶结夹层。此类夹层分布都不稳定，只在小范围（一两口井）内分布，而且研究区内以河道底钙为主，微电极曲线表现为尖峰，分布范围不稳定，对层内流体渗流所起阻隔作用较小。

（4）"隐性"夹层：通常是由于细粒沉积物被冲刷掉，而显现成不明显岩性界面，测井曲线上回返不明显，但岩心分析其上下岩层的孔隙度和渗透性却有明显差异，使其上下岩层的水洗情况有明显分异。它本身也具有一定的孔隙度和渗透性，但未达到有效厚度物性的下限，岩性一般为泥质粉砂岩。这类夹层沉积成因与第一种类似。

通过以上分析并结合工区内的取心井分析可知，研究区心滩坝内的夹层主要是细粒质夹层，兼有少量"隐性"夹层。岩性多以泥质粉砂岩、粉砂质泥岩为主，一般是在短暂的洪水间歇期或者水动力减弱时落淤而形成的，对应 Miall 的 3 级界面，多属于油田生产中的 3 类夹层（有效厚度内的夹层）。

（二）心滩坝内夹层类型及展布模式

心滩坝内的夹层主要是洪水过后在心滩坝上淤积并被保存下来的细粒沉积。心滩坝内夹层根据成因可分为两类：

（1）落淤层。落淤层是在洪泛事件间歇期，由于洪水能量的衰减，在心滩坝上垂向加积形成的细粒悬浮物质。这类夹层岩性以细粉砂岩和泥岩为主，具有一定的厚度。在心滩坝内分布相对稳定，垂直水流方向呈近水平状分布，只在两端略有向下弯曲。在顺水流方向略有向下游方向的倾斜，角度很低。

（2）沟道泥岩。在辫状河低水位期心滩坝露出水面，坝顶会被冲出一些小型的坝上沟道，这些冲沟后期会充填悬浮的细粒物质，因而形成坝内的夹层。这种夹层以粉砂岩和泥岩为主，呈窄条带状在心滩坝中随机分布，夹层宽度与冲沟宽度相当。

四、辫状河沉积构型非均质性与剩余油分布模式

（一）落淤层夹层分布与剩余油的赋存关系

细粒夹层的实际分布范围主要受以下因素制约：（1）河流系统的规模，包括河深、河宽、河道主流线的长度。（2）保存潜力，包括上覆河道的冲刷作用、水动力变化、气候变化等。后期保存程度的不同造成了露头中夹层分布范围并不完全是空间连续的，且延伸范围有大有小。厚度较大的保存比较完整的夹层大体可延伸单一心滩坝的宽度，厚度较薄的保存不完整，延伸距离就短。落淤层在心滩坝内大体成空间连续分布，其延伸范围基本与心滩坝范围一致，其规模大小取决于心滩坝规模的大小。

落淤层和沟道泥岩的岩性相似，仅规模和展布特征不同，落淤层连片状广泛发育在心滩坝内，沟道泥岩则呈窄条带状零散分布。心滩中部落淤层的夹层倾角比较小，近似水平，在心滩边部倾角略大，现代沉积及露头中倾角一般都小于5°。这些定量模式可以进一步指导重点构型解剖区的构型分析。

在辫状河砂体带中，心滩坝和辫状河道是两个主要的构型单元，砂体内部有多个河道迁移形成的界面，表现为多个砂体叠置的特征，考虑剖面成因砂体空间叠置关系影响，将影响剩余油分布的因素分为：横向上河道充填类型影响和纵向上落淤层类型与分布影响。

落淤层使油层在垂向上存在明显的层间非均质性，且控制着层间剩余油的富集。该区落淤层由于大部分厚度较大，延伸距离较长，主要起到两种作用：一是在落淤层发育的地方，阻挡油藏底水由下向上的涌入，约束注入水沿层流动，起到改善开发效果，延长采油井寿命，延缓含水上升速度的作用；二是在落淤层很薄，甚至尖灭的地方，由于上下砂体连通，易成为底水窜流的高发区，相邻的落淤层下部因为注入水无法波及，而形成剩余油滞留区。辫状河构型剩余油模式：受构型界面（落淤层）和物性界面的影响，心滩坝内部剩余油纵向分布表现出分层式（图4-3-10）。

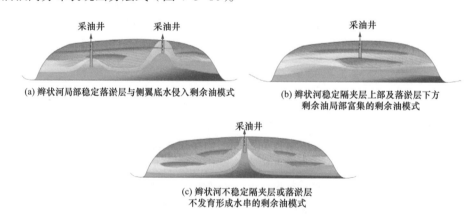

(a) 辫状河局部稳定落淤层与侧翼底水侵入剩余油模式　　(b) 辫状河稳定隔夹层上部及落淤层下方
剩余油局部富集的剩余油模式

(c) 辫状河不稳定隔夹层或落淤层
不发育形成水串的剩余油模式

图 4-3-10　辫状河构型剩余油模式

受落淤层和物性界面的影响，心滩坝内部剩余油主要呈纵向分层式，剩余油主要富集在落淤层下方垂积体的顶部和水驱较弱的边部；辫状河心滩泥质半充填河道底部砂体连

通，侧翼上部水淹程度较低，剩余油富集（图4-3-11）。

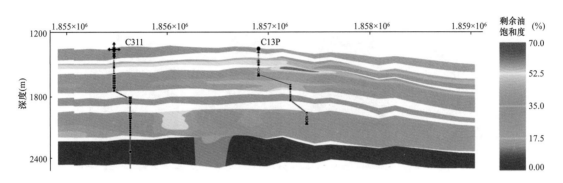

图4-3-11 心滩坝内部剩余油纵向分层式分布

（二）心滩与心滩之间的渗流差异影响剩余油富集

通过分析，共总结了砂质辫状河的3种剩余油富集模式：（1）砂质充填的辫状河道，与心滩坝砂体连通，遮挡作用弱，整体水驱效果好；（2）半砂质充填的辫状河道在侧向具有半遮挡作用，沿水驱方向心滩坝侧翼砂体顶部有剩余油富集；（3）泥质充填辫状河道侧向遮挡作用明显，致使注采不连通的心滩坝或者辫状河道砂体剩余油较富集。因此，泥质或半泥质充填河道对流体渗流起作用。半泥质充填河道底部砂体连通，无遮挡作用，上部不连通，导致邻近的砂质河道或者心滩坝侧翼上部水淹程度较低，剩余油富集（图4-3-12）。

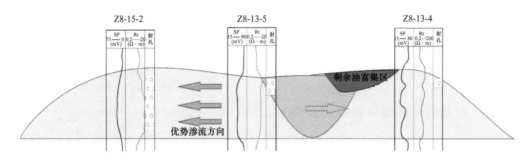

图4-3-12 NgⅡ5-2单砂层8级构型控制下剩余油分布模式图

心滩滩翼与辫状河道叠加处容易形成非渗透层或低渗透层，在注水开发情况下，低渗透层启动压力高，水线不容易推进，导致砂体水洗程度低，剩余油较为富集。以NgⅡ5-2单砂层Z8-13-5井组为例，Z8-13-5井注水，Z8-15-2井与Z8-13-5井位于同一心滩砂体长轴方向，水驱效果明显，Z8-15-2井换层生产后，位于不同心滩的Z8-13-4井注采开始见效，液量上升。证明心滩之间非渗透层对注入水存在遮挡作用，心滩滩翼和辫状河道内部剩余油相对富集（图4-3-13）。

受河道充填类型的影响，辫状河河道、心滩含油饱和度非均质性变化大，剩余油主要明显呈横向分段式（图4-3-14）河道附近平均含油饱和度为50%左右，心滩内部有注采对应关系的区域水淹严重，平均含油饱和度为 27% 左右。

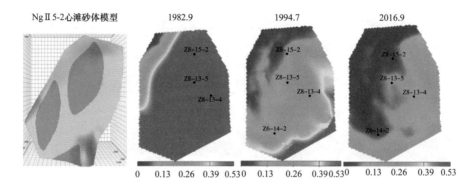

图 4-3-13 NgⅡ5-2心滩砂体模型和单砂层不同时间剩余油饱和度平面图

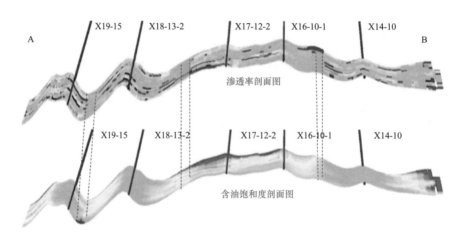

图 4-3-14 港西四区 NgⅡ3-1 渗透率和含油饱和度剖面图

（三）心滩内部结构与剩余油分布

单个心滩是多期垂积体叠置形成，垂积体之间存在枯水期形成的泥质或物性夹层，由于各期增生体形成时沉积环境存在差异，导致各期沉积的物性也存在差异。心滩内部各垂积体水驱均受波及，整体驱油效率高，受正韵律影响，顶部剩余油相对富集，由于落淤层的渗流屏障作用，垂向上不同增生体间水淹程度不同，剩余油富集程度不同。

合适的砂体内部构型模式是井间构型界面预测的前提。以具有研究区相似沉积环境的心滩内部构型模式为基础，结合井网资料，解剖心滩内部结构并分析其对剩余油分布规律的影响。典型的砂质辫状河心滩，平面上分为滩头、滩主体、滩尾和滩翼 4 个部分。心滩发育过程中各部位的水动力条件不同，因此心滩砂体内各部位的结构也有所差异：滩头直接受上游水流长期冲刷，落淤层难以很好地保存下来；滩主体位于心滩中部，地势较为平坦，很少被水流冲刷，因此滩主体的落淤层发育较好，受垂向加积作用影响呈近水平产状；滩尾位于心滩背水流位置，平水期时较少受水流冲刷，落淤层较为发育并且保存较好，滩尾侧积层由于前积作用呈低角度倾斜状；滩翼位于心滩两侧，受辫状河道水流冲刷程度不同，两翼落淤层发育程度和产状也不同，右翼坡度较小，水流易越过边界冲刷滩翼，导致局部落淤层保存较差，左翼坡度较大，底部落淤层保存较差但中上部落淤层保存较完整。

基于以上模式，利用研究区井网资料建立连井剖面，井间落淤层进行合理组合对比则可得到井间界面的匹配关系。研究区 K1024 井组发育心滩砂体，内部发育 4 期落淤层，其中：注水井 K1024-1 位于滩头，底部落淤层保存较好，第 4 期落淤层不发育；注水井 K1006 和采油井 K1006-1 位于滩右翼，底部落淤层发育较差，第 4 期落淤层发育较好，倾角较为平缓；采油井 K1024 和 K1024-2 位于滩主体部位，K1018 位于滩左翼，这两个部位各期落淤层均保存较好，滩主体落淤层平缓，左翼陡峭；K1021 井位于滩尾部，前两期增生体未发育至该井处，因此只发育第 3 和第 4 期落淤层呈高角度倾斜状。

心滩各部位内部结构不同导致开发过程中不同部位的剩余油分布情况也不同，注水开发过程中注采井网与落淤层的匹配关系会影响剩余油的分布。具体到 K1024 井组心滩砂体，水从滩头和滩右翼注入后向滩主体、滩尾和滩左翼方向推进（图 4-3-15）：（1）在滩头→滩主体→滩尾部方向，中下部落淤层发育较完整，注入水沿各期落淤层均匀推进，导致滩主体中下部增生体内油驱替程度较高，仅顶部落淤层保存较差，注入水难以波及导致水驱效率较低，形成剩余油，在滩尾部落淤层起遮挡作用使得剩余油富集［图 4-3-16（a）］；（2）在滩右翼→滩主体→滩左翼方向，由于中部落淤层发育较差，注入水沿顶部和下部落淤层推进，使得顶部和下部增生体驱替程度较高，这些部位仅在落淤层下部有少量剩余油，而中部增生体难以被水波及，剩余油富集［图 4-3-16（b）］。

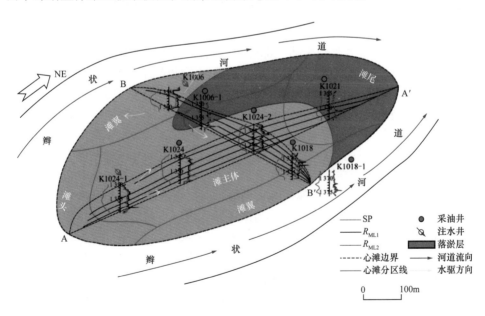

图 4-3-15　研究区心滩落淤层控制下剩余油平面分布图

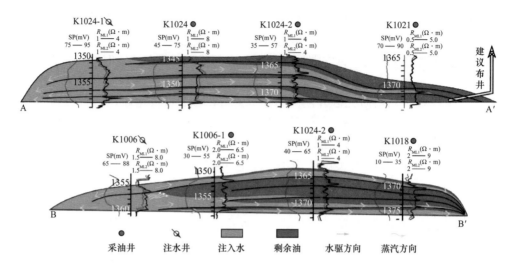

图 4-3-16　研究区心滩落淤层控制剩余油分布剖面图

整体来看，滩主体和滩左翼部位由于落淤层发育，同时受两个方向注入水波及，驱替程度较高，仅在落淤层下部发育少量剩余油；而滩左翼由于落淤层发育较差，导致注入水波及程度较低，中部剩余油富集；滩尾部由于落淤层遮挡成为剩余油局部富集区。对于滩尾部则建议布大角度斜井钻遇各期增生体尾部边缘部位，保证滩尾所富集剩余油最大程度被开采；而对于滩右翼部位建议采用蒸汽的方式开采剩余油，提高油层中上部驱替效率。

第四节　辫状河三角洲储层构型与剩余油表征

三角洲储层构型研究主要分为陆上部分（三角洲平原）和水下部分（三角洲前缘）。根据三角洲发育类型，三角洲平原可分为扇、辫状河、曲流河等沉积类型。三角洲平原以河流沉积为主，构型研究与河流沉积体系相同。三角洲前缘一般可划分为水下分流河道、河口坝、溢岸等构型单元，其中以水下分流河道和河口坝为最主要的研究对象。

目前学者对水下分流河道构型分级认识不统一。有学者认为水下分流河道单成因砂体与单河道砂体基本对应，属 5 级构型体，单河道内部构型体为 4 级构型体。也有学者认为一个河道成因砂体是由多个单河道砂体叠合形成的，为复合河道充填体。成因砂体属 5 级构型体，单河道砂体和单一河口坝属 4 级构型体，河口坝砂体内的增生体为 3 级构型体。

对于单河道砂体内部构型，有学者认为河道砂体内以垂向加积体为主要类型，层次界面为近水平状泥质、钙质或物性夹层。夹层厚度 5 ～ 40cm，倾角一般小于 5°。也有学者认为依据三角洲前缘位置的不同，河控三角洲水下分流河道内部存在侧积夹层、前积夹层和垂积夹层 3 种类型。在水体较浅的三角洲前缘与平原过渡带和三角洲前缘斜坡带，水下分流河道发育顺直河道与曲流河道 2 种，顺直河道以垂积作用为主，曲流河道则以侵凸沉凹再侧积作用为主。

对于河口坝砂体内部构型，一般认为 4 级构型体为单一河口坝砂体，构型界面为分布较稳定的夹层；3 级构型体为河口坝砂体内的前积体，构型界面为不稳定发育的钙质、泥质、粉砂质夹层。夹层厚度变化较大，为 0.2 ～ 2.0m，产状为平行或倾斜，倾角范围 2° ～ 4°。前积体走向垂直于主河道延伸方向，不同地区前积体变化较大。辛治国通过对东营凹陷胜沱油田河口坝砂体构型解剖，认为研究区河口坝前积体延伸长度小于 8km，宽度小于 4km。

一、微相复合体级次构型表征

单层沉积微相复合砂体（6 级构型单元）分布特征研究虽在一定程度上反映了储层的宏观非均质性，然而对储层的层内非均质性表征还远远不够。研究区是开发了几十年的老油田，已经进入高含水率、高采出率的"双高"阶段，剩余油高度分散，认清大面积连片的复合砂体分布已远远不能满足目前油田开发的需要，因此，必须研究更高层次的构型单元（7 级、8 级、9 级）。从识别微相复合体入手，逐步解剖微相复合体内部的构型特征，这对于油田剩余油开采具有重要意义。

首先对微相复合体内部的 7 级构型单元进行解剖。7 级构型单元对应的是微相复合体，是指单一河道与单一河口坝的复合体。河口坝主要由坝主体、坝内缘和坝外缘组成。两个单一河道—河口坝复合体之间被坝间泥岩区分开来。

（一）微相复合体识别方法

在单层砂体组合内部识别微相复合体，首先需要在密井网区或以构型定性及定量模式为指导，确定研究区微相复合体在空间的分布模式、定量规模以及组合样式，并确定单一微相的识别标志，然后按照各种微相复合体的分布模式、定量模式以及识别标志，按照"期次划分、模式拟合、多维互动、动态约束"的思路，结合剖面相的研究，进行多角度观察和分析，进行微相复合体边界的识别。

采用"侧向划界"的方法，在对单井识别各成因砂体类型及剖面上合理配置组合单砂体的基础上，总结出研究区主要有以下几种单一河口坝复合体边界识别标志，即通过坝间泥岩、坝缘（坝内缘、坝外缘）、两个复合砂体顶部的高程差、砂体厚薄差异及测井曲线形态差异等边界识别特征，侧向上对微相复合体进行识别（图 4-4-1）。

1.坝间泥岩的出现

从三角洲前缘河口坝的沉积模式上看，所谓的坝间泥岩即为两个单一水下分流河道—河口坝复合体之间的区域。坝间泥岩的出现意味着存在单一河口坝复合砂体的边界。

2.坝缘微相

可以通过坝缘微相来识别单一河口坝的边界，河口坝在垂向上自下而上完整演化为坝缘—坝主体的序列，平面分布为环带状绕坝主体分布特征，因此，通过两期单一河口坝在沉积过程中侧向相变规律，可以作为判断不同河口坝复合体沉积的侧向拼接标志。

3.砂体顶面高程差的出现

两个砂体顶面存在高程差，说明形成砂体的时期不一致，因此，当两口邻井的砂体顶面出现高程差时，可以作为判断不同河口坝复合体沉积的侧向拼接标志。

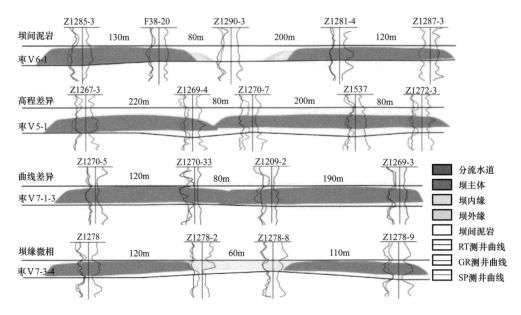

图 4-4-1　单一河口坝复合体边界识别

4.测井曲线形态差异

测井曲线形态不同，说明当时的水动力条件有差异，形成单一河口坝复合体的成因有所差异。因此，同样为河口坝沉积，当一口井的测井曲线形态与邻井的测井曲线形态差异较大时，即可作为判断不同河口坝复合体沉积的侧向拼接标志，在实际操作过程中，具体的识别要结合河口坝规模大小、综合剖面、平面信息与动态资料共同识别单一河口坝。这种标志主要应用于两个河口坝的坝主体侧向拼接，砂体厚度相差不大，且中间没有其他识别标志的情况。

（二）微相复合体的叠置样式

分流河道运送沉积物到前缘区，由于地形变化以及湖水的顶托作用，沉积物发生卸载，在前缘区沉积下来，形成河口坝。在同一时期，可能有多个分流河道同时向湖盆内输送沉积物，形成侧向拼接的河口坝沉积。同时分流河道也可能改道，在原来形成的河口坝旁边形成新的河口坝。这些河口坝在侧向上叠置拼合，使单一河道和单一河口坝的复合体之间存在多种组合关系。

通过以上4种单一河口坝复合体沉积的侧向拼接标志，对研究区36个单层的沉积微相复合体进行7级构型单元的解剖，总结了单一河口坝复合砂体的侧向拼接样式。

1.坝主体—坝主体侧向拼接样式

两个河口坝的主体拼接，此时，两个坝的坝主体岩性、物性相当，一般由两个邻近的分流河道发育而成，且形成时间大致相同，这种拼接样式通过砂体顶部高程差及砂体测井曲线形态差异可以识别。

2.坝主体—坝缘—坝主体侧向拼接样式

这种拼接样式的河口坝砂体呈厚—薄—厚的特征，河口坝坝缘的砂体，在电测曲线上表现为自然电位齿化严重的特征。而坝主体的砂体较厚，内部夹层少，自然电位曲线较光滑，呈箱形，负异常幅度大。此种情况下，一个河口坝的坝缘直接与另一个河口坝主体相连，说明两个坝距离中等，且形成时间上存在差异。

3. 河口坝—坝间泥岩—河口坝侧向拼接样式

坝体之间被非渗透泥岩相分隔，在空间上砂体之间不存在接触关系，属于独立的单元体系，在平面和剖面上呈河口坝—坝间泥岩—河口坝的侧向拼接样式。

二、单一微相单元级次构型表征

遵循模式指导、层次约束、多维互动、动态验证的研究思路，在识别出单一河道和单一河口坝的复合体（7级构型单元）的基础上，进一步对单一微相单元级次进行构型解剖。单一微相单元是指单一分流河道或单一河口坝砂体，对应的是8级构型单元。单一微相单元间发育不稳定泥质夹层，或有界面没有泥质夹层，这主要是因为单一微相单元之间在垂向或侧向上相互切叠作用造成的，如果切叠程度小，那么会保存不稳定的泥质夹层；切叠程度大，则泥质夹层不能保存。

（一）单一微相单元的分布特征及其组合样式

1. 单一微相单元的分布特征

根据以上方法，对研究区36个单层进行8级构型单元的解剖，研究表明，单一分流河道在平面上呈现自顺源方向向下游规模逐渐减小，分叉增多的分布特征，剖面上呈顶平底凸的特征；单一河口坝由坝主体、坝内缘、坝外缘组成。平面上呈不规则椭圆形展布，剖面上呈顶凸底平形态，呈坝外缘—坝内缘—坝主体—坝内缘—坝外缘的分布模式。

2. 组合样式

研究区发育的组合样式主要有两大类，分别是单一分流河道和单一河口坝的组合样式、单一河口坝之间的组合样式。以下主要对分流河道和河口坝的组合样式进行详细分析。

分流河道不断向湖心体推进，从而形成河口坝，因此分流河道通常发育在河口坝内部，形成"河在坝上"的形态，呈河口坝—分流河道—河口坝的组合样式。此种情况下，砂体之间通常为连通接触（图4-4-2）。

总的来说，研究区单一微相单元的空间组合样式主要是河口坝与河口坝拼接以及河口坝与分流水道的叠置，分为4种样式，分别是坝主体—坝主体、坝主体—坝缘—坝主体、河口坝—坝间泥—河口坝及河口坝—分流河道—河口坝（表4-4-1）。

1）坝主体—坝主体侧向拼接样式

两个河口坝的主体拼接，此时，两个坝的坝主体岩性、物性相当，一般由两个邻近的分流河道发育而成，且形成时间大致相同，这种拼接样式通过砂体顶部高程差及砂体测井曲线形态差异可以识别。

2）坝主体—坝缘—坝主体侧向拼接样式

这种拼接样式的河口坝砂体呈厚—薄—厚的特征，河口坝坝缘的砂体，在电测曲线上表现为自然电位齿化严重的特征。而坝主体的砂体较厚，内部夹层少，自然电位曲线较光滑，呈箱形，负异常幅度大。此种情况下，一个河口坝的坝缘直接与另一个河口坝主体相连，说明两个坝距离中等，且形成时间上存在差异。

3）河口坝—坝间泥岩—河口坝侧向拼接样式

坝体之间被非渗透泥岩相分隔，在空间上砂体之间不存在接触关系，属于独立的单元体系，在平面和剖面上呈河口坝—坝间泥岩—河口坝的侧向拼接样式。

4）河口坝—分流河道拼接侧向拼接样式

分流水道携带沉积物渐渐发散卸载形成了规模逐渐增大的河口坝—分流水道呈水道在坝上的叠置样式。

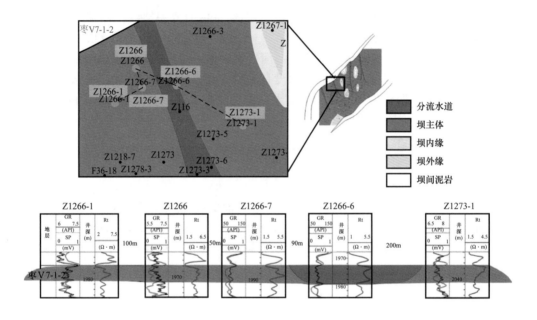

图 4-4-2　单一微相平剖特征

表 4-4-1　单一水道与河口坝的叠置样式

拼接样式		图例样式
河口坝—河口坝拼接	坝主体—坝主体	
	坝主体—坝缘—坝主体	
	河口坝—坝间泥—河口坝	
河口坝—分流河道拼接		

（二）单一微相单元的定量规模

三角洲分流河道规模较小，侧向变化快，受实际井距的影响，对于分流河道的定量规模难以识别，因此主要针对可识别的单一微相的规模进行了统计。

通过对多个小层的构型单元进行解剖后，分析了研究区的多个单层的河口坝砂体的统计学特征，发现研究区单一水道与河口坝复合体规模为 300 ～ 800m 不等，厚度 3.5 ～ 8m，其中宽厚比为 80 ～ 175。对参数优选分析，研究发现，其厚度与宽厚比具有较好的指数相关关系。说明了研究区的河口坝呈薄层连片状分布或厚层带状分布。

三、单一微相单元内部级次构型表征

油田开发后期，单砂体内部夹层是控制复杂水淹形式的主要地质因素，是合理调整层内注水结构和产液结构的基础，因此研究夹层及其分布规律具有重要意义。如，单一河口坝内部包含多期增生体，增生体之间发育不稳定的泥质或钙质夹层。这些泥质或钙质夹层的存在对油田开发及剩余油分布有着重要的影响，故仅表征清楚单一微相单元（8级构型单元）的分布规律不能完全满足油田注水开发的需要。特别是在研究区沉积砂体连片分布的情况下，了解单一微相单元内部夹层的空间展布特征及规模具有重大意义。单一微相单元内部次级构型单元主要是单一河口坝内部的增生体，即河口坝砂体在向湖推进过程中不断加积而形成的单一河口坝内部的多个沉积单元，对应9级构型单元，单元之间界面向湖方向微微倾向，对应9级构型界面。

（一）单一微相单元内部夹层识别方法

选取典型的取心井，进行砂体内部夹层识别，建立夹层测井响应模板。通过取心井观察发现，研究区发育灰色、灰绿色泥质或泥粉砂质夹层，其电性特征是自然电位和电阻率曲线都有明显的回返。利用夹层的测井解释模板，对研究区进行单井相解释；然后，采用模式指导、多维互动、动态验证的思路，在三角洲前缘增生体发育模式的指导下，结合密井网区的剖面研究及典型井区的生产动态资料进行夹层的井间预测，最终确定研究区典型层位的夹层空间展布特征及其定量规模。

（二）单一微相单元内部夹层的分布样式及规模

利用上述思路和方法，主要针对密井网区 ZAO1281 断块进行9级构型解剖。研究认为，河口坝内部泥质夹层形成于河口坝的多期次生长过程的间歇期泥质披覆沉积，单一泥质夹层的三维形态与河口坝的顶面形态相似，在切物源方向和顺物源方向上表现为不同的样式。下面分情况进行详述。

1. 切物源方向泥质夹层样式

研究发现，切物源方向夹层主要存在两种样式：上拱式和侧向叠积式。其形成过程主要受控于水下分流河道的发育过程，若水下分流河道的侧向迁移作用强，则河口坝的发育过程中存在多期的侧向迁移，形成多个侧向叠积的侧积体，在侧积作用的控制下，泥质夹层往往呈侧向叠积式（图4-4-3），一般此类夹层发育于规模较大的河口坝内部，坝宽可达 500m，坝长约 1000m；而在水下分流河道侧向迁移作用较弱，向前"伸展"的趋势较强的情况下，河口坝倾向于垂向加积，因而泥质夹层往往表现为上拱式，此类夹层一般发育于坝宽较小的河口坝内，坝宽一般约250m，但坝长可达1800m。

2. 平行物源方向泥质夹层样式

顺物源方向上，夹层的部分只有一种样式：前积式（图4-4-13）。样式较为单一，但夹层产状与河口坝的发育过程密切相关，一般而言，侧向迁移程度越大，该类夹层的倾角越平缓（与侧向叠积式夹层对应）；而水下分流河道向前"伸展"的程度越大，前积夹层的倾角约陡（与上拱式夹层对应）。

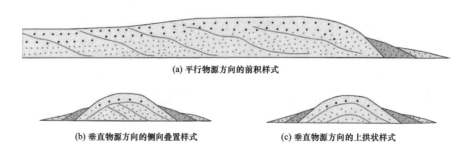

(a) 平行物源方向的前积样式

(b) 垂直物源方向的侧向叠置样式　　　　　(c) 垂直物源方向的上拱状样式

图4-4-3　河口坝内部夹层解剖

四、储层三维构型模式

以辫状河沉积体系入湖的三角洲与其他类型三角洲具有明显的差异。在详细解剖了研究区不同级次的单一微相组合样式及其定量规模、识别出单一微相单元分布特征及河口坝内部夹层空间分布样式，结合研究区的沉积微相垂向演化特征建立了研究区的沉积微相（8级构型单元）的空间分布模式（图4-4-4）。研究表明，研究区发育典型的长轴缓坡辫状河三角洲前缘储层，其特点为：

（1）三角洲前缘以河口坝为主体构型要素，分流河道发育于河口坝之上，前缘前端发育薄层席状砂和少量滩坝。

（2）垂向上各单层砂体加积叠置，前积不明显；

（3）单层内河口坝砂体多呈拉长朵状，侧向叠置可呈宽带状、连片状；分流河道一般呈分枝条带状，规模较小（图4-4-4和图4-4-5）。

（4）河口坝砂体内部发育前积夹层，分流河道侧向迁移可形成侧向夹层（图4-4-5）。

五、剩余油分布与控制因素

针对三角洲储层构型实例解剖的基础上，结合取心井分析化验与新井水淹层解释资料，阐述辫状河三角洲储层构型及储层渗流地质差异对剩余油分布的控制作用。

（一）储层构型（渗流屏障）对剩余油的控制作用

根据前文储层构型解剖的认识，辫状河三角洲前缘储层内部渗流屏障主要分为两个级次：坝间泥岩（8级构型要素）和坝内夹层（9级构型要素）。两类泥岩屏障对油水运动和剩余油分布的控制作用各有不同。

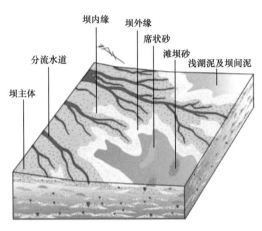

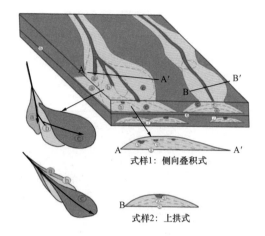

图 4-4-4 辫状河三角洲前缘三维构型模式　　图 4-4-5 三角洲前缘河口坝叠置样式与内部夹层样式

⑥⑦⑧⑨—构型界面级别

1. 小层内部坝间泥岩控制的剩余油

在精细等时地层格架的框架下，一个小层内部包含多个单层（相当于6级构型要素）。各单层垂向叠加，构成一个小层。由于各单层内部储层构型分布特征差异较大，往往从平面上看，小层内部的砂体是连片的［图4-4-6（a）］。通过精细的储层构型解剖证实，这种连片分布是垂向上多个单层内部的多期砂体叠置的假象，不同单层内河口坝的分布具有较大的差异性，砂体（河口坝）的连片性实际上较弱。这也造成了小层上看似完善的注采井网实则注采不对应，受坝间泥岩隔挡，部分油井不受效，可能引起剩余油富集。

以枣 V 8-1 小层为例，该小层包含 2 个单层，下部单层发育两个独立的河口坝，坝间发育泥岩屏障［图4-4-6（c）］。Z1309 为注水井，于 1989 年 12 月投注，并持续注水。Z1268 井于 1984 年投产，持续生产的 3 年中产油、产水逐步减少，直至关井，在该井生产过程中，日产水较为稳定［图4-4-6（b）］，大部分情况下产水量较小，含水率一般为20% ～ 60%。在坝间泥岩的格挡下［图4-4-6（c）］，Z1268 井一直未能受效，造成该井周围富集剩余油。

在多数情况下，小层微相平面图不足以精确刻画地下储层构型的真实展布特征，给剩余油的分析和开发（调整）策略的制订带来了困难，因此，以单层为单位精细解剖储层构型是十分必要的。

2. 坝体内部夹层控制的剩余油

坝体内部夹层属于 9 级储层构型要素，一般为坝体内部的期次界面（如两个前积体之间的期次面），岩性主要为泥岩，侧向隔挡能力强，是坝体内部剩余油分布的主控因素之一。根据前文分析，坝体内部夹层主要分为两类，在不同方向上具有不同的样式，其对油水运动的控制作用也存在差异。本项目以生产动态资料、分析测试资料为基础，结合概念模型数值模拟，对坝内夹层控制的剩余油分布样式进行了分析。由于顺物源方向和切物源方向上夹层的样式存在差异，分别对不同方向上泥岩夹层对剩余油形成与分布的控制作用进行分析（图4-4-7）。

1）顺物源方向夹层对剩余油的控制作用

顺物源方向上，泥质夹层一般为前积式，将整个河口坝分割为多个相互独立的前积体，在注水开发过程中，现有井网往往难以对其完全适配而出现井网不完善的情况，造成剩余油富集。

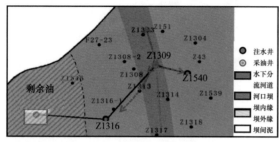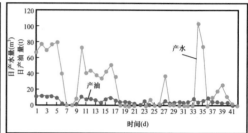

(a)枣V8-1小层构型平面图(局部)　　　　(b)Z1268井生产动态曲线

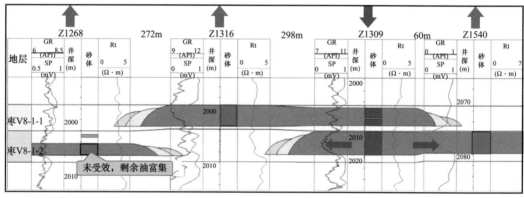

↑采油井　↓注水井

(c)Z1268-Z1540井组连井剖面

图 4-4-6　小层内部坝间泥岩控制的剩余油

以 Z1270-33—Z1281-1 井组为例，该井组在枣 V 3-3 单层内顺物源切割河口坝，坝体内部发育前积式泥质夹层，形成了多个独立的前积体。该井组中，Z1274-1 井于 1986 年转注，其他井均为生产井。在 Z1274-1 井注水过程中对其所钻遇的前积体形成了较好的驱替，而由于泥质夹层的隔挡，其他的前积体并未受效，形成剩余油。Z1270-12 井于 1994 完井，该井在枣 V 3-3 单层内钻遇两个前积体，C/O 比测井结果显示，下部前积体受到 Z1274-1 井的驱替，已经达到强水淹程度，而上部前积体则显示为未动用。

为了进一步验证顺物源方向泥质夹层对剩余油的控制作用，利用概念模型数值模拟了剩余油的形成过程和分布特征（图 4-4-7）。顺物源方向上，剩余油往往富集在夹层控制的注采不对应的前积体内部，剩余油储量大，挖潜价值较高。夹层控制的水动力滞留区剩余油富集程度较高，一般分布于前积体前端，三维空间内呈半环带状，具有较高的挖潜价值。

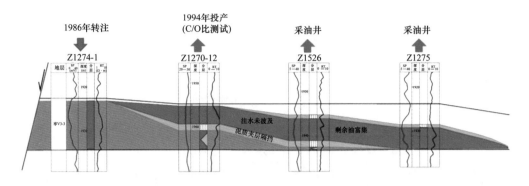

图 4-4-7　坝体内部顺物源前积夹层控制的剩余油

Z1274-1—Z1275 井组连井剖面

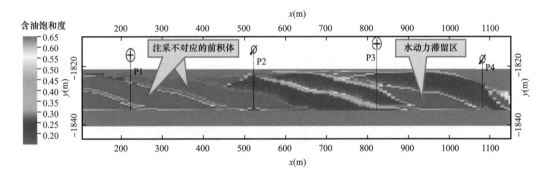

图 4-4-8　坝体内部顺物源前积夹层控制的剩余油数值

2）切物源方向夹层对剩余油的控制作用

切物源方向上，泥质夹层主要分为两种样式：上拱式和侧叠式。两种夹层样式将河口坝整体上分隔成多个独立的垂积体或者侧积体，导致河口坝内部油水运动的复杂化，并最终造成剩余油的形成。具体是以类似于研究区实际地质特征的概念模型为基础，采用数值模拟的方法研究了两种夹层样式对剩余油形成和分布的影响。

上拱式夹层往往将坝体垂向上分隔为多个叠积体，每个叠积体之间互不连通或连通性差，因而油水运动往往被限定在各叠积体内部，在注采对应性较好的条件下，注入水驱替效果往往较好，在这种情况下，由于重力的作用，剩余油往往在垂积体的顶部富集［图4-4-9（a）］，挖潜难度较大。而在坝体底部，垂积体的规模往往较小，平均厚度也较小，往往容易受泥岩夹层的隔挡形成注采不对应的情况，导致剩余油富集［图4-4-9（b）］。

（二）储层质量差异对剩余油的控制作用

相比渗流屏障对储层内部局部范围内油水运动的影响的直接性，储层质量差异对油水运动的影响更为宏观，主要体现为注入水沿着相对高孔隙度、高渗透率的通道优势突进，储层质量相对较差的部位则难以波及。在研究区内，不同构型要素及主体构型要素内部都存在着明显的储层质量差异。

在8级构型单元之间，水下分流河道、河口坝、坝缘以及滩坝的物性依次降低；同时，在河口坝内部，由坝中心向两边，物性也存在着逐步变差的趋势。采用动静态结合分析与油藏数值模拟的方法综合分析了储层质量差异对剩余油的控制作用。

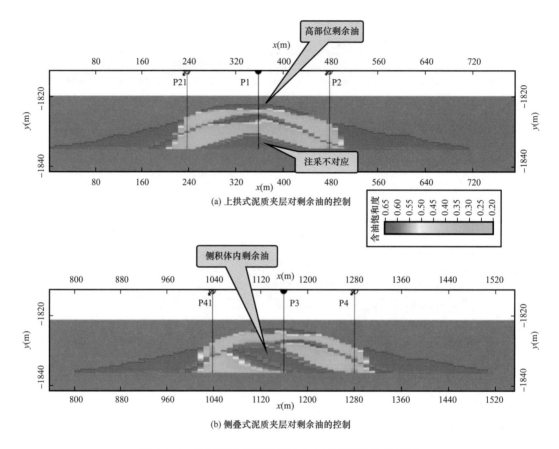

(a) 上拱式泥质夹层对剩余油的控制

(b) 侧叠式泥质夹层对剩余油的控制

图 4-4-9　河口坝内部切物源方向夹层对剩余油的控制

坝主体的物性明显强于坝缘，因此，在坝体内注水，注入水会优先在坝体内部突进，坝缘难以受效。以枣Ⅴ1-2小层为例，如图4-4-10所示井区，Z1287-2—Z1276-5井组横穿该小层内部两个单层内的河口坝。在枣Ⅴ1-2-1单层内注水井Z1276-5井在坝主体内注水，注入水沿坝主体内驱替，靠近坝缘的Z1281-6井未能受效［图4-4-10（a）（c）］；而枣Ⅴ1-2-2单层内Z1287-2井、ZX1287-2井和Z1287-3井在坝主体内注水，位于坝缘内部的Z1281-6井未能受效［图4-4-10（b）（c）］。动态资料显示，Z1281-6井于1999年投产，初产含水仅20%，日产油10～30t，2005年进行单层测试，该井枣Ⅴ1-2小层日产油可到4.423t，含水仅10%，由此可见，该井组的注水井一直未能对位于坝体边缘和坝缘的Z1281-6井实现有效的驱替。

油藏数值模拟显示，在大多数情况下，坝缘内部由于储层质量较差，注采关系较差，导致坝缘内部剩余油丰度高（图4-4-11）。

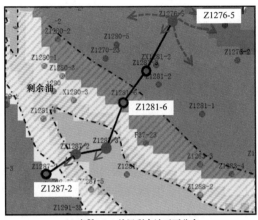

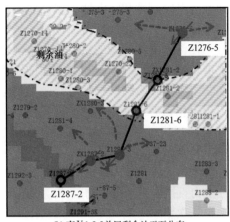

(a) 枣Ⅴ1-2-1单层剩余油平面分布　　　　　　　(b) 枣Ⅴ1-2-2单层剩余油平面分布

图 4-4-10　储层质量差异控制的剩余油

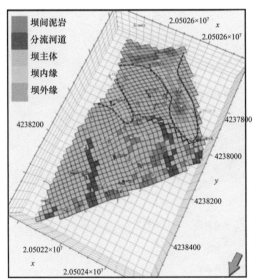
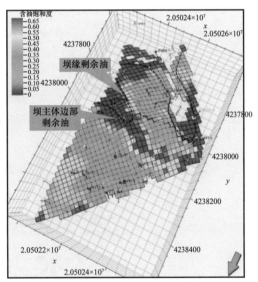

(a)枣Ⅴ1-2-1单层剩余油平面分布　　　　　　　(b) 枣Ⅴ1-2-2单层剩余油平面分布

图 4-4-11　储层质量差异控制的剩余油

第五节　砂质重力流储层构型与剩余油表征

　　重力流这一概念首先主要来源于深海重力流的研究。在浅水环境中，沉积物是由牵引流搬运的。而在深海半深海环境中，大多数碎屑沉积物都是以块体　重力方式搬运的。大量沉积物与水混合在一起形成一种高密度流体，借助重力作用整体顺斜坡向下移动，一旦重力效应消失后即沉积下来。因此将这种流体称作重力流或密度流和块体流。这种流体活动通常具有突发性和间歇性，属突变事件。

块体—重力搬运作用可以用沉积物坍塌的机理和触发坍塌的地质条件来解释。当沉积物沉积在深海盆地周围的斜坡（如大陆坡上部或海底峡谷头部）时，只有在重力超过沉积物的剪切强度的情况下，才会顺坡向下移动。这种剪切强度是颗粒之间的粘结力和摩擦力的函数。沉积物沿斜坡移动可以由剪切应力增加引起，如坡度增大变陡或沉积物增厚，也可以由沉积物剪切强度的减小而发生，沉积物孔隙流体压力增加导致沉积物液化，或沉积物处于触变状态（主要是泥质沉积物发生向凝胶—溶胶转化），这些现象都能由地震、海啸和风暴潮触发而发生。

总之，块体—重力搬运是将陆源碎屑再搬运到深海的主要方式。块体—重力搬运作用包括在重力直接作用下沉积物整体顺坡向下运动的全部过程。根据运移的沉积物块体内部解体程度可依次将水下块体—重力搬运作用及其沉积产物区分为以下几类（图 4-5-1）：（1）岩崩；（2）滑动和滑塌；（3）沉积物重力流。沉积物重力流是沉积物和液体的混合物总称，其层内的粘连性已破坏，单个颗粒在液体介质中因受重力作用而移动，并带动液体一起流动。根据颗粒支撑的机理又分为碎屑流、液化流、颗粒流和浊流 4 种沉积物重力流类型。

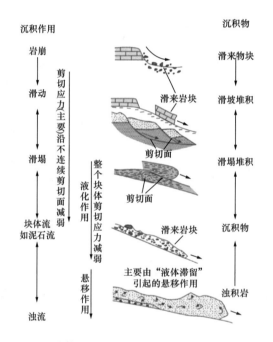

图 4-5-1　块体—重力搬运作用类型及其相应的沉积物

一、重力流层序与沉积与沉积特征

重力流主要产于快速沉降并在盆地演化的中期形成浅—深水断陷湖，边缘陡的古斜坡度不稳定及构造活动提供触发条件（古地震），因而水下重力流沉积在东部中新生代盆地中极为常见。黄骅坳陷古近系重力流水道砂体主要见于中北区的沙一段中，与断陷发育的稳定期相对应，是重要储油砂体类型之一，主要分布于板桥和歧口地区。重力流水道砂体是指由重力流或浊流在湖盆内的断凹或沟槽中形成的带状碎屑体。它可以在浅水和深水中形成，就中北区而言，应以浅水重力流水道沉积为主。

（一）层序特征

重力流水道砂体剖面宏观上由一套灰（灰黑）色质纯湖盆泥岩夹块状砂岩和具递变层理砂岩沉积体系，砂岩层组厚度为 30 ～ 60m。根据钻井取心证实存在两种层序类型，一种为向上变粗的反旋回层序，另一种为向上变细的正旋回层序，典型代表为 GS5-5 井沙一段下部典型正旋回层序剖面；位于重力流水道主体，由多次水道叠置和水下漫堤相构成。据岩性和沉积构造特征分析，该层序有 6 种岩相类型组构：

（1）粉砂质泥岩相及灰黑色纹层状泥岩；
（2）灰白色波状交错层理粉砂岩相；
（3）递变层理或平行层理粉细砂岩相；
（4）交错层理细砂岩相；
（5）块状层理中细砂岩相；
（6）块状混积岩相。

其中灰（黑）色纹层状泥岩相、灰白色波状交错层理粉砂岩相为湖相和水下水道低密度浊流漫堤相沉积；具递变层理或平行层理粉细砂岩相、交错层理细砂岩相、块状层理中细砂岩相、块状混积岩相为重力流水道主体沉积。GS5-5 井是沙一段下部（3920 ～ 3950m）典型的向上变粗的反旋回层序类型，它由水下水道侧向迁移，垂向多次叠置形成。也由 6 种类型岩相构成，具碟状构造的块状砂岩相（图 4-5-2）。

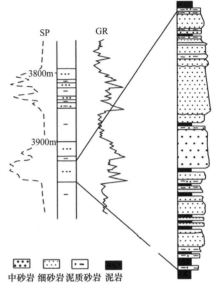

图 4-5-2　GS5-5 井沙一段下部深水重力流水道沉积剖面

（二）沉积特征

根据井剖面特征和砂体厚度图可将重力流水道初步划分为主水道、分支水道、水下漫堤、水道终端等亚环境。

主水道：为重力流水道的主体部分，具有带状定向分布特点，岩性主要由相互叠置的块状砂岩、递变层理砂岩、混积岩组成，与下伏岩层呈侵蚀突变接触，自然电位曲线（SP）或自然伽马（GR）曲线，主要表现为箱形和钟形。

分支水道：为重力流主水道的分支部分，呈带状定向分布，规模小一些，岩性稍细，主要由递变层理或平行层理砂岩—块状砂岩、波状交错层理粉细砂岩及混积岩组成，与下伏层亦为侵蚀突变接触，SP 或 GR 曲线以钟形为主。

水下漫堤：分布于主水道或分支水道两侧翼，或水下台地，由浊流漫出水下堤岸而形成，其岩性主要为粉细砂岩、粉砂岩、泥质粉砂岩与泥岩的互层沉积，SP 或 GR 曲线表现为微幅度齿形特征。

水道终端：为重力流（支）水道末梢沉积，分布在水道前方台地斜坡区或水道进入开阔湖区，属事件性砂体能量减弱消失所为，此处水道已不发育，岩性以泥岩为主夹薄层粉细砂岩，SP 或 GR 曲线为平直段偶夹齿形组合形态。

据以上环境划分编绘了沙一段下部重力流水道沉积模式图，它产自特定的水下古地形背景下，主流向为北东—南西向，次为北大港中央隆起带沉积物沿坡槽次级水道汇入主水道，因而，马东地区具有混源沉积特征。

二、多级次储层构型表征方法

（一）构型单元类型及特征

根据岩心分析资料，结合测井曲线的响应特征，在分析韵律性、电性等特征后，将远岸水下扇划分为 4 种构型单元，主要包括辫状水道、朵叶体、席状砂和水道间泥。

1. 辫状水道

辫状水道是远岸水下扇中，因洪水或地震形成的较稳定的物源供给通道。通过对取心井的观察分析，在研究区内，辫状水道岩性以含砾中砂岩、含砾粗砂岩和细砂岩为主，以块状层理为主，有时岩性混杂堆积，见明显的重力流搅动现象，岩心底部可见明显的冲刷面，砂体厚度一般大于 2m。垂向发育下粗上细的正韵律。在测井曲线上，自然伽马曲线主要为齿化的钟形，底部突变至泥岩基线，自然电位曲线表现为负异常，声波时差值减小，电阻率值增大。在反演剖面上表现为属性低值（图 4-5-3）。辫状水道在平面上呈辫状，垂向上呈顶平底凸的形态。主要发育在朵叶体的上部，形成"水道在朵叶上走"的沉积样式，也可以与水道间泥直接接触，发育在泥岩之上。

2. 朵叶体

朵叶体是远岸水下扇的主体，是辫状水道端部水流降速的地方。通过对取心井的分析，在研究区内，朵叶体岩性以细砂岩和中砂岩为主，沉积构造以块状层理为主，可见递变层理，砂体厚度一般大于 2m。垂向发育上粗下细的反韵律及均质韵律类型。在测井曲线上，自然伽马曲线主要呈齿化的漏斗形或箱形，自然电位曲线表现为负异常，声波时差值减小，电阻率值增大。在反演剖面上表现也为属性低值（图 4-5-4）。朵叶体在平面上呈扇状，垂向上呈现为底平顶凸的形态，主要发育在水下辫状水道的侧缘及前端。

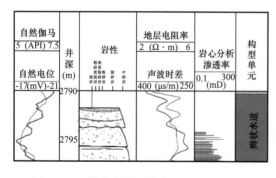

图 4-5-3　辫状水道测井响应（Z8-55 井）

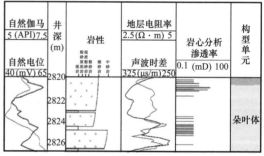

图 4-5-4　朵叶体测井响应（Z7-59 井）

3.席状砂

席状砂是远岸水下扇朵叶体或辫状水道被底流改造后形成的厚度较薄的呈席状或片状砂体沉积。研究区内席状砂岩性主要以泥质粉砂岩为主，无明显沉积构造，无明显韵律，砂体厚度一般小于2m。自然伽马表现为泥岩基线背景上的指状曲线。在反演剖面上属性值居中（图4-5-5）。

4.水道间泥

水道间泥的沉积水体相对安静，主要形成相对静水条件下的泥质岩类，包括泥岩、粉砂质泥岩、泥质粉砂岩等。这类岩性一般为非储层，或为储集砂体的隔夹层。测井曲线上表现为自然伽马值较高，曲线平直，自然电位曲线接近基线，声波时差值增大，电阻率值减小。在反演剖面上表现为属性高值（图4-5-6）。

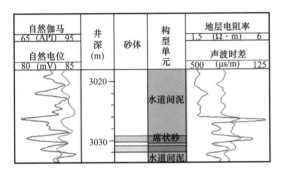

图4-5-5　席状砂测井响应（Bin81X1井）

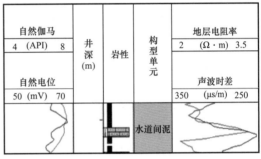

图4-5-6　水道间泥测井响应（Z7-59井）

（二）构型级次的划分

采用吴胜和（2013）的碎屑沉积体构型分级方案厘定了远岸水下扇储层的构型分级系统，并与Miall、经典层序地层、Cross高分辨率层序地层的分级进行了比较（表4-5-1，图4-5-7），下面依次对远岸水下扇7～9级构型单元进行介绍。

在远岸水下扇沉积体系中，复合朵叶体组合为6级构型；7级构型单元包括辫状水道或复合朵叶体，相当于微相复合体级次；8级构型单元为单一辫状水道或单一朵叶体，相当于单一微相级次；9级构型单元主要指的是单一微相单元内部的增生体，在远岸水下扇沉积体系中，主要指的是朵叶体内部的朵叶单元。

表4-5-1　远岸水下扇构型界面级次划分表（据吴胜和，2013）

构型级别	时间规模（a）	构型单元	Miall界面分级	经典层序地层分级	油层对比单元分级
6级	103～104	复合朵叶体组合	6	层组	单层
7级	103～104	辫状水道或复合朵叶体	5	层	
8级	102～103	单一辫状水道或单一朵叶体	4		
9级	100～101	朵叶单元	3		

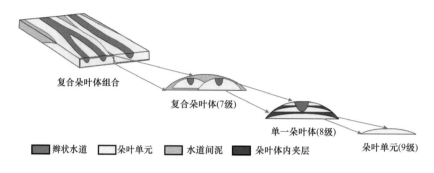

图 4-5-7　远岸水下扇构型级次划分模式图

三、构型单元分布特征及构型模式

采用基于多井的 8 级与 9 级构型表征方法，对远岸水下扇储层内部构型进行了表征，明确各级次储层构型单元的分布特征，在此基础上总结了各研究区的储层构型模式。

（一）各级次储层构型单元分布特征

1. 单层微相复合体分布特征

1）剖面分布特征

在研究区单井相解释的基础上，分别沿顺物源方向和垂直物源方向进行平剖互动的连井相剖面分析，研究井间的微相变化规律及其垂向上的叠置关系。通过对连井剖面进行分析，研究区主要发育辫状水道和朵叶体砂体，自下而上整体呈退积式发育。辫状水道在剖面上呈顶平底凸、朵叶体呈底平顶凸的形态。在顺物源方向剖面上，朵叶体延伸较辫状水道远，砂体组合连续性较好（图 4-5-8）；切物源方向剖面上，朵叶体呈补偿叠置模式（图 4-5-9）。

2）平面展布特征

在平面上，研究区的远岸水下扇发育连片状朵叶体、孤立状朵叶体—席状砂的组合两种分布样式。连片状朵叶体分布样式主要发育于 Es Ⅲ 1-5-1 单层和 Es Ⅲ 1-5-2 单层。此种展布样式砂体发育程度高，单层砂体连片分布，以朵叶体侧向拼接为主。朵叶体拼接的连片砂体沉积时其可容空间较小，沉积物供应丰富，形成的朵叶体宽度大，为 1000 ～ 2000m（图 4-5-10）。

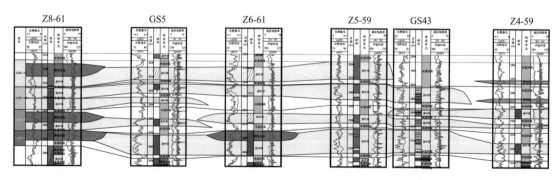

图 4-5-8　Z8-61—Z4-59 顺物源方向连井剖面图

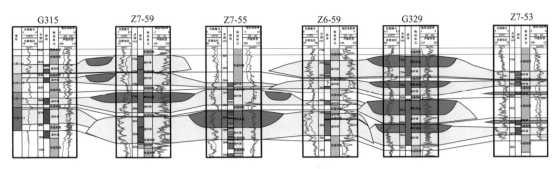

图 4-5-9　G315—Z7-53 切物源方向连井剖面图

孤立状朵叶体—席状砂的组合主要发育于 Es Ⅲ 1-4-1 单层和 Es Ⅲ 1-4-2 单层。此种展布样式砂体沉积时可容空间较大，沉积物供给速度小于可容空间增长速度，形成的单层砂体发育程度较低，规模较小，侧向连续性差。其中孤立状朵叶砂体宽度较小，为 500 ～ 1000m。在朵叶体前端沉积物被底流改造，形成席状砂沉积，平面呈孤立透镜状（图 4-5-11）。

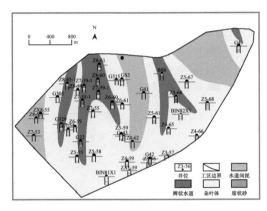

图 4-5-10　Es Ⅲ 1-5-1 单层构型单元平面分布图

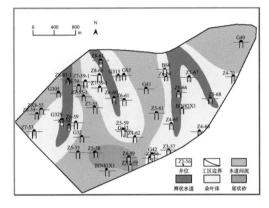

图 4-5-11　Es Ⅲ 1-4-1 单层构型单元平面分布图

2. 单一微相内部级次分布特征

针对研究区目的层的朵叶体内部夹层进行精细解剖，在 Es Ⅲ 1-5-1 单层的典型单一朵叶体中，划分出 3 期朵叶单元，每一期顺物源的延伸规模在 500 ～ 1000m，在精细解剖的基础上，总结了研究区远岸水下扇朵叶体内部夹层的分布样式（图 4-5-12），即从朵叶体主体到侧缘，侧缘夹层更加发育；从朵叶体近端到远端，远端泥岩夹层更加发育。即单一朵叶边缘（远端及侧缘）夹层更加发育，厚度更大。

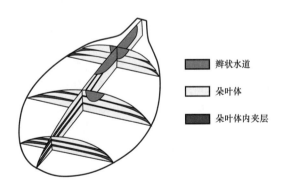

图 4-5-12　港中油田朵叶体内夹层模式图

（二）储层构型模式

根据构型解剖成果，总结了港中油田远岸水下扇储层的三维构型模式（图 4-5-13）。

该模式反映了研究区主要接受北西方向的物源供给，发育远岸水下扇沉积，其特点为：

远岸水下扇主要发育朵叶体、辫状水道、席状砂以及水道间泥共 4 种构型要素，其中朵叶砂体最为发育，呈孤立状或侧向拼接为连片状；辫状水道呈条带状，发育于朵叶体之上；席状砂为朵叶体前端沉积物受到底流的改造形成，发育于朵叶体前端，呈孤立状分布。

剖面上，辫状水道主要呈顶平底凸的形态，朵叶体呈底平顶凸形态。

平面上，各单层发育多个单一朵叶体，其间被细粒沉积分隔或侧向拼接。Es Ⅲ 1-5 小层到 Es Ⅲ 1-4 小层为海平面不断上升的海侵，朵叶体砂体形态由连片状向孤立状向过渡。

朵叶体内部发育多期低角度的前积夹层。从朵叶体主体到侧缘，侧缘夹层更加发育；从朵叶体近端到远端，远端泥岩夹层更加发育。即单一朵叶边缘（远端及侧缘）夹层更加发育，厚度更大。

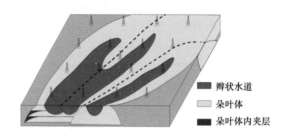

辫状水道
朵叶体
朵叶体内夹层

图 4-5-13　港中油田远岸水下扇储层的三维构型模式图

四、基于构型的剩余油表征

储层构型研究中构型界面分析以及被这些界面所分割的不同级次单元，很大程度上控制了剩余油的宏观分布。剩余油研究从储层构型入手，通过储层构型模式的总结，分析储层构型因素主控下的剩余油分布样式，为同类油藏剩余油挖潜提供科学依据。根据南三断块远岸水下扇沉积概念模型数值模拟结果的分析，总结出以下 3 种剩余油分布样式。

（一）油藏自身低孔隙度低渗透率条件导致的大量剩余油分布

港中油田南三断块沙河街组平均孔隙度 15%，平均渗透率小，属低孔隙度—低渗透率储层，油藏自身孔隙度低渗透率条件导致油藏内大量剩余油分布。各层剩余油含油饱和度大小主要受储层渗透率大小影响，渗透率越小，层内剩余油含量越高。

实际工区储层平均渗透率大小为 Es Ⅲ 1-4-2<Es Ⅲ 1-4-1<Es Ⅲ 1-5-1<Es Ⅲ 1-5-2，实际工区各层剩余油含油饱和度 Es Ⅲ 1-4-1>Es Ⅲ 1-4-2>Es Ⅲ 1-5-1>Es Ⅲ 1-5-2；概念模型储层平均渗透率大小为第 1 层＝第 2 层＜第 3 层，概念模型各层剩余油含油饱和度大小第 1 层＞第 2 层＞第 3 层。从整体上看，油藏自身低孔隙度低渗透率条件导致的大量剩余油分布，在渗透率低的单层剩余油更加富集。

（二）不同单层构型连续性差异导致的剩余油分布

各层剩余油含油饱和度大小同时也受构型连续性影响，构型连续性差的层内剩余油含量高。从图 4-5-14 中可以看出，在概念模型中，第 1 层的扇体为孤立分布，而第 2 层的扇体连续分布。第 1 层和第 2 层的储层平均渗透率均为 9mD，但第 1 层的剩余油含油饱和度比第 2 层要高。因此，在单层平均渗透率相同的情况下，构型较不连续的单层更容易形成剩余油的富集。

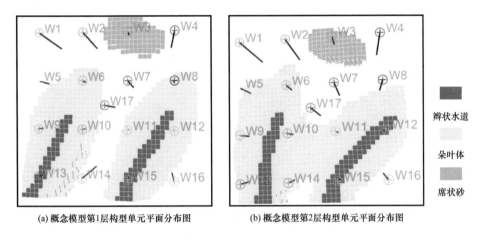

(a) 概念模型第 1 层构型单元平面分布图   (b) 概念模型第 2 层构型单元平面分布图

图 4-5-14　南三断块概念模型第 1 层和第 2 层构型单元平面分布图

（三）由于重力影响，在构型单元顶部形成的剩余油

从实际工区和概念模型的平面及垂向切片（图 4-5-15）可看出，在同一单层内，各构型单元底部水淹程度均高于顶部。受重力作用的影响，储层底部的水驱效果更好，在各层构型单元的顶部更有可能形成剩余油富集区。

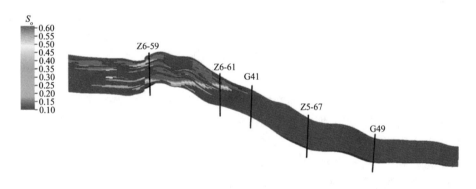

图 4-5-15　南三断块各层实际工区数值模拟剩余油饱和度垂向分布图

第六节　滩坝储层构型与剩余油表征

滩坝是滨浅湖区常见的砂体，是滩和坝的总称，在其形成过程中主要受波浪和沿岸流控制，滩砂多与湖岸线平行发育，分布于滨湖区，呈席状或较宽的带状。垂向上表现为

砂岩和泥岩频繁互层，砂层数多但厚度较薄，粒度上多为反粒序，也可见少量正韵律，或者是先反后正的复合韵律。储层具有单层厚度薄、横向变化大、隐蔽性强的特点。滩坝沉积体系平面上主要发育于沉积物源丰富、古地形差异较小、波浪作用持续稳定的场所。物源、同生断层、湖泊水动力条件控制了滩坝砂岩的发育与分布，而沉积前的古地貌对滩坝沉积和发育影响最大。利于滩坝发育的宽缓斜坡带通常是在基岩古地貌以及断层活动速率背景上发育的斜坡，同生断层控制着断陷期地层和滩坝砂岩的发育。滩砂分布广泛，呈席状展布于古地形平缓的地带；坝砂局部发育，主要分布于微地形发生变化的位置。滩坝砂具有物性好、生储盖组合好、近油源的地质特征，因此常能形成较大规模的油气田。

一、滩坝砂体沉积特征及控制因素

（一）沉积特征分析

1. 岩性特征

传统观点认为，滨浅湖滩坝砂体沉积物粒度细，主要为细砂岩、粉砂岩和泥质粉砂岩等。取心井观察表明，本区滩坝不仅发育细砂岩和粉砂岩等细粒沉积，还发育中砂岩和含砾砂岩等粗粒沉积。坝砂沉积为主的区域砂质组分含量平均占到90.2%，主要为灰色、灰褐色的中—细砂岩。粉砂岩和泥质粉砂岩等主要分布在滩砂亚相，砂质组分占整个序列的40%～60%。

2. 沉积构造特征

研究区滩坝砂体发育多种波浪成因的沉积构造。冲洗交错层理、低角度小型交错层理以及纹层倾向具有明显双向性的浪成波纹交错层理，均代表多向水流的存在。斜层理、平行层理、波状层理和波状交错层理等沉积构造，表明波浪较强的冲刷能力（图4-6-1）。生物钻孔构造丰富，其形态随沉积水动力能量的变化而有所差异，较粗的坝砂沉积时水动力强，多以垂直或倾斜为主，细粒组分或泥质沉积时水动力相对较弱，钻孔多为倾斜或水平型。另外，顺层分布的植物炭屑以及浪成波痕、剥离线理和干涉波痕等层面构造也均指示出该区浅水环境下波浪、沿岸流的冲刷和改造作用。

3. 电性与地震反射特征

滩砂亚相电测曲线多呈现异常幅度较高的齿形到"尖刀状"指形密集组合，齿中线较水平，反映了砂泥互层沉积。坝砂亚相砂体较厚，电测曲线主要反应为厚度较大的高幅度齿状箱形，其中以微齿居多，反映了水流持续反复冲刷的沉积特点，顶部多渐变为钟形，对应沉积由粗粒到细砂岩、粉砂岩等逐渐过渡到湖相泥岩。与其他地区（如东营凹陷等）相比，该区电测曲线通常反映出多期滩坝在垂向上连续叠加形成数十米厚、齿状幅度有明显差异的复合坝砂体的沉积特点。地震反射剖面上，该区滩坝沉积主要表现出横向展布较宽的丘状反射和连续性好的微波状起伏亚平行结构。

（二）滩坝区域分布特征

沙二段沉积时期总体上为开阔滨浅湖环境，水体分布广且浅，有利于滩坝的发育。由于板桥凹陷北陡南缓的古构造特点，滩坝砂体在沉积特点和发育程度上都有明显的不同。板北地区靠近整个凹陷的沉降中心，水体相对较深，滩坝沉积较少且分布局限；板中的南部和整个板南地区位于板桥凹陷的缓坡带，波浪作用影响范围广阔，是板桥凹陷滩坝沉积的主要区域。

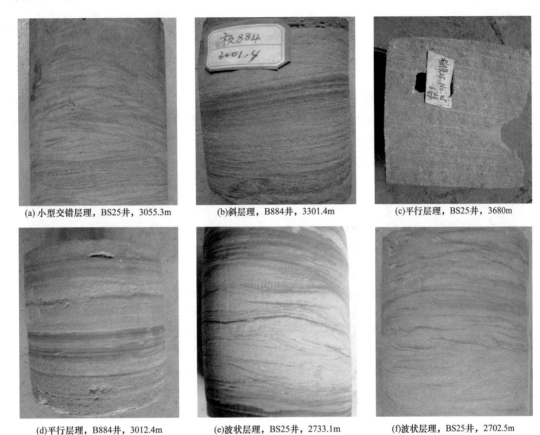

(a) 小型交错层理，BS25井，3055.3m　　(b)斜层理，B884井，3301.4m　　(c)平行层理，BS25井，3680m

(d)平行层理，B884井，3012.4m　　(e)波状层理，BS25井，2733.1m　　(f)波状层理，BS25井，2702.5m

图 4-6-1　板桥凹陷沙二段滩坝沉积构造特征

（三）微相类型

根据研究区滩坝砂体的沉积特征、平面形态和发育位置，将滩坝砂体细分为坝砂和滩砂两种亚相，其中坝砂细分为坝中心和坝侧翼两个微相类型。

1. 坝中心微相

位于坝砂的主体部位，沉积水动力强，沉积物粒度粗，石英含量通常在60%以上，是滩坝砂体结构、成分成熟度最高的分布区域。岩性以中砂岩、细砂岩为主，可见含砾砂岩，具平行层理或板状交错层理。砂体厚度一般在8m以上，内部夹层发育。电测曲线以齿状箱形为主。

2. 坝侧翼微相

坝中心规模较大时，其一侧或两侧会发育岩性相对较细，但比滩砂粗的坝侧翼沉积，是坝中心与滩砂或滨浅湖泥质沉积之间的过渡带。岩性以细砂岩、粉砂岩为主，发育波状交错层理。砂体厚度为4～8m，砂地比较坝中心有所减小。电测曲线常呈漏斗状或不规则状起伏，齿化明显。

3. 滩砂亚相

位于坝砂沉积与南部湖盆边缘之间的滩砂沉积区域。越靠近湖岸，受波浪反复淘洗而成熟度越高。岩性以粉砂岩为主，厚度一般小于4m。由于水体相对浅，近岸滩常发育顺层分布的植物炭屑和生物钻孔构造。电测曲线以异常幅度较高的"尖刀状"指形密集组合为特征。

二、滩坝砂体内部构型解剖

滩坝砂体在发育演化过程中受物源、水动力变化以及湖平面周期性升降的影响而频繁地迁移摆动。每一个复合坝砂体都是由一个或多个单一坝组成，每一个单一坝可构成一个独立的连通体。超短期旋回控制的3级界面是单一坝砂体内部的增生面，其限定的构型要素为单一坝内部的增生体（韵律层），其间为不稳定的泥质或钙质夹层。

（一）单一坝解剖

1. 单一坝识别

若相近两口井均钻遇坝砂沉积，为了判断其是否属于同一坝砂体，通过对单一坝的相变特点、曲线形态差异、夹层个数等方面的研究，总结了以下7种单一坝的识别标志。

（1）坝间沉积泥岩。坝的沉积会形成地形上的局部凸起，并对波浪起到一定的阻挡作用，造成两个坝之间形成低能环境，充填细粒的泥质沉积物，形成坝间泥岩。在邻近的坝之间发育坝间泥岩，可以作为平面上区分不同单一坝的直接证据，如图4-6-2（a）滨131层和滨132层在B880-1井处发育坝间沉积湖泥岩。

（2）坝间沉积滩砂。缓坡地带会形成宽广的波浪影响区，坝砂周边通常是席状的滩砂沉积，许多学者以坝砂为界，将滩砂分为内缘滩和外缘滩两个微相。因此，若钻遇滩砂沉积，则可以作为坝砂沉积边界的直接标志，如图4-6-2（b）滨142层在BAI21-10井处发育坝间滩砂与沉积湖泥岩。

（3）相邻坝相对高程差异。坝砂体底面相对高程差代表了砂体在沉积时古地貌的海拔高度差。凹陷缓坡带（尤其是板南地区），坝砂体沉积过程中，在一定范围（井距）内古地貌是平缓的。若相邻两口井存在砂体底面较大的相对高程差，则极有可能不属于同一坝砂体，如图4-6-2（c）滨431层B21井—BS74-3井坝与BS74-2井坝砂底存在砂体底面较大的相对高程差。

（4）测井曲线形态差异。同一时期的坝砂，其沉积时的水动力环境、湖平面变化都比较稳定，形成的单一坝在测井曲线响应上也具有相似性。如果邻井的测井曲线形态差异较大，可判断是不同的单一坝沉积，如图4-6-2(d)的滨421层BS78-1井电阻率具反旋回特征，而BAI21-5井、BAI21-4井和BAI21-4井电阻率曲线形态为正旋回，表明属同一坝，而与BS78-1井存在较大差异，判断属于同期不同坝。

（5）坝内夹层不匹配。夹层的发育情况在一定程度上反映了沉积时的水动力条件和碎屑物质的供给情况。同一坝砂体内部夹层的个数应该大致相当，相邻单一坝内部夹层个数的较大变化，揭示可能是不同的单一坝，如图4-6-2（e）的滨432层在B18-18井—B18-16井自然电位曲线形态明显两处齿状，为两个泥质夹层反映，B17-15井自然电位曲线则比较光滑，没有明显夹层。

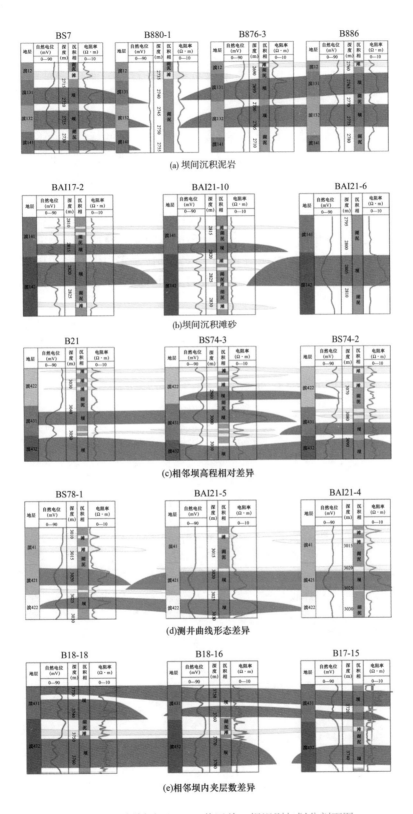

图 4-6-2 板桥油田 B886 井区单一坝识别与划分剖面图

2. 单一坝分布模式

通过研究区复合坝内的单一坝识别与划分结果，不同的构造部位（或不同断块）砂体空间分布模式有所差别，归结起来主要有侧向迁移型、垂向叠加型和孤立型3种（图4-6-3）。

（1）侧向迁移型，即同一单层中同一时期的多个单一坝的侧向拼接。单一坝之间相对高程差异不明显，但曲线形态、内部夹层的数目以及单一坝的规模有所不同。板南断块同为大张坨断层与白水头断层的上升盘，具有浅水"台地"形态，且长时间处于浅水环境，湖平面升降造成不同的波浪能量带频繁变化，再加上强弱不同的间歇性波浪作用，使该区滩坝沉积多表现出相互错叠、侧向迁移的空间分布模式。

（2）垂向叠加型，即不同时期的多个单一坝的垂向堆积。单一坝相对高程差异明显，沉积厚度一般较大，表现出同一区域内厚层坝砂的垂向连续叠加。该类单一坝组合模式主要集中分布于板中断块的南部、大张坨断层下降盘部位。多口取心井（BS25井、BX43-2井等）均证实，板中地区主要断层下降盘处于浅水环境（正常浪基面之上），接受波浪作用的改造。

（3）孤立型。表现出不同的单一坝砂体呈孤立分布，侧向与垂向上通常出现相变，即与滩砂或泥岩相接。该类坝砂体主要分布在陡坡带的板北断块。由于水体较深，大部分物源砂体位于浪基面以下而很少受到湖浪的改造，从而限制了该区滩坝砂体的发育，单一坝砂体规模较小，分布范围局限且较为零散。

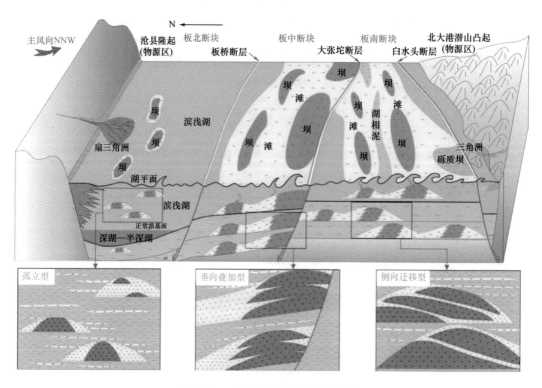

图4-6-3　板桥油田滩坝分布模式图

（二）单一坝内部构型

在成因上，单一坝砂体由单期或多期增生体垂向或侧向加积而成。滩坝砂体内部构型解剖实质就是对多期增生体之间的界面在三维空间的展布进行分析，建立其三维展布模型。首先在单井上识别单一坝砂体内部界面，并通过现代沉积、露头等研究建立合适的地质模式，然后在剖面上对内部界面进行组合，最终得到三维构型模型。以板南地区井网密度较高，动态与静态资料最为丰富的 BN5-4 井区所在的单一坝为例进行解剖。

1. 单井界面识别

单一坝体内部界面的表现就是层内夹层。过去认为滩坝是一种相对较均质的储层，内部夹层不发育。岩心观察发现，研究区滩坝砂体内部同样发育泥质或灰质的夹层，其中泥质夹层多是在湖平面短暂上升过程中，由于水体加深、可容空间相对增大，细粒的泥质沉积物在砂体上沉积而成，是滩坝砂体最主要的夹层类型。

对 BN5-4 井和 BN5-3 井等的取心资料研究发现，夹层在自然伽马、电阻率以及自然电位等曲线上均有不同程度的反应（曲线回返）。夹层厚度约 0.3m 至数米（平均 1.3m），岩性上主要为粉砂岩、泥质粉砂岩、粉砂质泥岩和泥岩，但纯泥岩夹层比较少见。BN5-4 井位于该单一坝的核心部位，识别出了 3 期界面，将该单一坝砂体分为 4 期增生体（图 4-6-4）。

2. 井间界面预测

现代沉积和美国大盐湖滩坝露头的研究发现，在单一坝的中心部位及靠近湖方向，泥岩夹层发育，并且向湖盆方向倾斜展布，倾角通常比较低缓；在单一坝向岸线一侧，泥岩夹层多呈近水平方向分布；越靠近湖岸，在冲浪—回流带部分泥岩受波浪水流的冲刷而不易保存下来（图 4-6-4）。

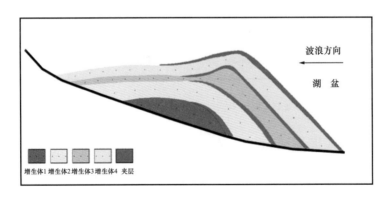

图 4-6-4　砂质滩坝沉积地质模式

基于该模式，通过多条垂直湖岸线（即垂直单一坝长轴）方向建立的连井剖面，对控制该单一坝所有井的夹层进行对比、组合，得到井间界面的最佳匹配关系。通过单一坝底部构造拉平的方法可以计算不同部位界面的倾角，即同一界面相对单一坝底面的高度差（与井距的比值就是该角度的正切值。计算结果发现，单一坝靠近岸线的一侧，界面基本水平，倾角约 1° 左右，不超过 2°；大部分区域，尤其是单一坝中心部位的迎波浪作用方向，界面倾角稍大，为 2° ～ 5°，平均约为 3.18°。

（三）滩坝内部构型模式

通过上述分析，建立了黄骅坳陷板桥油田沙二段滩坝内部沉积构型模式（图 4-6-5）。小层或单层级别的沉积微相精细研究表明，复合滩坝砂体为席状的滩砂及平行岸线的坝砂沉积构成；复合坝内部由多个单一坝砂体在侧向或垂向上相互叠置而成，其叠置关系与古构造背景和沉积水动力相关；受超短期基准面旋回的控制，单一坝内部可分为单个或多个单一增生体，增生体之间通常发育 0.3m 至数米厚的泥质夹层。夹层在靠近岸线方向为近水平分布，在坝中心至向湖方向以低角度倾斜。这一模式，充分体现了滩坝砂体在波浪作用下，随湖平面升降而频繁迁移、多期叠置的沉积特点。

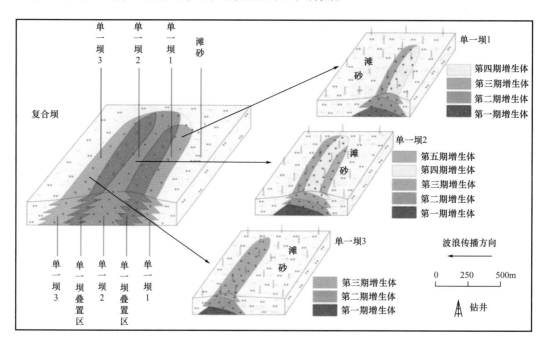

图 4-6-5　板桥油田沙二段滩坝内部构型模式图

三、滩坝内部构型对剩余油分布的控制

油田开发后期，受沉积、构造以及注水性质、压力等多种因素的影响，剩余油分布复杂，对其规律认识不清制约着油田的高效开发。隔夹层是控制油层复杂水淹形式的主要地质因素，本文重点从这一角度讨论滩坝内部隔夹层对剩余油分布的控制作用，指导该类储层的有效开发。

（一）单一坝间隔层对剩余油的控制

同一沉积时间单元内，单一坝侧向迁移，导致砂体叠置且连通性差。由于单一坝间隔层的侧向遮挡作用，可形成单一坝剩余油富集区。如 BS76-2 井滨Ⅳ 2-2 单砂层为两期单一坝的侧向拼接，期间发育较为明显的单一坝间隔层，隔层上部单一坝砂体生产初期含水率仅为 53%，大大低于同层位邻井 B876-2 井（钻遇隔层下部的单一坝）含水率（92%），说明受该隔层遮挡，其上部单一坝砂体剩余油相对富集［图 4-6-6（a）］。

（二）单一坝内夹层对剩余油的控制

稳定性较好的单一坝内夹层平行砂体内部的 3 级界面，可将单一坝分隔成相对独立的流体系统，导致不同增生体的水驱程度有所差异，影响剩余油的分布。如滨Ⅳ 3-2 单砂层中，注水井 B16-20 井和采油井 B14-19 井在同一个单一坝砂体，该单一坝内部发育两套夹层，并将其分为三期增生体。B16-20 井只钻遇增生体 B 和增生体 C，均有注水；B14-19 井在同一增生体内钻井均显示强水淹，而底部的增生体 A 因单一坝内夹层阻挡注入水的波及，形成剩余油富集区［图 4-6-6（b）］。综上分析，滩坝储层开发过程中，为避开隔夹层的渗流遮挡作用，提高采收率，注采井应在同一单一坝砂体中，且射孔位置应尽可能选择在同一增生体内。

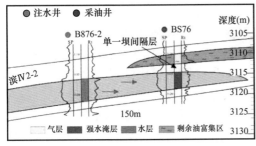
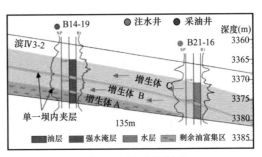

(a) 单一坝间隔层控制剩余油　　　　(b) 单一坝内夹层控制剩余油

图 4-6-6　滩坝隔夹层控制剩余油分布

第五章

微观孔隙结构剩余油分布研究

储集岩中的微观孔隙结构是一个复杂的立体孔隙网络结构系统，但复杂孔隙网络系统中所有孔隙（广义）可按其在流体储存和流动过程中所起的作用分为孔隙（狭义孔隙）和喉道两个基本单元：被骨架颗粒包围着并对流体储存起较大作用的相对较大的储集空间部分，称为孔隙，另一些在扩大孔隙容积中所起作用不大，但在沟通孔隙形成通道中却起着关键作用的相对狭窄部分，则称为喉道。储层孔隙结构是指岩石所具有的孔隙和喉道的几何形状、大小、分布、相互连通情况，以及孔隙与喉道间的配置关系等。

在油田注水开发过程中，由于储层微观条件的差异，注入水表现出不同的渗流特性。当油田开发结束时，仍有一半以上的原油滞留在储层孔隙中形成微观剩余油。研究微观剩余油的形成与分布，是现阶段提高油气采收率的重要手段。剩余油微观模型试验和微观仿真模型是有效的研究方法，可以在不同条件下进行不同类型储层的微观水驱、化学驱模拟实验，主要包括不同注入方式下的剩余油赋存状态测试、不同采出程度的剩余油赋存状态测试、不同驱替介质的微观剩余油动用特征测试分析等，较好地揭示了微观剩余油的分布特征和控制因素，为进一步认识和挖潜剩余油指明了方向，具有广泛的应用空间。

第一节　微观剩余油形成机理与赋存状态

微观剩余油是指水驱后，孔隙中未被波及和驱替的剩余油。微观剩余油按其形成可以分为两大类：第一类是水驱过程中，受到微观指进和微观波及作用影响，没有被水驱开发波及的油滴的残余油；第二类是在水驱中被波及但是未被完全带走的残留油，这部分微观剩余油在多孔介质中更为分散，剩余油类型更为多样，开发难度也更大。

认识水驱油过程中剩余油的赋存状态及其形成机理，一方面能够深入了解油田开发中剩余油的形成规律和分布特征，另一方面也为油田的开发提供科学依据。

一、微观剩余油形成机理

在水驱过程中认识剩余油形成机理，对制订合理的开发措施，提高采收率至关重要。根据微观模型水驱油实验的观察和总结，剩余油的形成方式主要有以下几种（图5-1-1）：

（1）非活塞式驱油方式形成的剩余油。

在润湿性为亲水的岩石孔隙中，由于润湿性和毛细管力作用，注入水进入孔隙之后，总是先沿着孔隙边缘夹缝运动，很容易把孔隙中央的油包围起来形成剩余油。

（2）绕流形成的剩余油。

由于孔隙介质的非均质性，驱替时产生的毛细管阻力也有较大差异，驱替相总沿着那些阻力较小的通道前进，从一个孔道突进的注入流体与另一孔道突进的注入流体通过毛细管力的作用，对部分孔隙或油区形成的圈闭作用，称之为绕流。

受孔隙结构非均质性影响，水驱油时绕流较为严重，注入水在连通较好的孔缝中很快形成通道，驱油效率高，在连通性不好的小孔隙群和垂直孔隙中，有大量的油被注入水绕流而过残留下来，而且剩余油以块状、网络状赋存，这种方式形成的剩余油一般比较多［图 5-1-1（b）］。

（3）卡断形成的剩余油。

润湿相流体沿边角驱替非润湿相流动时，随着毛细管压力下降，流体界面的曲率半径增大，界面形成鞍形形状，占据孔隙空间缝隙的润湿流体层扩大，这就存在一个临界点，再进一步填充将引起界面曲率半径下降，鞍形界面发生断裂，称为卡断。当连续油滴通过孔隙喉道时，由于孔喉半径发生变化，驱动力和毛细管力失衡，油在喉道处卡断，形成孤岛状剩余油滴，这种现象多发生在油滴前缘。但被卡断残留下来的油滴不一定都成为剩余油。在注入水长期冲刷或提高注入水压力时，这些油滴会在孔隙中再次聚合；当聚合到一定程度，便会沿着孔隙继续前进（图 5-1-1）。

总之，剩余油形成机理是相当复杂的，而且对剩余油赋存状态也会产生影响。因此要想清楚地阐述剩余油形成机理，仍然需要进一步的研究。

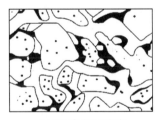  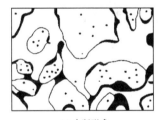

(a) 非活塞式驱油方式　　　　　　(b) 绕流形成　　　　　　(c) 卡断形成

图 5-1-1　不同形成机理的剩余油分布图

二、微观剩余油赋存状态分类

由于孔隙结构、岩石润湿性和注入方式等条件的差异，使得油田开发过程中有相当一部分原油滞留在储层孔隙中及颗粒表面而形成的剩余油。对于微观赋存状态有不同的分类，不同含水阶段（尤其是高含水、特高含水）赋存状态差异明显。在综合前人研究的基础上，依据多口井的微观玻璃刻蚀驱替实验，解剖了微观剩余油赋存状态，将微观剩余油类型划分为 6 种类型，分别为簇状、多孔状、块状、柱状、滴状、膜状，其中簇状、多孔状剩余油为连续型，块状、柱状、滴状和膜状剩余油为分散型（表 5-1-1）。

表 5-1-1　微观剩余油类型

镜下图像	剩余油类型	连通性	分布特点
	簇状	相连孔隙数 >5	为连续性剩余油，随着注水开发进程的延长，簇状剩余油含量逐渐减少
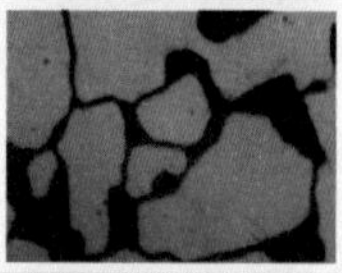	多孔状	2≤相连孔隙数≤5	以多孔、孔喉之间连片状分布，分布在较大孔隙、孔喉中
	块状	孔隙数 =1	以斑块状形态分布在较大孔隙、孔喉中
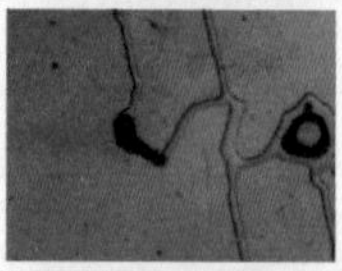	柱状	喉道数 <3	剩余油滞留在狭小的孔道中，以柱状的形式滞留在喉道处
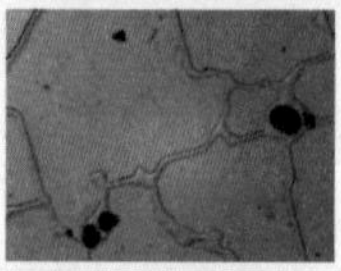	滴状	孔隙数 =1，喉道数 =1	在喉道处发生滞留，或孤孔处形成孤滴状剩余油
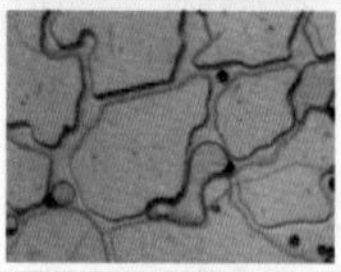	膜状	厚度小于孔道直径的 1/3	在颗粒表面的附着剩余油不能被驱替而形成膜状剩余油

（1）簇状剩余油：簇状剩余油是中高渗透油藏普遍存在的剩余油类型，为连续型剩余油，随着注水开发进程的延长，簇状剩余油含量逐渐减少。这类剩余油主要以大孔隙、较大孔喉被小孔喉相连接包围，由于外围的小孔喉具有较高的毛细管力，驱替压差不足以克服此毛细管力，从而阻止了注入水进入内部大孔喉，最终使大孔喉内部富集剩余油。

（2）多孔状剩余油：受储层非均质性的影响，这类剩余油主要以多孔、孔喉之间连片状分布，主要分布在较大孔隙、孔喉中，在注水开发过程中，该区域注入水波及系数较低或油井受效较差，进而滞留大量剩余油。

（3）块状剩余油：这类剩余油主要以斑块状形态分布在较大孔隙、孔喉中，由于储层物性的非均质性，注水驱油过程中原油遇到孔隙变小、孔喉变窄，导致剩余油在物性相对较差的部位富集。

（4）柱状剩余油：水驱过程中部分剩余油滞留在狭小的孔道中，以柱状的形式滞留在喉道中，称为柱状剩余油。在低渗透储层区域多见，由于低渗透油藏毛细管力差异大，喉道半径狭小，分布差异较大，驱替液率先进入大孔道，很快突破大孔道，在小孔道处形成圈闭，特别是孔喉半径差异越大，毛细管力圈闭现象越严重。

（5）滴状剩余油：在水驱过程中，当喉道处的半径小于油滴半径时，此时油滴会发生变形，由于油水界面张力较高，油滴发生变形需要克服的毛细管阻力较大，油滴变形后在喉道处发生滞留，从而形成滴状剩余油。

（6）膜状剩余油：由于岩石颗粒表面、孔隙、孔喉内壁表面较强的吸附能力及亲油性，注水过程中孔隙、孔喉形成连续水相，而颗粒表面的附着剩余油不能被驱替而形成膜状剩余油。此类剩余油通过注水很难采出，可以通过化学驱等三次采油技术开采出来。

三、微观剩余油分布因素

国内外微观剩余油的研究主要集中在砂岩油藏，而砂岩油藏涉及微观剩余油的研究却相对较少。国内各大高校和研究院所在剩余油研究的基础上，从地质条件和井网条件出发，对剩余油富集区的类型进行了划分。常见的剩余油类型划分为5种：（1）未被动用的储层；（2）已动用储层中平面内未被启动的储层；（3）已动用储层中纵向上未启动的储层；（4）水驱未波及或部分波及的多孔介质中剩余油；（5）水驱结束后波及但未被完全带走的残余油。

在水驱油过程中，地层中流体速度较低，多孔介质空间狭小，黏滞力和重力可以忽略，油水和岩石颗粒表面的界面张力和毛细管力，对微观剩余油的形成起着重要的作用。砂岩油藏经过长期注水开发的冲刷，结合储层非均质性影响，使得储层的润湿性、孔隙连通情况、孔隙的大小和孔喉形态等发生了进一步的变化，从而导致微观剩余油分布特征出现了变化。

（一）润湿性与剩余油分布

多孔介质中流体与岩石颗粒表面的润湿性变化，是随着现场注水或者注入其他复合体系不断改变的，总的趋势是从亲油性转向亲水性。

亲水的储层是有利于水驱油开发的，这是因为水作为驱替相也是润湿相，在表面张力的作用下，一般水吸附于岩石颗粒表面，或占据狭小的孔喉，而油则占据孔隙中间部位。在水驱开发初始阶段，含水饱和度较低，含油饱和度较高，驱替相在多孔介质中多为环状分布，被驱替的原油容易流动。随着含水饱和度逐渐上升，被驱替相逐渐分割破裂为油滴，主流通道的油滴还可以被水驱走，而狭小孔隙中的油滴会形成堵塞，开发难度上升。

亲油储层开发初期，含水饱和度较低，孔喉连通性较好的地方，水驱油顺畅。随着含水饱和度增加，连通性较差的孔喉中往往会滞留不少剩余油，而连通性较好的多孔介质中未被完全驱替的剩余油会在岩石颗粒表面形成一层油膜，常规水驱难以启动。

（二）毛细管力对微观剩余油的分布和启动

多孔介质中毛细管力的大小和方向，在注水压差较小时的水驱油过程中起着至关重要的作用，毛细管力对微观剩余油的分布和启动起到了重要的影响。

（1）亲水毛细管内，油/水为非混相流体，油/水两相存在着界面膜，水驱开发阶段，所有的作用力都会作用在它上面，这些力包括了注入水的驱替力（F_1），亲水毛细管中的毛细管力（F_2）和水油界面收缩力（F_3），如图 5-1-2 所示，其中箭头方向代表了作用力的方向。

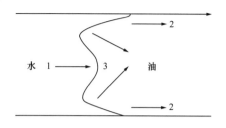

图 5-1-2　亲水毛细管力分布图

注入水的驱替力（F_1）如式（5-1-1）所示，驱替力是由注水动力和重力组合而成，是水驱开发中的主要动力。

亲水毛细管中毛细管力（F_2）如式（5-1-2）所示，当水驱油开始后，一部分驱替相穿破被驱替相，与原有的束缚水结合，在水驱开发过程中，束缚水体积不断扩大，把油滴向毛细管中轴方向推动，受力分析如下：

$$F_1=(p_2-p_1)/L \tag{5-1-1}$$

$$F_2=\sigma/r \tag{5-1-2}$$

式中　p_1，p_2——毛细管进出口端压力，Pa；

L——毛细管长度，m；

σ——表面张力，mN/m；

r——毛细管半径，mm。

水油界面收缩力（F_3）如式（5-1-3）所示，水油界面趋向于缩小，降低了整体的能量，这就是油水界面收缩力。由图 5-1-2 所示，毛细管中存在着两个水油界面收缩力，此时可以假设界面的曲率半径为 $r/4$，则：

$$F_3=8\sigma/r \tag{5-1-3}$$

综上所述，亲水毛细管的总驱动力为：

$$F=(p_2-p_1)/L+\sigma/r+8\sigma/r=(p_2-p_1)/L+9\sigma/r \tag{5-1-4}$$

当注水开发压差不足或多孔介质尺寸较小时，大孔喉受到的力小于小孔喉受到的力。反之，F 的大小取决于压差，所以水驱油时，水总是优先进入多孔介质中的小孔道。

（2）亲油毛细管中，油滴不同于亲水毛细管中，它是附着在毛细管壁上，注水开发会驱动毛细管中中间部分的油滴，而在亲油毛细管的管壁上会留下一层油膜，如图 5-1-3 所示。

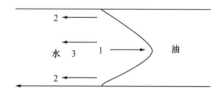

图 5-1-3　亲油毛细管力分布图

注入水的驱替力（F_1）公式［式（5-1-5）］所示，这个力的大小与方向和在亲水毛细管中的 F_1 是一样的，有：

$$F_1=(p_2-p_1)/L \qquad (5-1-5)$$

亲油毛细管中毛细管力（F_2）如式（5-1-6）所示，这个力的方向与亲水毛细管力模型中 F_2 的方向完全相反：

$$F_2=-\sigma/r \qquad (5-1-6)$$

在亲油毛细管中，水油界面收缩力（F_3）如式（5-1-7）所示，也与亲水毛管力模型中的 F_3 不同，方向也是相反的，它的曲率半径等于毛细管半径。因此在亲油毛细管中，界面收缩力 F_3 与 F_2 类似，可以表示为：

$$F_3=-2\sigma/r \qquad (5-1-7)$$

在亲油毛细管中，注入水的驱动力不仅要克服被驱替相流体的自身黏滞力，同时还必须克服界面收缩力，驱替难度高于亲水模型[75-86]。如式（5-1-8）所示，总的驱油动力为：

$$F=(p_2-p_1)/L-3\sigma/r \qquad (5-1-8)$$

（三）孔隙网络结构与剩余油分布

（1）孔隙连通情况：配位数越大，驱油效率越高；配位数相同的情况，孔喉比越大，大孔和小孔中的流速相差也越大，剩余油含量越多。

（2）孔喉大小和孔喉比：孔喉越大，多孔介质中的剩余油含量越少；孔喉比越大，驱替效率会越低，多孔介质中的剩余油越富集。

（3）孔喉均匀程度越高，驱替相受到的推进阻力就越小，驱替效率就越高，多孔介质中的剩余油含量越少。

（4）孔喉形态越不规则，多孔介质种的油滴越不易被驱替；孔喉形态越复杂，多孔介质中的剩余油饱和度越高。

第二节　微观剩余油研究方法

针对储层物性复杂、含水率高的砂岩油藏，单一的技术手段不能满足目前开发研究的需要，必须在剩余油研究的微观技术上实现突破，将宏观的理论和微观的机理相结合。目前，国内外剩余油的研究方法大致分为 6 大类：（1）油藏工程方法；（2）计算机数值模拟方法；（3）油藏开发地质学方法；（4）层序地质学方法；（5）测井数据分析；（6）微观剩余油研究。其中前面 5 种方法属于宏观角度的研究，随着砂岩油藏开发进入中后期，油藏砂体宏观剩余油研究方法已不能完全解决水驱开发后剩余油的形成机理与分布规律。需要从砂岩油藏微观孔隙结构特征出发，研究驱替相与储层中的多孔介质发生了哪些物理或者化学反应，搞清楚复合驱体系在微观孔隙中造成的剩余油分布及启动机理。

一、微观物理模拟模型

（一）微观物理模拟模型概述

随着微观剩余油研究的逐步深入，形成了 4 种较为成熟的物理模拟模型，用于微观剩余油分布与启动的研究：（1）玻璃刻蚀模型；（2）玻璃填珠模型；（3）铸体薄片模型；（4）含油薄片模型。

1. 玻璃刻蚀模型

玻璃刻蚀模型通过对目标油藏孔隙结构分析后，模拟目标岩心样品的孔隙结构，在玻璃上通过酸蚀或者激光刻蚀技术，形成一条条复杂的凹槽，来模拟样品的孔隙结构。这种模型可以实现水驱或者化学驱等驱替阶段的微观可视化动态还原。玻璃刻蚀模型属于二维平面模型。通过高分辨率显微镜观察驱替动态。优点在于经济便宜、制作简便且可以反复对比试验，但受限于玻璃材质的润湿性限制，属于强亲水，往往与真实储层相去甚远，且普通光刻蚀孔喉尺寸往往大于真实岩心。

2. 玻璃填珠模型

玻璃填珠模型作为研究微观流动的一种方法，是将不同直径的玻璃珠填入特定尺寸的透光性良好的模型中，开展驱替试验，同时实现拍摄和拍照。该模型的优点是通过控制填充玻璃珠的尺寸来控制多孔介质孔隙尺寸；但由于玻璃的透光性和反射性，流体与玻璃珠的界限区分不够清晰，观察困难。

3. 铸体薄片模型

铸体薄片模型是将不同颜色的液态胶水在真空环境下加压注入岩石孔隙中，等到胶水完全凝固后，通过机械研磨而成的岩石薄片。该模型的优点在于液态胶水颜色清晰，在微观显微镜下，孔隙结构分布、类型、大小和连通性等参数一目了然，通过一些计算软件，可以算出样品的孔喉比、配位数和孔隙半径等常见的油层物理参数。但是铸体薄片属于光学显微镜观测领域，油/水在常规光学条件下无法实现准确区分，对于油水样品的统计结果的准确性无法保障。

4. 含油薄片模型

含油薄片模型是采用液氮等低温冷冻制片技术，在极低的温度下进行岩心样品切片和磨片，保障样品中的孔隙结构和原有流体尽量少地被破坏。同时，结合荧光显微镜技术、图像分析采集技术和量化统计软件，利用油水在紫外荧光下的明显差异，区分油水的边界和量化剩余油的含量，同时区分出不同类型剩余油的赋存状态及赋存位置。但是含油薄片制片成本高，制作工艺复杂，对样品取样要求严格。

（二）刻蚀模型剩余油模拟实验

1. 实验目的

通过微观玻璃刻蚀模型驱替实验研究，直观分析水驱油、聚合物驱油、聚合物—表面活性剂驱油及聚合物—表面活性剂—碱驱油的机理、剩余油分布规律及分布形态。

2.实验方法——微观玻璃模型制作

（1）制版：首先将岩心的铸体薄片在显微镜下对不同部位照相，对不同部位的照片进行衔接，拼接后再手工画出孔道的形状，并做出适当的修改，使孔道连通。这时的孔道大小要比真实的网络尺寸大很多，通过照相把原版图缩小到高反差的 35mm 负片上，然后用底片扩大到所需的尺寸，此时与实物孔隙尺寸相仿的底片即为制作微观模型模板。

（2）曝光、显影、定影：利用制成的微观模型模板，使用照片曝光设备，将模板上的微光孔道曝光到铬版上，曝光后的铬版在显影液中除去未曝光的部分，使底片的图形在玻璃片上显现出来，在定影液中将孔道固定。

（3）腐蚀：腐蚀是微观模型制作过程中的重要工序，通过腐蚀可以将微观孔道在玻片上完整、精确地刻蚀出来。实验中使用的腐蚀液是氢氟酸。

（4）烧结：将刻蚀好的玻片洗净，在其中一片上钻好注入孔和采出孔。在马弗炉中进行烧结，烧结温度为 600℃。

（5）润湿性处理：烧结好的微观模型为亲水模型。

3.实验设备

该实验主要实验设备有：图像观察系统、图像采集系统、图像处理系统，以及恒温、高压微观模型夹持器、驱替系统、中间容器、压力采集系统等设备，具体流程示意图如图 5-2-1 所示，主要由以下几部分组成：

（1）驱动系统，本实验采用恒速驱替（ISCO 泵）。

（2）图像观察系统（Olympus 生物显微镜以及监视设备）。

（3）图像采集及记录系统，由高分辨 CCD 摄像头、图像采集卡、图像压缩卡等组成，采用硬盘记录或录像机记录，该系统可以实现对动态图像进行自动实时采集。

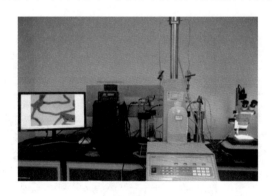

图 5-2-1　微观玻璃刻蚀模型实验流程图

4.实验流程

（1）微观模型抽真空饱和，地层水过滤，微观模型抽空，饱和地层水，称量饱和前后玻璃刻蚀片的质量，计算孔隙体积 V。

（2）饱和油过程：以 0.001mL/min 进行饱和油实验，直至不出水为止。

（3）水驱过程：以 0.001mL/min 的速度进行水驱油实验，观察整个驱替过程，记录实验中的流动过程和各种现象，观察孔隙中的剩余油的分布及剩余油形态，驱替至 1.3PV 时改为聚合物驱。

（4）聚合物驱过程：以 0.001mL/min 的速度进行聚合物驱油实验，观察整个驱替过程，记录实验中的流动过程和各种现象，观察孔隙中的剩余油的分布及剩余油形态，驱替至 1PV 时停止聚合物驱；以 0.001mL/min 的速度进行水驱油实验，观察整个驱替过程，记录实验中的流动过程和各种现象，观察孔隙中的剩余油的分布及剩余油形态，驱替至无剩余油产出时改为碱—聚合物二元复合驱。

（5）碱—聚合物二元复合驱过程：以 0.001mL/min 的速度进行碱—聚合物二元复合驱油实验，观察整个驱替过程，记录实验中的流动过程和各种现象，观察孔隙中的剩余油的分布及剩余油形态，驱替至 1PV 时停止聚合物驱；以 0.001mL/min 的速度进行水驱油实验，观察整个驱替过程，记录实验中的流动过程和各种现象，观察孔隙中的剩余油的分布及剩余油形态，驱替至无剩余油产出时改为表面活性剂—碱—聚合物三元复合驱。

（6）表面活性剂—碱—聚合物三元复合驱过程：以 0.001mL/min 的速度进行表面活性剂—碱—聚合物三元复合驱油实验，观察整个驱替过程，记录实验中的流动过程和各种现象，观察孔隙中的剩余油的分布及剩余油形态，驱替至 1PV 时停止聚合物驱；以 0.001mL/min 的速度进行水驱油实验，观察整个驱替过程，记录实验中的流动过程和各种现象，观察孔隙中的剩余油的分布及剩余油形态，驱替至无剩余油产出时停止实验。

5. 实验结果

（1）模型抽真空饱和无色地层水，饱和完地层水后的模型如图 5-2-2 所示，称重计量孔隙体积 0.023mL。

（2）饱和油过程，图 5-2-2 展示该模型饱和油过程（即束缚水形成过程），图 5-2-2（a）是饱和水的微观模型，图 5-2-2（b）是饱和油过程，图 5-2-2（c）是已饱和好油的玻璃刻蚀模型。

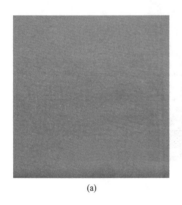 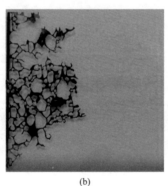 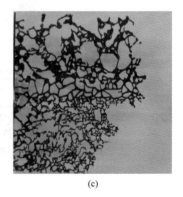

(a)　　　　　　　　　　(b)　　　　　　　　　　(c)

图 5-2-2　刻蚀模型饱和油过程

（3）水驱油过程，用染色的红色地层水驱替 1.3PV，实验玻璃刻蚀模型为亲水孔隙介质，由于连接注入口和产出口方向阻力最小，使得注入水沿该方向长驱直入，导致注入水大量波及连接注入口和产出口方向附近区域（模型的中间区域），由于实验用的模型非均质性较强，上部孔隙明显大于下部，导致模型的下部少量被波及动用，水驱油渗流后模型中上部区域油被大量驱出，残余油大多以油珠、油丝和小油块等形态分布在孔隙的交汇口或是较大的孔隙内，模型上下部由于部分未被波及，形成了各种形态的孤岛状残余油，岛屿之间有交错的红色桥联系。

（4）驱油过程中注入水沿孔壁爬入，入孔后也是沿孔壁爬行，如果孔隙很小，即使水膜很薄，渗入水也会很快充满小孔隙的空间，并相应地挤出原来存在于这个小孔隙内的油，如果孔隙较大，当孔壁周围铺满较厚的水膜时，孔隙的中心部位还有油存留［图 5-2-3（a）］，如果一个大孔隙或大孔隙群周围都是相对很小的孔隙时，小孔隙很快被水充满，被这些充满水的小孔隙包围的一个或一群大孔隙中的油很难被驱替出来［图 5-2-3（b）］。图 5-2-3（c）是实验主流区域一个很小视野内的残余油状态。

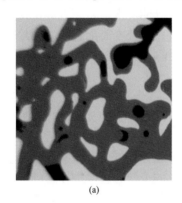 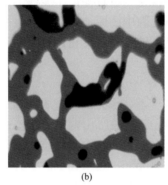 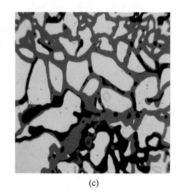

(a)　　　　　　　　　　(b)　　　　　　　　　　(c)

图 5-2-3　刻蚀模型水驱油残余油分布及形态

表 5-2-1 展示了不同驱油过程后的驱油效率，可以看出，三元复合驱能驱出模型中大部分饱和油，仅在模型的右下角存在少量的残余油，驱油效率较高；水驱后随着聚合物表面活性剂—碱—聚合物、二元复合表面活性剂—碱—聚合物、三元复合表面活性剂—碱—聚合物的进行，波及体积明显逐渐变大。

表 5-2-1　不同驱油过程后驱油效率对比表

驱替过程	水驱	聚合物后驱油	聚合物驱后水驱	二元复合驱	二元复合驱后水驱	三元复合驱	三元复合驱后水驱
驱油效率（%）	40	45	48	65	67	76	77

二、紫外荧光薄片技术——天然岩心紫外荧光薄片测试实验

荧光显微图像技术发展至今已有 80 多年，最早在 1936 年，苏联就开始应用荧光显微镜研究沥青质岩石。1958 年，苏联学者应用荧光显微镜研究裂缝性储油层，在研究石油成因理论和寻找油气藏方面取得了一定的成果。同年，我国从苏联引进该技术开始研究生油岩及油气运移规律。1970 年，苏联学者应用荧光显微镜开展对石油运移的研究。1975 年，我国一些油田相继配备了荧光显微镜。1985 年，尚慧云等编写的《有机地球化学和荧光显微镜技术》，首次对荧光显微图像技术在我国石油地质中的应用作了简要的总结。1988 年，石油系统审定产生了荧光显微镜鉴定方法标准《岩石荧光显微镜鉴定方法》，使得荧光显微镜在石油系统的应用有了公认的标准及法规。1994 年，郭舜玲等编写的《荧光

显微镜技术》对荧光显微镜技术在烃源岩评价和储层评价中的应用作了进一步的阐述。2001年，大庆油田地质录井分公司应用了荧光显微图像技术，该技术在探井油水层、残余油水层以及稠油层的识别中发挥了重要的作用；两年后，在井壁取心制片技术取得突破后，基于水驱油实验和密闭取心分析基础，建立了水淹层的评价标准。2008年，郎东升等编写的《荧光显微图像及轻烃分析技术在油气勘探开发中的应用》对荧光显微图像技术在识别油水层、评价水淹层、剩余油观察及判断泥岩、油页岩进水情况等方面作了全面详细地阐述。

为了研究天然岩心在被水驱后的微观剩余油的分布情况，应用荧光显微镜剩余油观测技术，并使用了专业剩余油分析软件进行微观剩余油的定性及定量分析。该方法有效地将岩心微观孔隙中的流体实现了可视化分析且保证了能够准确区分油、水、岩三者，在检测无机矿物的同时，也能观察检测孔隙中的原油或有机质。同时，该技术需配合冷冻制片技术，以保证岩心薄片能够保持且不破坏岩石及其孔隙内原油等的真实状态。

（一）紫外荧光显微镜

在蔡司体式显微镜上安装高压汞灯作为观测光源，通过汞灯发射紫外荧光。当紫外荧光照到含油薄片上时，会发出荧光。实验所用紫外荧光体式显微镜如图5-2-4所示。

能够区分油、水、岩的原理在于，原油中的胶质沥青质等成分在紫外荧光的激发下会发出黄色、黄绿色、土黄色或褐色荧光，而水相中的溶解物质如少量芳香烃等在紫外荧光下发出微弱蓝色荧光，根据水相成分及浓度，颜色会浓淡不一。而岩石在紫外荧光的照射下并不会发光、也不会激发出其他颜色，因此与水相及油相很容易区分。实验中利用此原理，通过观察发光部位即可轻松辨别油、水、岩三者。

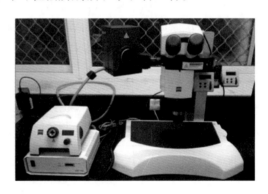

图 5-2-4　紫外荧光体式显微镜

（二）紫外荧光显微镜的检测原理

普通光学显微镜下观测的岩心驱替后的岩心薄片只能区分出岩石与非岩石，对于油水却不能明确区分，具有颗粒边缘不清晰，原油组分无法区分等局限性。但采用紫外荧光显微镜拍摄的岩心薄片图像，能够清晰看到油水界面，观察微观剩余油赋存状态。

（三）剩余油表征方法

微观观测实验采用室内驱替实验后的岩心，制作观测用的岩心薄片。每种方案都选用

3 块岩心重复实验，每块岩心能够制作 3 片岩心薄片。在观测时每片岩心薄片取 5 个视域
分别拍摄 20 ～ 25 张图片，各微观参数测量后取平均值。这样每一方案的结果都是在测量
900 ～ 1200 个数据点后得出的平均数。利用专业的图像处理软件能够对试验中拍摄的微
观图片进行图像增强，然后设置特定参数值进行色块划分，进而分割图像，完成剩余油的
识别，方便后续类别划分和含量计算等处理。

　　传统的剩余油识别方法中，只能识别出油、水、岩三种。如图 5-2-5 所示，即"一刀
切"。这种方法虽能识别出水和岩石，但是对剩余油不能进行量化分级。

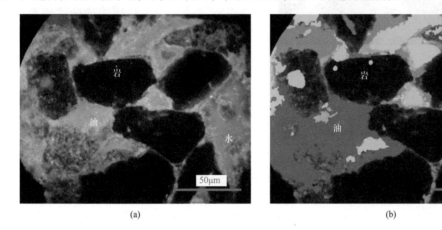

图 5-2-5　原始方法荧光原始图像（a）和图像分割结果（b）

　　目前主要采用剩余油按级识别的方法，即按照浓度，将剩余油分为强波及、中波及和
弱波及。在荧光的照射下，剩余油的电子发生跃迁，形成相应波长的激发光。激发光的波
长越短，能量越高，对应着剩余油的浓度越高。将发出波长为 570 ～ 660nm 激发光的剩
余油区域规定为强波及剩余油，660 ～ 730nm 对应着中波及剩余油，730 ～ 820nm 对应着
弱波及剩余油。如图 5-2-6 所示，紫红色区域为弱波及剩余油，蓝紫色为中波及剩余油，
黄色为强波及剩余油。

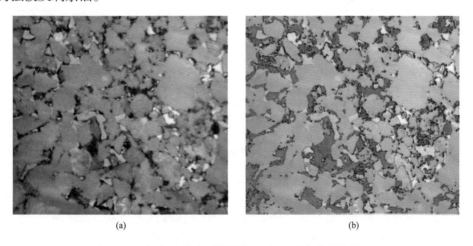

图 5-2-6　新方法荧光原始图像（a）和图像分割结果（b）

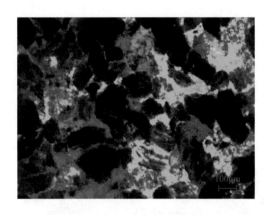

图 5-2-7　在全部含油面积中识别簇状剩余油

利用上述方法拍摄紫外荧光岩心微观图像后，应用专业的图像处理软件对薄片中的油、水、岩进行图像分割，实验中结合实际将微观剩余油划分为 5 类，分别是颗粒吸附状、薄膜状、簇状、角隅状、粒间吸附状。

以识别簇状剩余油为例简要介绍剩余油识别方式：（1）利用图像软件识别照片中含油部分；（2）人为识别不同类型的剩余油，标记为不同颜色，图 5-2-7 中红色面积是人为识别簇状剩余油；（3）在含油面积中划分不同类型的剩余油。

（四）紫外荧光薄片分析

为了研究天然岩心在被不同驱替体系驱替后的微观剩余油的分布情况，应用荧光显微镜剩余油观测技术，并使用了专业剩余油分析软件进行微观剩余油的定性及定量分析。室内驱替试验后的岩心，每个岩心制作 3 片岩心磨片，利用图像处理软件，处理含油区域，对碱—聚合物二元复合驱微观剩余油启动机理和动用情况进行分析（表 5-2-2）。

表 5-2-2　不同速度下的紫外荧光薄片统计表

流速（mL/min）	级别分布图 弱波及　中波及　强波及	强波及赋存类型 狭缝状　孔表薄膜状　簇状　粒间吸附状　角隅状	弱波及赋存类型 狭缝状　孔表薄膜状　簇状　粒间吸附状　角隅状
0.1	200μm	200μm	200μm
0.2	200μm	200μm	200μm
0.6	200μm	200μm	200μm

分析可知流速 0.1mL/min 时弱波及范围最大，这是因为此时流速太小，没有足够的驱动能量；随着流速的增加，波及强度开始增大，但是速度过大会发生水窜现象，使簇状剩余油开始增多，所以速度为 0.2mL/min 时采出程度最高，效果最好。

强波及强度下，主要剩余油类型为簇状，低流速下产生更多的簇状剩余油；弱波及强度下，主要剩余油类型为簇状和孔表薄膜状，流速为 0.2mL/min 时，薄膜状剩余油含量高，波及范围广（图 5-2-8）。

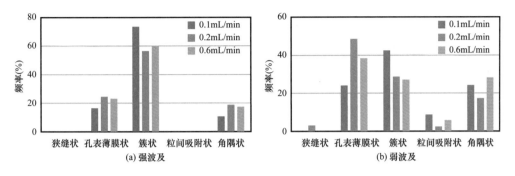

图 5-2-8 强波及和弱波及剩余油赋存形态直方图

三、核磁共振技术

核磁共振（NMR）现象是磁性核子对外加磁场的一种物理响应。所有含奇数个核子以及偶数个核子但原子序数为奇数的原子核，都具有磁动量。在静磁场中，磁性核子沿磁场方向排列。当有干扰使之偏离磁场方向时，其会沿磁场方向进动。若沿垂直方向加一交变电磁场，且频率与某一核子共振频率相同，该类核子就会发生核磁共振现象，沿新磁场方向排列。去掉交变磁场后，该类核子又会以进动方式向静磁场方向趋近，此时可以探测该类核子信息。核磁共振测量的 H^1 发生核磁共振后自由进动过程的衰减时间和振幅。振幅信息与 H^1 的数量成正比，通过刻度可以获得地层的孔隙度信息，衰减时间又被称为弛豫时间。核磁共振中有 2 种作用机制不同的弛豫，分别为纵向弛豫和横向弛豫。弛豫速度由岩石物性和流体特征决定。对于同一种流体，弛豫速度只取决于岩石物性。虽然纵向弛豫时间 T_1 和横向弛豫时间 T_2 均反映岩石物性和流体特征，但 T_1 弛豫时间测量较费时间，现代核磁共振通常测量 T_2 弛豫时间。仪器所测原始数据为自旋回波串，是多种横向弛豫分量共同贡献的结果，通过多指数反演，可以转换为 T_2 分布。

（一）核磁共振原理

1. 核磁共振孔隙模型

孔隙度是物质孔隙空间的量度，它是物质孔隙体积与物质总体积的比值，范围在 0～100% 之间。如果多孔介质被水饱和，核磁共振自旋回波串的初始幅度或 T_2 分布曲线围成的面积与探测范围内的孔隙流体中的氢原子数量成正比。因此，这一幅度经刻度后就可以给出孔隙度值。

2. 核磁共振 T_2 谱分布

自旋回波串衰减的幅度可以用一组指数衰减曲线的和来进行精确拟合，每个指数曲线都有不同的衰减常数。所有衰减常数的集合就形成了 T_2 分布。在饱和水岩石中，已经从数学上证明，与单孔隙有关的衰减曲线是一个单指数函数，衰减常数与孔隙尺寸成正比，孔隙小，T_2 值小；孔隙大，T_2 值也大。图 5-2-9 所示的 T_2 分布是从回波串反演得到的。

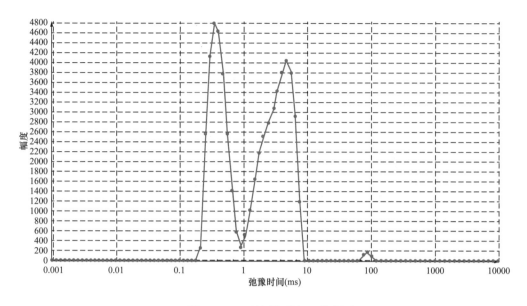

图 5-2-9　反演得到的 T_2 分布图

3. 孔径分布

如前所述，当亲水多孔介质完全被水饱和时，单一孔隙的 T_2 值与孔隙的表面积与体积的比值成正比，它就是孔隙尺寸的度量。这样观测到的所有孔隙的 T_2 分布就代表岩石的孔径分布。图 5-2-10 表示砂岩的弛豫时间分布和压汞毛细管压力（MICP）孔隙尺寸分布之间的对比。

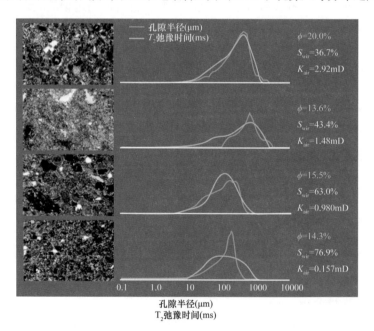

图 5-2-10　毛细管孔隙半径和 T_2 弛豫时间分布间的对比证明图

ϕ—孔隙度；S_{wir}—束缚水饱和度，%；K_{air}—空气渗透率

4.NMR 自由流体指数与束缚流体饱和度

利用 NMR 提供的孔隙度和孔径分布信息，可以估算渗透率和具有潜在生产能力的孔隙度（即可动流体含量）。

NMR 估算的生产孔隙度成为自由流体指数（MFFI，也叫 FFI）。MFFI 的评价是基于以下假设：可动流体赋存于大孔隙中，而束缚流体赋存于小孔隙中。由于 T_2 值是与孔隙尺寸有关的，因此可以选择一个 T_2 值，小于该值对应的流体存在于小孔隙中，大于该值则流体存在于大孔隙中，此值称为 T_2 截止值。通过在 T_2 分布上的划分，T_2 截止值将 T_2 分布分为自由流体指数（MFFI）和黏土表面结合水体积（MCBW）或毛细管束缚流体孔隙体积（BVI），如图 5-2-11 所示。

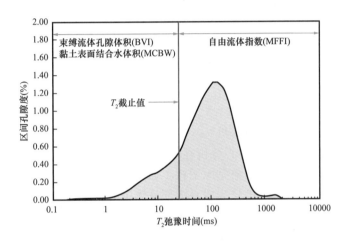

图 5-2-11　T_2 分布由可动（MFFI）和不可动（MCBW 和 BVI）两部分分布示意图

对饱和水的岩样进行 NMR 测量可以确定 T_2 截止值。具体上，要对完全饱和水和部分饱和水的同一块岩样的 T_2 分布进行对比。部分饱和水的岩样可以通过在特定的空气—盐水毛细管压力条件下，对完全饱和水的岩样进行离心得到。在实际应用中，还可采用地区的经验 T_2 截止值。

5. 岩心核磁共振实验法

如果不假定 T_2 截止值，该值也可以通过在实验室进行岩样的核磁共振测量来确定。在含水饱和度 S_w=100% 和 S_w 等于束缚水饱和度两个饱和条件下对岩样进行核磁共振特性分析（在根据毛细管压力曲线建立适当的饱和度值，或者直接使岩样脱干得到适当的毛细管压力）。为达到束缚水状态，要采用离心技术或隔板技术（在指定的毛细管压力下）。分别测量岩心 100% 饱和水以及离心到束缚水时的 T_2 谱，然后将饱和 T_2 谱从低端开始进行面积累加，得到饱和谱面积累加曲线，再将离心 T_2 谱从低端开始进行面积累加，得到离心谱面积累加曲线，以离心谱面积累加曲线的最大值作一条垂直于纵轴的直线，该直线与饱和谱面积累加曲线有一个交点，该交点在饱和 T_2 谱上所对应的 T_2 值即为 T_2 截止值，如图 5-2-12 所示。

当缺少实验数据时，也可以根据岩性采用缺省的 T_2 截止值数据。但是，T_2 截止值不但受介质材料影响，同时也受其他几个因素的影响。如孔壁化学性质、少数顺磁或铁磁物质、结构、孔喉与孔隙的比值以及其他未知的因素。

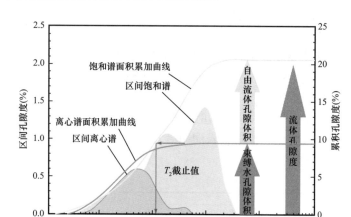

图 5-2-12　对于完全饱和（S_w=100%）和束缚饱和（S_{wi}）的岩样的 NMR 测量

6. 核磁共振在剩余油研究中的应用

近年来，低场核磁共振室内岩心分析在储层中孔隙结构评价、驱替实验、润湿性评价中广泛应用。核磁共振所研究对象是原子核（如氢核）在不同共振频率下发生的弛豫行为。核磁共振实验过程中测试的信号为岩心内部流体中的氢元素的信号，当实验中岩心内部含有水和油时，测量的 T_2 谱包括水的信号和油的信号，难以区分油水信号。

本实验用油为去氢煤油，核磁共振实验过程中测试不产生信号，核磁共振测得的信号仅为岩心中水的信号，因此各个状态测得 T_2 谱均为水相 T_2 谱。核磁共振测得信号量的多少反映岩心内流体含量的多少，而 T_2 谱可以反映岩石孔隙半径分布的情况，大孔隙对应的 T_2 弛豫时间较长；小孔隙对应的 T_2 较短。如图 5-2-13 所示，对于砂岩储层来说，通常认为 $T_2 < 10$ms 的为小孔隙的分布界限；T_2 弛豫时间 10 ~ 100ms 的为中等孔隙；$T_2 > 100$ms 的为大孔隙。因此通过核磁共振技术，不仅可以得到岩心总孔隙的含油量，得到不同孔隙区间的含油量，还可以精确得出岩心不同孔隙区间的剩余油分布。

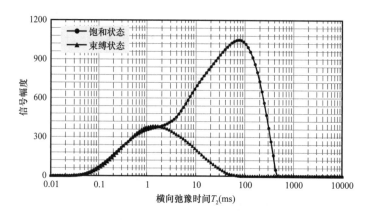

图 5-2-13　核磁共振信号量岩石孔隙半径分布的情况

（二）实验设备与方法

1. 实验设备

实验设备包括核磁共振岩心分析仪（oxford GeoSpec^2）、夹持器、环压泵、驱替泵、活塞容器等。该实验所使用的所有水都是重水，直接屏蔽了水中的氢离子信号（图 5-2-14）。

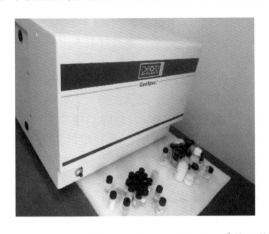

图 5-2-14　oxford GeoSpec^2 核磁共振岩心分析仪

2. 实验方法

（1）实验岩心：取 Z6-16-5 井天然疏松砂样胶结而成，岩心参数见表 5-2-3。

表 5-2-3　NMR 实验所用岩心基本参数

岩心编号	长度（cm）	直径（cm）	孔隙度（%）	气测渗透率（mD）
0917	15	2.5	31.8	967

（2）实验流体：重水；羊二庄原油与煤油复配，63℃时的黏度为 30mPa·s；聚合物为高分 3000 万聚合物，孔店表面活性剂 0.30%，界面张力 0.05mN/m，聚—表二元驱表观黏度 34mPa·s。

（3）实验条件：63℃，常压；

（4）水驱速度：0.2mL/min；

（5）实验流程如图 5-2-15 所示：

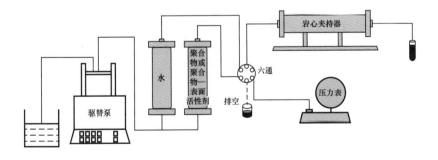

图 5-2-15　实验流程图

①将岩样饱和水、饱和油，建立束缚水形态，测试核磁共振 T_2 弛豫谱；
②将岩样用重水进行驱替至不同含水率以后，测试核磁共振 T_2 弛豫谱；
③将岩样用重水配置的二元驱 2PV，测试核磁共振 T_2 弛豫谱；
④将岩样使用后水恒速驱替至含水 98%。

（三）实验结果

由图 5-2-16 所示，在 T_1 图中，在水驱过程结束后，大孔隙和小孔隙的信号都有了少量的降低，由于是在含水 75% 转注的，水驱程度不高，还有大量的剩余油在岩心内。聚合物—表面活性剂二元驱后，大孔隙的信号大幅度降低，小孔隙信号略微上升，说明二元体系驱出了大量的大孔隙中的剩余油，并将油分解成小油簇，进入小孔隙中。

而在 T_2 图中，在水驱过程结束后，含水达到了 95%，此时动用的主要是大孔隙的剩余油，在弛豫时间 1 ～ 100m 之间的信号有了明显的降低，小孔隙的信号几乎没有改变，更加验证了水驱能开采小部分的小孔隙剩余油，但水驱的后期，会有部分的大孔隙剩余油被驱到小孔隙中，导致曲线中小孔隙的信号几乎不变。由于含水过高，二元驱后，信号幅度波动不大，不论是小孔隙剩余油还是大孔隙剩余油，都比水驱略微低一点，二元驱的效果不好。

将上述 3 种不同含水的结果绘制在一个表中，能更加清晰地看出效果。如图 5-2-17 所示。

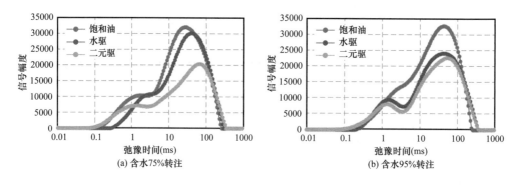

图 5-2-16　不同含水转注核磁共振 NMR 图

由图 5-2-17 可以看出，水驱主要开采的是大于 10μm 孔喉的剩余油，其次是 1 ～ 10μm 孔喉的剩余油，小于 1μm 孔喉的剩余油几乎没有开采。并且水驱含水率越高，水驱时间越长，水驱后期开采的是大孔隙中的剩余油，图中 95% 含水大 10μm 孔喉的水驱控制程度为 34.32%，远远大于含水 75% 和含水 85% 的 27.79% 和 28.64%。水驱主要动用大孔隙内的原油，驱替动用的孔喉下限为 5 ～ 7μm，二元驱动用的孔喉下限约为 1 ～ 2μm。

水驱后的二元驱中，不同孔喉半径的剩余油都有动用。含水 75% 后的二元驱主要动用的是小孔隙和大孔隙的剩余油，含水 85% 的二元驱动用的是大孔隙的剩余油，含水 95% 动用的是小孔隙和大孔隙的剩余油。水驱主要开采的是大孔隙中的剩余油，甚至还会将大孔隙中的剩余油驱替至小孔隙，形成更难开采的剩余油，因此二元驱需要能动用尽可能多的小孔隙剩余油，而从图 5-2-17 可以看出，含水 75% 转注二元后，小孔隙的采出程度更高，因此水驱至含水 75% 时转二元对小孔隙中的原油的动用程度更高，采出程度更高。

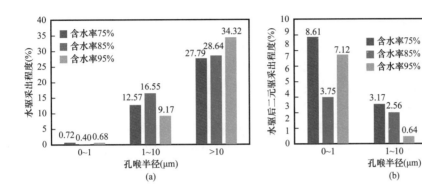

图 5-2-17　水驱不同孔隙的采收率贡献（a）、水驱后二元驱不同孔隙的采收率贡献（b）

由图 5-2-18 所示，在水驱过程结束后，大孔隙和小孔隙的信号都有了很明显的降低，说明水驱既动用了大孔隙中的剩余油，又动用了小孔隙中的剩余油。二元驱后，大孔隙中的剩余油减少，小孔隙中的剩余油增多，特别是小于 1μm 的孔喉剩余油有了明显的增加，说明在二元的作用下，油滴被分散剪切，形成了小尺寸的油簇。

进一步分析数据，得到了核磁共振驱替结果图，核磁共振驱替曲线结果图如图 5-2-19 所示，水驱主要动用的是 10 ～ 25μm 之间的剩余油。二元驱后，主要动用的是小于 25μm 孔喉的剩余油，且小于 1.5μm 孔隙中的采收率增加幅度大于 1.5 ～ 10μm 的孔隙，说明小孔隙得到了动用。相比于聚合物驱，二元能利用其低界面张力的性质，开采出小孔隙中的剩余油，这是二元驱的优势所在。

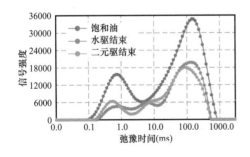

图 5-2-18　二元方案的核磁共振驱替结果图

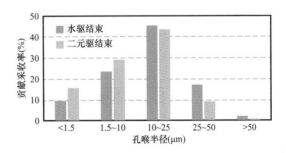

图 5-2-19　二元驱的核磁共振驱替结果图

四、CT 扫描数字岩心重构技术

计算机层析成像技术（Computerized Tomography）简称 CT 扫描技术。它能够快速、准确、无损地获取表征岩石孔隙结构的高分辨率图像，因此自从将其引入石油工程领域以来，国内外众多研究者利用该项技术在岩石微观孔隙结构分布特征方面都做出了重要贡献。

近几年，这项技术也被用于多孔介质多相流和反应流的可视化研究当中。2004年，Alvarado等借助微CT成像设备获得了孔隙空间中3种流体（分别为水、苯甲醇和烷烃）的赋存位置、分布特征以及每一相流体的饱和度分布。2012年，Iglauer等使用X射线微CT技术对亲油和亲水砂岩在残余油饱和度状态下进行成像，结果表明亲油岩石的残余油饱和度低于亲水岩石的残余油饱和度，残余油滴尺寸分布服从幂律分布。2014年，Andrew等采用微CT成像技术分别对砂岩和碳酸盐岩中CO_2—盐水—岩石进行成像，对CO_2的封存机理进行了研究。2015年，Menke等使用微CT成像设备研究了地层条件下孔隙结构分布以及CO_2在碳酸盐岩中的运移，结果表明孔隙尺度下反应物的运移能够限制溶解，降低平均反应速率。

CT成像技术现已在孔隙结构表征和多相流可视化研究方面取得了显著的成果，该方法能够快速、准确地获取微尺度下表征接触关系的高分辨率图像，为研究微观剩余油分布及流动特征提供了一条新的研究途径。

（一）测试原理

X射线CT是利用锥形X射线穿透物体，通过不同倍数的物镜放大图像，由360°旋转所得到的大量X射线衰减图像重构出三维的立体模型（图5-2-20）。利用CT进行岩心扫描的特点在于：不破坏样本的条件下，能够通过大量的图像数据对很小的特征面进行全面展示。由于CT图像反映的是X射线在穿透物体过程中能量衰减的信息，因此三维CT图像能够真实地反映出岩心内部的孔隙结构与相对密度大小。

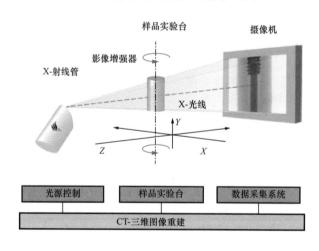

图5-2-20　CT扫描原理图

（二）实验流程

将岩石样品放置于扫描仪内，通过收集X射线在穿透岩石过程中的能量衰减信息，对岩石内部结构进行图像的重构。通过收集能量信息的不同区分不同的物质相，掌握所有物质相后，进行岩石三维模型的重构，进而形成岩石内部孔喉的结构及分布特征图谱，表征最接近岩石内部真实的结构形态。

1. 实验岩心

明化镇组取 Z6-16-5 井天然疏松砂样胶结而成的人造岩心（图 5-2-21），冲积扇取 ZAO1281-8 井天然柱状岩心，具体每根岩心基本参数详见表 5-2-4。

表 5-2-4　CT 扫描实验岩心基本参数

井号	岩心编号	长度（cm）	直径（mm）	孔隙度（%）	渗透率（mD）
Z6-16-5	0916	3	8	32.2	741
ZAO1281-8	V4-3E			23.4	86

2. 实验条件

（1）实验温度：羊二庄区块 63℃，枣园区块 72℃；常压；

（2）实验用水：模拟地层水；

（3）实验用油：所用实验用油均为相应区块脱水原油；

（4）实验设备：CT 扫描设备、CT 夹持器、高精度恒速泵。

图 5-2-21　CT 设备与实验所用岩心

3. 实验步骤

（1）将岩心抽空，饱和水，饱和油。

（2）对于水驱后实验方案，水驱阶段采用一注一采井位，用恒速泵进行驱替至出口端不产油。为保证实验的重复性和可对比性，要求水驱阶段结束时以形成注采井之间的主流通道为标准，水驱阶段如果没有形成主流通道，实验需重复进行，水驱实验满足要求后才能进行后续的二元驱，二元驱步骤见步骤（3）。

（3）二元驱阶段：将恒速泵的流量设定为 0.01mL/min，采用一注一采井位进行驱替。入口端即模拟注入井，出口端即模拟采出井。驱替至采出端不出油结束实验。

（4）实验共进行 5 次 CT 扫描，分别为干扫、饱和水扫、饱和油扫、水驱后扫、二元驱后扫。

（5）清洗仪器，结束实验。

（三）实验结果

1. 数字岩心模型

根据图 5-2-22 所示的流程进行岩心的三维重建，该 CT 扫描的体素不小于 $1920 \times 1920 \times 1536$，折合每个体素下的测量精度为 5.48μm。

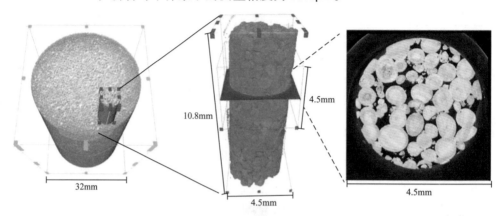

图 5-2-22　CT 实验岩心三维重建示意图

利用 Avizo 与 Pergeos 软件将扫描后的位图结果进行分析与重构，得到的明化镇组岩心经过处理后的数字岩心模型，通过 volume edit 功能选取主要分析部分进行裁剪，得到 5mm 边长的正方体数字岩心。将数字岩心进行滤波后基于不同物质的不同灰度值，利用交互式阈值分割方法得到总孔隙网络模型、单独水相提取模型、单独油相提取模型、油水共存提取模型（图 5-2-23）。

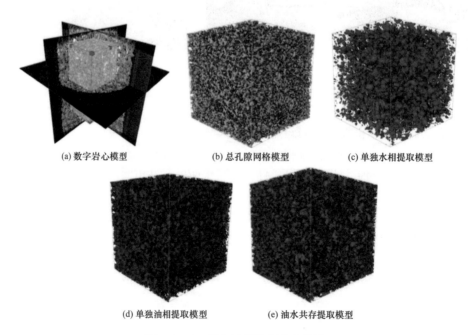

(a) 数字岩心模型　　　　(b) 总孔隙网格模型　　　　(c) 单独水相提取模型

(d) 单独油相提取模型　　　　(e) 油水共存提取模型

图 5-2-23　明化镇组数字岩心模型

2. 数字岩心结果

分割结果表明，该区块岩心孔隙度为 31.67%，死孔隙体积比例为 8.16%，这里死孔隙体积则指无法饱和进流体、对于流体流动无贡献的那一部分孔隙，岩心单相氮气测渗透率为 1630mD，经过抽真空、饱和水、饱和油的实验步骤后，岩心孔隙内部含油饱和度达到 73.24%，含水饱和度为 18.6%。得到数字岩心参数见表 5-2-5。

表 5-2-5　明化镇组数字岩心参数表

孔隙度（%）	渗透率（mD）	含水饱和度（%）	含油饱和度（%）	死孔隙体积比例（%）
32.2	1630	18.6	73.24	8.16

3. 驱替后剩余油分析

驱替结束后，岩心内均存在一定数量的剩余油，剩余油均以不同形态分布于岩心孔隙中，利用 CT 扫描重构手段可以将岩心内剩余油重构出，并根据剩余油的物理参数以及剩余油与孔隙骨架的接触特征定义了三种剩余油定量表征参数，分别为形状因子、欧拉数以及接触比。表 5-2-6 列出了剩余油表征参数的计算方法以及对应的物理意义。

表 5-2-6　剩余油各表征参数

表征参数	计算公式	物理意义	变化程度
形状因子 G	$G=A/P^2$，其中 A 为孔隙的横截面积，P 为孔隙横截面周长	反映单块剩余油形状与球体的接近程度	形状因子越小单块剩余油形状越接近球体，越大越不规则
欧拉数 EN	$EN=1-$ 洞数 + 闭腔数	反映单块剩余油孔洞数量	欧拉数越小孔洞数越多
接触比 C	$C=$ 油与骨架接触面积 / 孔壁面积	反映单块剩余油与孔壁接触关系	接触比越小剩余油附着在孔隙表面比例越小

通过表征参数总结了以下 4 种剩余油类型（图 5-2-24），可将剩余油分为：簇状、多孔状、块状、柱状、滴状、膜状，通过大量的数据训练给出了以下的剩余油分类标准（表 5-2-7）。其中簇状剩余油的参数：$EN<-1$、$C>1.7$、$G>300$；多孔状剩余油参数：$EN\leqslant-1$、$C>1.7$、$50<G<300$；油滴状剩余油参数：$EN<-1$、$C>1.7$、$0<G<30$；薄膜状剩余油参数：$EN\geqslant0$、$C<1.7$、$0<G<2$。利用该方法可以对剩余油类型进行定量化分类与表征。

表 5-2-7　剩余油分类标准

CT 三维重建	动用难易	分类标准
簇状剩余油		$EN<-1$，$C>1.7$，$G>300$
多孔状剩余油	易 ↓ 难	$EN\leqslant-1$，$C>1.7$，$50<G<300$
块状、柱状剩余油		$EN<-1$，$C>1.7$，$0<G<30$
滴状、薄膜状剩余油		$EN\geqslant0$，$C<1.7$，$0<G<2$

第三节 不同注入方式下的剩余油赋存状态测试分析

油田长期进行注水开发已经进入特高含水阶段，储层非均质性对水驱效果的影响越来越明显。在水驱开发过程中，注水具有沿高渗透方向优先推进的特点，容易形成优势通道，从而导致驱替过程不均衡，进而影响油藏整体的开发效果。因此，降低储层平面非均质性对水驱效果的影响，调整和重建各向均衡的水驱注采体系成为高含水油田提高采收率的主导思路。目前，国内外主要通过油藏物理模拟和数值模拟的方法来研究平面非均质性对剩余油分布规律的影响，物理模拟大多通过制作天然岩心或人造岩心模型，通过驱替试验研究非均质性对岩心渗流规律的影响，数值模拟主要从油藏的角度，应用物理模拟的成果，研究非均质对整个油藏的影响，根据油藏渗透率分布，制作不同渗透率级差的人造岩心模型，设计不同注入速度、不同渗透率级差的水驱、化学驱试验，分析不同条件下平面非均质对驱油效率以及剩余油分布规律，为后期数值模拟提供重要的理论支持。

一、不同注入速度的剩余油赋存状态测试分析

大港油田近年来针对馆陶组疏松砂岩进行了水与聚合物的冲刷实验，对不同速度下疏松砂岩的渗透特征进行了测试研究，给出了合理的注入速度界限；同时，基于人造岩心评估了羊三木、羊二庄和枣园区块注入速度对开发效果的影响。

（一）水与聚合物冲刷实验

1. 实验条件
（1）实验温度：63℃，常压；
（2）实验用水：模拟地层水，离子浓度见表5-3-1。

表5-3-1 水与聚合物冲刷实验地层水离子组成

离子含量（mg/L）						总矿化度（mg/L）
K⁺+Na⁺	Mg²⁺	Ca²⁺	Cl⁻	CO₃	HCO₃⁻	
2549	49	76	3864	61	465	7064

2. 实验装置
实验装置包括：（1）Waring搅拌器；（2）电子天平：JA2003A，精度为1mg；（3）电子天平：ES-10K-4TS型，精度为0.1g；（4）界面张力仪；（5）布氏黏度计；（6）FY-3型恒温箱；（7）ISCO驱替泵；（8）岩心驱替设备；（9）岩心夹持器；（10）压力采集设备。

3. 实验方案
（1）实验岩心：取K1064-3天然岩心拼接使用，岩心基本参数见表5-3-2。

表 5-3-2　水与聚合物冲刷实验所用岩心基本参数

岩心号	长度（cm）	直径（cm）	孔隙度（%）	渗透率（mD）
4-013R+4-013S+4-013T	14.3	2.5	37	895
5-002+5-003+5-004+5-005+5-006	15.4	2.5	34	962

（2）实验流体：模拟地层水；聚合物（质量分数为 0.15%，分子量 3000 万，剪切至黏度 34mPa·s）；

（3）水与聚合物驱替速度：在矿场速度 0.3 ～ 9m/d 之间选取了 12 个速度，并换算至实验室速度，所取速度值见表 5-3-3。

表 5-3-3　水与聚合物冲刷实验驱替速度

矿场速度（m/d）	实验速度（mL/min）
0.3	0.038
0.5	0.063
0.6	0.076
1	0.126
1.2	0.151
1.5	0.189
1.8	0.227
2	0.252
3	0.378
5	0.631
7	0.883
9	1.135

（4）实验步骤：

①对烘干后的岩心测量尺寸、干重，然后抽真空、饱和水，计算孔隙度；

②将准备好的人造岩心放入岩心夹持器中装好，加环压，连接实验流程；

③以不同流速（方案中与矿场实际对应的 9 种速度）注入模拟水，直至注入压力维持稳定，记录不同流速下对应的注入压力；

④以不同流速（方案中与矿场实际对应的 9 种速度）注入聚合物，直至注入压力维持稳定，记录不同流速下对应的注入压力（聚合物参数同前）。

（5）实验流程

①测量岩样的直径、长度、干重等基础数据；

②将岩样抽真空，饱和水，建立束缚水，并计算出岩样孔隙度；

③连接好如图 5-3-1 所示的实验流程，并开始进行驱油试验。

4. 实验结果

按照实验方案分别进行不同速度的水冲刷及聚合物冲刷实验，记录稳定压力，并按照达西公式计算视渗透率，水驱不同速度下得到图版如图 5-3-2 和图 5-3-3 所示。

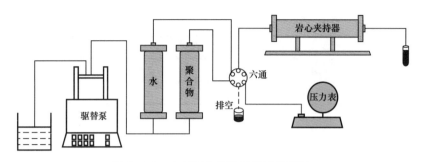

图 5-3-1　水与聚合物冲刷实验流程图

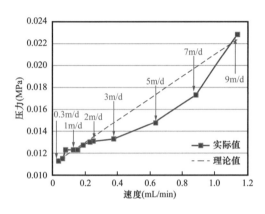

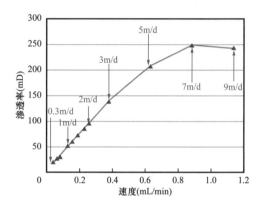

图 5-3-2　水驱不同速度下稳定驱替压力变化曲线　　　图 5-3-3　水驱不同速度下渗透率变化曲线

　　理论上，岩心孔隙结构不发生变化，压力曲线为直线；实验压力曲线非直线，说明不同流速水冲刷下，岩心孔隙结构发生变化，随着水的驱替速度增大，岩心渗透率也随之增大。

　　由于聚合物是非牛顿流体，其表观黏度随速度变化，聚合物的视渗透率按照达西公式计算，其中黏度值按照聚合物的流变曲线进行不同线速度下的表观黏度计算得到，聚合物流变曲线如图 5-3-4 所示。

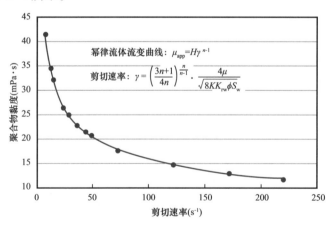

图 5-3-4　聚合物黏度随剪切速率变化曲线

μ_{app}—表观黏度，mPa·s；μ—聚合物黏度，mPa·s；H—流体的稠度系数或幂律系数，mPa·s^n；
γ—流体的剪切速率，s^{-1}；n—流体的流动特性指数或幂律指数；ϕ—孔隙度，%；
K—多孔介质的渗透率，mD；K_{rw}—水相相对渗透率；S_w—含水饱和度，%

聚合物驱不同速度下得到如图 5-3-5 所示图版，聚合物是非牛顿流体，不同速度对应着不同的表观黏度；聚合物驱的视渗透率随速度增大而不断下降，说明疏松砂岩在聚合物的高速冲刷下，其颗粒发生运移，渗透性变差，且下降速度先快后慢；给出矿场聚合物驱的速度界限为 2.6m/d。

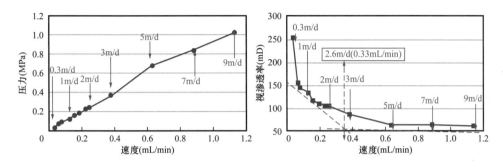

图 5-3-5 聚合物驱不同速度下稳定驱替压力变化曲线和视渗透率变化曲线

（二）注入速度实验

化学药剂的注入速度是实施化学驱的过程中一项重要参数，这项参数选择的合理与否，将直接影响聚合物驱的技术效果和经济效益，注入速度是影响聚合物驱开发效果的重要指标，而由于假设条件的局限性，数值模拟方法无法体现聚合物溶液弹性对注入速度的影响，因此，进行室内岩心实验，研究化学驱注入速度对驱油效果的影响。

1. 实验条件

（1）实验温度：63℃，常压；

（2）实验用水：模拟地层水，离子浓度见表 5-3-4。

表 5-3-4 注入速度实验地层水离子组成

离子含量（mg/L）						总矿化度（mg/L）
$K^+ + Na^+$	Mg^{2+}	Ca^{2+}	Cl^-	CO_3^-	HCO_3^-	
2549	49	76	3864	61	465	7064

（3）实验用油：复配油，羊三木原油与煤油复配，63℃下黏度为 140mPa·s。

2. 实验装置

实验装置包括：（1）Waring 搅拌器；（2）电子天平：JA2003A，精度为 1mg；（3）电子天平：ES-10K-4TS 型，精度为 0.1g；（4）界面张力仪；（5）布氏黏度计；（6）FY-3 型恒温箱；（7）ISCO 驱替泵；（8）岩心驱替设备；（9）岩心夹持器；（10）压力采集设备。

3. 实验方案

（1）实验岩心：取 K1064-3 天然岩心拼接使用，每根岩心基本参数详见表 5-3-5。

表 5-3-5　不同注入速度实验岩心基本参数

岩心号	长度（cm）	直径（cm）	渗透率（mD）	孔隙度（%）
7-002+7-004+7-005	14.3	2.5	850	37
8-006+8-007+8-008+8-009+8-010	15.4	2.5	710	34
9-009+9-010+9-011+9-012+9-013	15.6	2.5	890	32
10-010+10-011+10-012+10-014	15.6	2.5	905	32

（2）实验流体：模拟地层水；模拟油（63℃下黏度为 140mPa·s）；3000 万高分子量聚合物质量分数为 0.15%（分子量 3000 万，黏度 43mPa·s）。

（3）驱替速度：0.1mL/min、0.2mL/min、0.4 mL/min、0.6mL/min（每组实验水驱速度及聚合物驱替速度保持一致）。

（4）实验步骤：

①对烘干后的岩心测量尺寸、干重，然后抽真空、饱和水，计算孔隙度、渗透率；

②将准备好的人造岩心放入岩心夹持器中装好，加环压，连接实验流程；

③饱和油，以 0.1mL/min 流速注入模拟油，计算初始含油饱和度，并老化一夜；

④各组实验分别以不同流速水驱油至含水 90% 以上，转换为聚合物—表面活性剂二元驱（简称聚—表二元驱），含水达 95% 以上后，转后续水驱。记录进出口压力、产油量和产液量的变化。

（5）实验流程（图 5-3-6）：

①测量岩样的直径、长度、干重等基础数据；

②将岩样抽真空，饱和水，饱和油，建立束缚水，并计算出岩样孔隙度；

③连接好如图 5-3-6 所示的实验流程，并开始进行驱油试验。

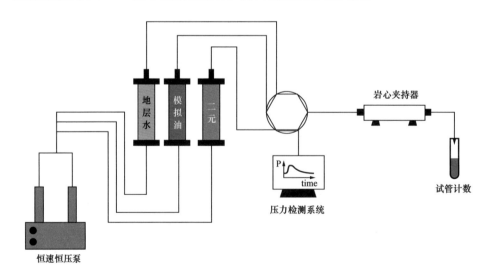

图 5-3-6　注入速度实验流程图

4. 实验结果与分析

由图 5-3-7 可知，羊三木区块不同速度实验中，各速度下的采出程度效果排列如下：0.2mL/min＞0.4mL/min＞0.6mL/min＞0.1mL/min，最终采出程度效果最佳的为 0.2mL/min，最差的为 0.1mL/min；而在前期水驱阶段，各速度水驱采收率相差不大。

各流速度下的含水率变化特征基本一致，由图 5-3-8 可知，水驱阶段随着开发进行，含水率不断升高，均在注入二元后有所下降，后又逐渐升高。注入压力总体随流速递增而增大。水驱阶段低流速注入压力与高流速注入压力有较明显差异（图 5-3-9），但低流速区间（0.1mL/min、0.2mL/min）及高流速区间（0.4mL/min、0.6mL/min）内部差异不大；注二元后，各流速的压力差异十分明显，相邻流速之间同注入倍数下的驱替压力相差 2 倍。

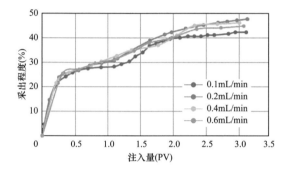

图 5-3-7　不同速度下采出程度变化曲线

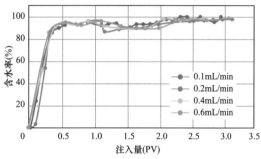

图 5-3-8 不同速度下含水率变化曲线

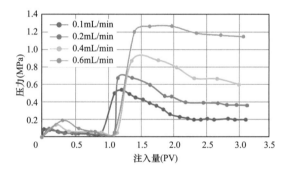

图 5-3-9　不同速度下压力变化曲线

二、不同采出程度的剩余油赋存状态测试分析

基于人造岩心评估了羊三木、羊二庄和枣园区块在不同采出程度时进行聚合物或二元注入对开发效果的影响。

（一）实验条件

（1）实验温度：63℃，常压；
（2）实验用水：模拟地层水，离子浓度见表 5-3-6。

表5-3-6 不同采出程度的剩余油赋存状态实验地层水离子组成

离子含量（mg/L）						总矿化度
$K^+ + Na^+$	Mg^{2+}	Ca^{2+}	Cl^-	CO_3^-	HCO_3^-	（mg/L）
2549	49	76	3864	61	465	7064

（3）实验用油：复配油，羊三木区块原油与煤油复配，63℃下黏度为140mPa·s。

（二）实验装置

实验装置包括：（1）Waring 搅拌器；（2）电子天平：JA2003A，精度为1mg；（3）电子天平：ES-10K-4TS型，精度为0.1g；（4）界面张力仪；（5）布氏黏度计；（6）FY-3型恒温箱；（7）ISCO驱替泵；（8）岩心驱替设备；（9）岩心夹持器；（10）压力采集设备。

（三）实验方案

（1）实验岩心：取 K1064-3 天然岩心拼接使用，每组实验结束洗油反复使用，每根岩心基本参数详见表5-3-7。

表5-3-7 不同采出程度实验岩心基本参数

岩心号	长度（cm）	直径（cm）	孔隙度（%）	渗透率（mD）
1-004+1-005+2-009+2-010 +2-012+3-004+3-004V	30.3	2.5	35.1	960

（2）实验流体：模拟地层水；模拟油（63℃下黏度为140mPa·s）；高分子量聚合物3000万1500mg/L，表观黏度为43mPa·s。

（3）驱替速度：0.2mL/min。

（4）实验步骤：

①对烘干后的岩心测量尺寸、干重，然后抽真空、饱和水，计算孔隙度、渗透率。

②将准备好的人造岩心放入岩心夹持器中装好，加环压，连接实验流程。

③饱和油，以 0.1mL/min 流速注入模拟油，计算初始含油饱和度，并老化一夜。

④各组实验以 0.2mL/min 流速水驱油，分别在注入 0.2PV、0.4PV、0.6P 和 1PV 时转换为聚合物驱，含水再次达95%以上后，转后续水驱。记录进出口压力、产油量、产液量的变化。

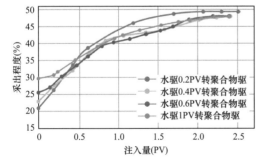

图 5-3-10 不同注入时机下采出程度变化图

（四）实验结果与分析

由图 5-3-10 及表 5-3-8 可得，聚合物驱注入时机越早，聚合物驱提高采收率幅度最大，其最终采收率越高，但其他注入时机下最终采出程度相差不大，聚合物驱提高采收率幅度随注入时机推迟而降低。

表 5-3-8 不同注入时机下实验采出程度数据表

注入时机（PV）	0.2	0.4	0.6	1
水驱采出程度（%）	21	22.8	25.5	29.7
水驱结束含水率（%）	52.6	81.2	89.7	96.1
最终采出程度（%）	49.3	47.9	48	47.8
聚合物提高采收率幅度（%）	28.3	25.1	22.5	18.1

由图 5-3-11 可以发现，各转换时机下驱替过程中含水率变化相近，均为迅速增加，见水即高含水。相对应的采收率曲线也逐渐平稳，注入聚合物段塞后，含水率迅速降低，均存在一定的压降漏斗范围。对应到采收率曲线上可以发现，注入化学体系后采出程度明显上升，在整个压降漏斗内提高采收率效果显著；后续水驱替阶段含水率变化存在一定的差异。

由图 5-3-12 发现，实验过程中压力形态变化规律基本一致，水驱阶段压力迅速增加，水突破后注入压力缓慢下降，化学驱阶段压力直线上升，聚合物驱阶段的注入压力继续上升后保持稳定，注入压力没有明显的波动，后续水驱替阶段压力迅速降低，实验结束时未出现明显的平稳段，与水驱压力相近。4 种转换时机下转注时机越靠前转注压力越高。

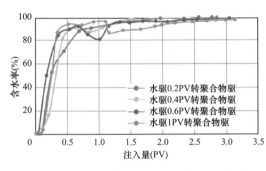

图 5-3-11 不同含水率下采出程度变化图

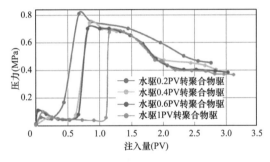

图 5-3-12 不同注入时机下压力变化图

三、不同原油黏度下的剩余油赋存状态测试分析

原油黏度、油层非均质性和聚合物分子量是影响聚合物驱油效果的重要因素。原油黏度在很大程度上决定了聚合物驱是否可行。一般原油黏度小于 100mPa·s，其流度比可以得到较好的改善，适合进行聚合物驱。油层越均质，水驱开发效果越好，聚合物驱潜力越小。而非均质程度很大的油层，当原油黏度较小时，聚合物一进入油层，就会向油层下部的高渗透层窜流，把高渗透层的油驱替出来，所以采收率提高值较大。但随着原油黏度的增大，聚合物驱效果变差，采收率提高值逐渐变小。

（一）实验条件

（1）实验温度：63℃，常压；

（2）实验用水：模拟地层水，离子浓度见表 5-3-9。

表 5-3-9　地层水离子组成

| 离子含量（mg/L） | | | | | | 总矿化度 |
K⁺+Na⁺	Mg²⁺	Ca²⁺	Cl⁻	CO₃⁻	HCO₃⁻	（mg/L）
2549	49	76	3864	61	465	7064

（3）实验用油：

羊三木区块：复配油，羊三木区块原油与煤油复配，63℃下黏度为 140mPa·s；

孔店区块：复配油，孔店区块原油与煤油复配，63℃下黏度为 70mPa·s；

羊二庄区块：复配油，羊二庄区块原油与煤油复配，63℃下黏度为 30mPa·s；

（二）实验装置

实验装置包括：（1）Waring 搅拌器；（2）电子天平：JA2003A，精度为 1mg；（3）电子天平：ES-10K-4TS 型，精度为 0.1g；（4）界面张力仪；（5）布氏黏度计；（6）FY-3 型恒温箱；（7）ISCO 驱替泵；（8）岩心驱替设备；（9）岩心夹持器；（10）压力采集设备。

（三）实验方案

（1）实验岩心：分别取 Zh6-16-5 井、K1064-3 井和 Y11-16-1 井天然疏松砂样胶结而成，岩心参数见表 5-3-10。

表 5-3-10　不同原油黏度实验岩心基本参数

井号	岩心编号	长度（cm）	直径（cm）	孔隙度（%）	气测渗透率（mD）
Zh6-16-5	0916	15	2.5	30.6	890
K1064-3	0917	15	2.5	31.1	789
Y11-16-1	0918	15	2.5	36.2	1001

（2）实验流体：模拟地层水；高分子量聚合物 3000 万 1500mg/L，表观黏度分别为 140mPa·s、70mPa·s 和 30mPa·s。

（3）驱替速度：0.2mL/min。

（4）实验步骤：

①对烘干后的岩心测量尺寸、干重，然后抽真空、饱和水，计算孔隙度、渗透率。

②将准备好的人造岩心放入岩心夹持器中装好，加环压，连接实验流程。

③饱和油，以 0.1mL/min 流速注入模拟油，计算初始含油饱和度，并老化一夜。

④各组实验以 0.2mL/min 流速水驱油，在注入 0.4PV 时转换为聚合物驱，含水再次达 95% 以上后，转后续水驱。记录进出口压力、产油量、产液量的变化。

（四）实验结果与分析

由图 5-3-13 可得，在不同原油黏度驱替实验中，原油黏度越低，水驱采收率越高，最终采收率越高，但不同原油黏度下，后续聚合物驱阶段，各黏度提高采收率幅度大致相同（约为 18%）。

前期水驱阶段，不同黏度原油的注入压力之间差异不大；但注聚合物以后，原油黏度的压力差异十分明显，总体上表现为原油黏度越大，注入压力越大。

各原油黏度下的含水率变化特征基本一致，水驱阶段随着开发进行，含水率不断升高后平稳，均在注入聚合物后有所下降，后又逐渐升高至平稳。

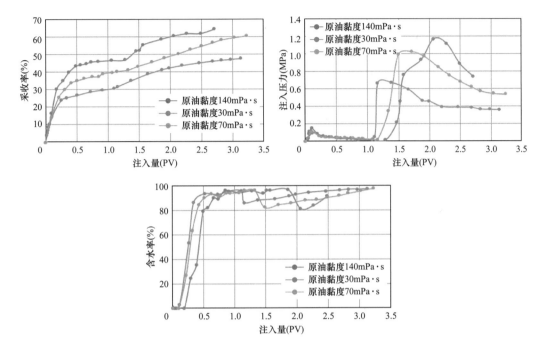

图 5-3-13　不同原油黏度下采收率、注入压力和含水率变化图

四、小结

（1）疏松砂岩流动性能测试结果表明：注入速度越大，岩心渗透率也随之增大；聚合物等非牛顿流体的视渗透率随注入速度的增大而降低；结合含油实验测试，给出馆陶组疏松砂岩聚合物驱的注入速度不应超过 0.20PV/a，聚合物驱注入速度不应超过 0.12PV/a。

（2）优化给出馆陶组的最优注入速度为 0.12PV/a。

（3）当馆陶组设计的聚合物注入段塞用量为 0.5PV，聚合物驱时机越早，最终采收率越高。明化镇组的二元段塞在 0.3PV～1PV 之间时，水驱至含水率 70% 转二元最好。冲积扇二元段塞尺度的设计界限为 0.5PV～0.8PV，转注时机低于含水 80% 时，段塞尺寸应高于 0.8PV；转注时机在含水 90% 以上，段塞尺寸应低于 0.8PV。

（4）在不同原油黏度驱替实验中，原油黏度越低，水驱采收率越高，最终采收率越高，但不同原油黏度下，后续聚合物驱阶段，各黏度提高采收率幅度大致相同（约为 18%）。

第四节　不同驱替介质的微观剩余油动用特征测试分析

为了从微观机理上分析不同化学介质对驱油效率的作用，应用铸体薄片、CT 扫描及微观仿真玻璃刻蚀模型实验等研究手段，分析不同驱替介质对岩心孔隙结构和提高油气采收率的影响。本节通过对聚合物、聚表二元体系和聚—表—碱三元体系三种驱替介质进行驱油实验，证实化学介质对岩心优势渗流路径具有一定的堵塞作用，具有扩大驱油波及范围作用。并且驱油效率由聚合物驱—二元驱体系—三元驱体系逐渐变优，驱油波及面积逐渐增大，更大程度提高油气采收率，为油田开发后期三次采油方案提供理论依据。针对研究样品分别进行了聚合物驱、聚—表二元驱、聚—表—碱三元复合驱 3 种不同介质的驱替实验，包括宏观岩心驱替实验以及微观芯片微流控实验，从不同尺度上研究了不同驱替介质在 3 个区块中，对微观剩余油的动用特征。

一、聚合物驱剩余油动用特征测试分析

（一）聚合物岩心驱油实验

为评价聚合物驱对馆陶组、明化镇组和冲积扇三种沉积类型油藏的剩余油动用特征，分别取三个区块的天然岩心，完成了以下聚合物岩心驱替实验。

1. 实验条件

（1）实验温度：羊三木区块和羊二庄区块 63℃，枣园区块 72℃。

（2）实验用水：模拟地层水，离子组成见表 5-4-1。

表 5-4-1 聚合物岩心驱油实验地层水离子组成

区块	离子含量（mg/L）						总矿化度（mg/L）
	$K^+ + Na^+$	Mg^{2+}	Ca^{2+}	Cl^-	CO_3^-	HCO_3^-	
羊二庄	2549	49	76	3864	61	465	7064
羊三木							
枣园	10843	400	64	16861	0	512	28680

（3）实验用油。

馆陶组：复配油，羊三木区块原油与煤油复配，63℃下黏度为 140mPa·s；

明化镇组：羊二庄区块原油与煤油复配，63℃下黏度为 30mPa·s；

冲积扇：枣园区块复配油，与煤油复配，72℃下黏度为 25mPa·s。

2. 实验装置

实验装置包括：（1）Waring 搅拌器；（2）电子天平：JA2003A，精度为 1mg；（3）电子天平：ES-10K-4TS 型，精度为 0.1g；（4）界面张力仪；（5）布氏黏度计；（6）FY-3 型恒温箱；（7）ISCO 驱替泵；（8）岩心驱替设备；（9）岩心夹持器；（10）压力采集设备。

3. 实验方案

（1）实验岩心。

馆陶组取 K1064-3 井天然柱状岩心拼接成 2.5cm×15cm 使用，明化镇组取 Z6-16-5 井天然疏松砂样胶结而成的人造岩心，冲积扇取 Z1281-8 井天然柱状岩心拼接成 2.5cm×15cm 使用，具体明细如下，每根岩心基本参数详见表 5-4-2。

表 5-4-2　聚合物岩心驱油实验岩心基本参数

区块	岩心编号	深度（m）	层位	孔隙度（%）	气测渗透率（mD）	备注
羊三木	4-013A	1356.25	Ng Ⅱ 3-1	36.5	1500	
	4-013C	1356.27				
	4-013E	1356.29				
羊二庄	0916			32.2	1005	岩心直径 × 长度 =2.5cm × 15cm
枣园	V3-2C	1986.28	V 3-2	26.6	127	
	V3-2D	1986.30				

（2）实验流体：模拟地层水。

馆陶组 / 明化镇组：高分子量聚合物 3000 万，1500mg/L，表观黏度 43mPa·s;

冲积扇：疏水缔合 APP4 聚合物 2000 mg/L，表观黏度 55.4mPa·s。

（3）水驱速度：0.2mL/min。

（4）实验步骤：

①对烘干后的岩心测量尺寸、干重，然后抽真空、饱和水，计算孔隙度、渗透率。

②将准备好的人造岩心放入岩心夹持器中装好，加环压，连接实验流程。

③饱和油，以 0.1mL/min 流速注入模拟油，计算初始含油饱和度，并老化一夜。

④以 0.2mL/min 流速水驱油至含水 95% 以上，转换为聚合物驱，含水率再次达 95% 以上后，转后续水驱。记录进出口压力、产油量和产液量的变化。

4. 实验结果

以相同的实验条件分别对 3 个区块的岩心进行驱油实验，研究聚合物驱的剩余油动用情况。实验结果如图 5-4-1 所示。

水驱采收率为 30% 左右，注聚后提高采收率幅度 18 个百分点。压力在水驱阶段存在先升后降的规律，注聚后压力上升幅度极大，并达到一个峰值后逐渐下降。含水率在水驱阶段随着开发阶段的进行逐渐上升，注聚后有小幅度下降，并再次逐渐上升。

（二）聚合物微观驱油实验 – 微流控技术

微流控技术（microfluidics）是 20 世纪 90 年代以来发展迅速的一个多学科交叉研究领域，微尺度下对流体的精准控制使其十分适宜于进行化学驱提高采收率机理研究。采用多种微流控模型，进行多种化学体系组合驱替实验，研究动态驱替过程中的微观剩余油分布状态，以及化学体系组合对微观剩余油的启动规律，并研究了化学体系的动用规律。

微流控材料包括玻璃材料（成本高、刻蚀技术工艺复杂等），PDMS（聚二甲基硅氧烷，原材料便宜、加工制作简单），PMMA（聚甲基丙烯酸甲酯），PC（聚碳酸酯），均具有良好的密封性、光学特性。本实验中主要采用 PDMS 材料开展微观驱替实验，PDMS 具有良好的油湿性特性，润湿角在 110°±2° 范围内，利用 PDMS 材料设计了砂岩模型。

其中，以孔店油田 K1064-3 井馆陶组的砂岩铸体薄片为基准，对薄片中孔隙结构进行图像识别分析处理，选取其中经典孔喉特征，将其按同样的大小尺寸，按比例缩放后，适当调整，制作砂岩芯片。

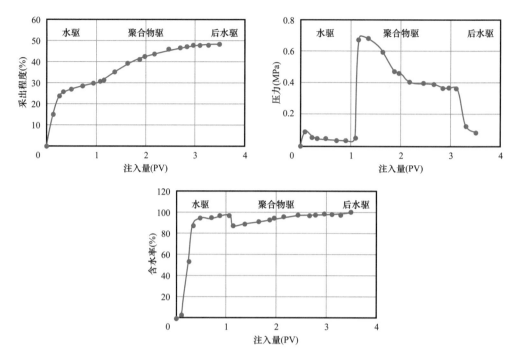

图 5-4-1　羊三木区块采出程度、压力和含水率变化图（馆陶组）

此微流控砂岩芯片选用 PDMS 材料，整个模型为亲油型，模型的长宽为 4000μm×6000μm，通道深度为 20μm，图像分辨率不小于 4000×2800，折合每个像素下的测量精度为 2.2μm。如图 5-4-2 所示。

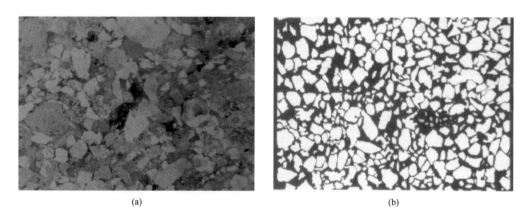

(a) 　　　　　　　　　　　　　　　　　(b)

图 5-4-2　K1064-3 井馆陶组的铸体薄片照片（a）和模型实物图（b）

1. 实验方法与步骤

1）实验装置

Harvard Pump 11ELITE 注射泵，微流量压力传感器，微型中间容器，ZEISSV12 体式显微镜，SONY 单反相机。

2）实验步骤

（1）使用管线将模型和各设备进行连接，并检验其密封性；

（2）对微流控芯片饱和原油，直至整个模型入口端和出口端都已完全被饱和，在显微镜下拍摄微流控芯片全局图，记录原始原油分布情况，记下此时放大倍数；

（3）启动 Harvard 恒速泵，再将注入液管线与砂岩模型入口端连接，模拟驱油过程；并使用微观压力传感器实时记录入口端压力变化情况，通过 ZEISS 显微镜实时观察砂岩模型中剩余油分布情况；

（4）当砂岩模型中油水分布情况不再变化时，结束这一驱替过程，拍摄此阶段全局图，改变注入体系，改变流速，再次进行驱替；

（5）实验结束后，将各个实验仪器归位，用无水乙醇对管线进行清洗；取各阶段的全局图进行观察对比。

2. 实验结果

如图 5-4-3 所示，聚合物在馆陶组微观模型中的驱替可提高采收率 25.26 个百分点，而且聚合物高倍驱替后仍有近 10 个百分点的提高空间，这可能是因为流度控制作用（油水黏度比的调整）在稠油油藏中存在时间积累效应，意味着高倍驱替后才能体现出大幅度提高采收率的效果。

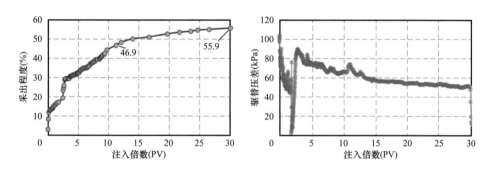

图 5-4-3　注入倍数与采出程度和驱替压差的关系图

（三）聚合物驱微观剩余油启动机理及动用情况

1. 剩余油赋存形态判别方法

表 5-4-3 给出了不同种类的剩余油的判别依据，以剩余油基础颗粒数的大小将剩余油分为 5 类：微观非均质剩余油、孔喉残余油、水动力学滞留油、油膜和油滴。

表 5-4-3　剩余油赋存形态判别方法

名称	图片	判别依据	
		颗粒数 N_p	区域
微观非均质剩余油（簇状、多孔流）		$N_p>3$	接触于波及的孔隙

续表

名称	图片	判别依据	
		颗粒数 N_p	区域
孔喉残余油（柱状）		1<N_p<3	喉道区域
水动力学滞留油（盲端）			孔隙盲端
油膜（膜状）		N_p=1	接触于波及的孔隙
油滴（滴状、孤岛状）		N_p=0	在波及的孔隙中

通过表 5-4-3 里的剩余油赋存形态判别方法，将图 5-4-4（a）进行图像处理后，如图 5-4-4（b）所示，可以直观清楚地识别到聚合物驱后孔隙中 5 种类型的剩余油赋存位置，并通过处理不同时间的图像，可以得到聚合物对各种类型剩余油的动用情况，从而获得微观剩余油的启动机理。

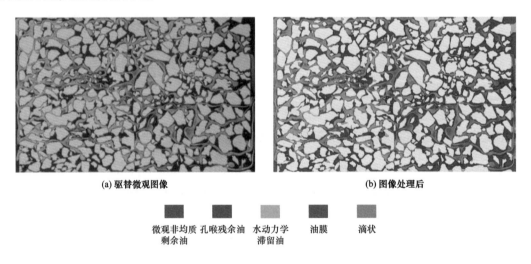

(a) 驱替微观图像　　　　　　　　　　(b) 图像处理后

微观非均质剩余油　孔喉残余油　水动力学滞留油　油膜　滴状

图 5-4-4　聚合物驱微观剩余油分布图

2. 聚合物驱微观剩余油赋存情况分析

由图 5-4-5 可知，对于馆陶组，随着采出程度的升高，微观非均质剩余油比例降幅明显，由水驱结束的 90% 降低至 47%，随着驱替的进行，微观剩余油类型从微观非均质剩余油向孔喉残余油和油膜转换,所以孔喉残余油和油膜是化学驱后(四次采油)需进一步动用的对象。

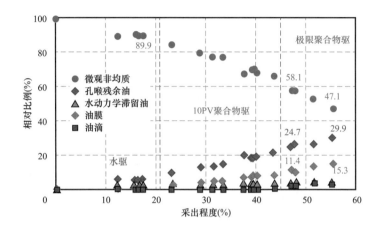

图 5-4-5 各种类型剩余油与采出程度的关系图

3.聚合物驱孔喉动用特征

孔喉波及程度与孔喉半径密切相关,当孔喉中轴区域的油被驱替时,可以判定为"孔喉被波及"。孔喉中被动用的频数与孔喉频数的比值即为波及效率。如图 5-4-6 所示为水驱结束时刻、聚合物驱 10PV 结束和 30PV 结束时刻的孔喉波及程度图。蓝色部分是水驱波及范围,可以发现水驱很难波及小孔隙中的油,以驱替 25μm 以上大孔隙中的油为主[图 5-4-7(a)]。

当注入聚合物 10PV 时,图 5-4-6 所示绿色部分被波及,10μm 以上孔喉的波及效率大大提高[图 5-4-7(b)],但是小孔隙中的油仍然很难被波及;高倍聚合物驱至 30PV时,图 5-4-6 所示黄色部分被波及,显示不仅大孔隙中的波及效率可以继续提高,10μm以下的小孔隙也能够波及[图 5-4-7(c)]。

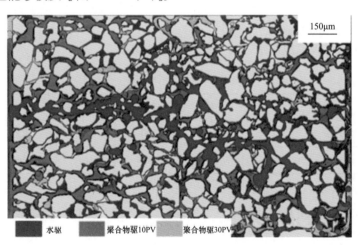

图 5-4-6 水驱及聚合物驱 10PV 和 30PV 结束时刻的孔喉波及程度图

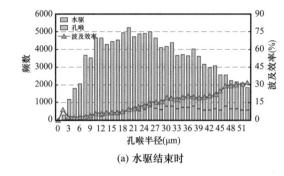

(a) 水驱结束时

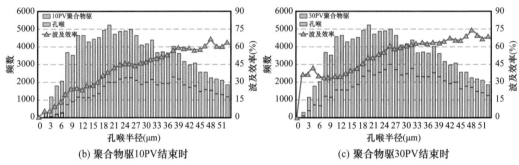

(b) 聚合物驱10PV结束时　　　　　　　(c) 聚合物驱30PV结束时

图 5-4-7　水驱及聚合物驱 10PV 和 30PV 结束时的孔喉波及程度柱状图

二、聚一表二元驱剩余油动用特征测试分析

（一）聚一表二元驱替岩心驱油实验

为评价聚一表二元驱对馆陶组曲流河油藏的剩余油动用特征，选取羊三木区块的天然岩心，完成了聚一表二元驱替岩心实验。

1. 实验条件

（1）实验温度：63℃。

（2）实验用水：模拟地层水，离子组成见表 5-4-4。

表 5-4-4　地层水离子组成

区块	离子含量（mg/L）						总矿化度（mg/L）
	$K^+ + Na^+$	Mg^{2+}	Ca^{2+}	Cl^-	CO_3^-	HCO_3^-	
羊三木	2549	49	76	3864	61	465	7064

（3）实验用油：

馆陶组：羊三木区块复配油，羊三木原油与煤油复配，63℃下黏度为 140mPa·s。

2. 实验装置

实验装置包括：（1）Waring 搅拌器；（2）电子天平：JA2003A，精度为 1mg；（3）电子天平：ES–10K–4TS 型，精度为 0.1g；（4）界面张力仪；（5）布氏黏度计；（6）FY–3 型恒温箱；（7）ISCO 驱替泵；（8）岩心驱替设备；（9）岩心夹持器；（10）压力采集设备。

3. 实验方案

（1）实验岩心。

馆陶组取 K1064–3 井天然柱状岩心拼接成 2.5cm×15cm 使用，岩心基本参数见表 5–4–5。

表 5–4–5　聚—表二元驱替实验岩心基本参数

区块	岩心编号	深度（m）	层位	孔隙度（%）	气测渗透率（mD）
羊三木	11–015	1396.47	Ng Ⅲ 1–2	38	1500
	11–016	1396.67			
	11–017	1396.77			
	11–019	1397.54			
	11–020	1397.78			

（2）实验流体：模拟地层水。

聚合物分子量 3000 万、浓度 0.15%，表面活性剂浓度 0.30%、界面张力 0.05mN/m，聚—表二元驱替剂表观黏度 34mPa·s。

（3）水驱速度：0.2 mL/min。

（4）实验步骤：

①对烘干后的岩心测量尺寸、干重，然后抽真空、饱和水，计算孔隙度、渗透率。

②将准备好的人造岩心放入岩心夹持器中装好，加环压，连接实验流程。

③饱和油，以 0.1mL/min 流速注入模拟油，计算初始含油饱和度，并老化一夜。

④以 0.2mL/min 流速水驱油至含水 95% 以上，转换为聚—表二元驱，含水率再次达 95% 以上后，转后续水驱。记录进出口压力、产油量和产液量的变化。

（5）实验流程：

①测量岩样的直径、长度、干重等基础数据。

②将岩样抽真空，饱和水，饱和油，建立束缚水，并计算出岩样孔隙度。

③连接实验装置，并开始进行驱油试验。

4. 实验结果

区块的实验结果如图 5–4–8 所示。羊三木区块水驱采收率为 27% 左右，注聚后提高采收率幅度 13 个百分点，相比同区块注聚效果变差。压力在水驱阶段存在先升后降的规律，注聚后压力上升幅度极大，并达到一个峰值后逐渐下降。含水率在水驱阶段随着井开发阶段的进行逐渐上升，注聚后有小幅度下降，并再次逐渐上升。

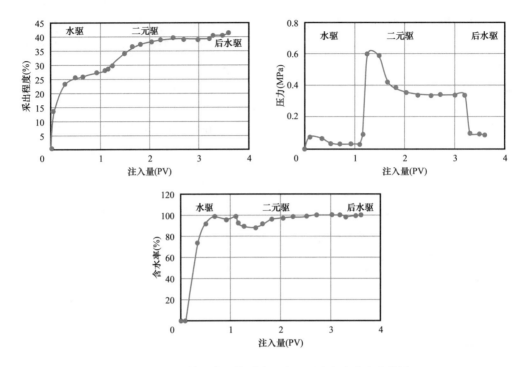

图 5-4-8　羊三木区块采出程度、压力和含水率变化图

（二）聚—表二元微观驱油实验

1. 实验方法与步骤

1）实验装置

Harvard Pump 11ELITE 注射泵，微流量压力传感器，微型中间容器，ZEISSV12 体式显微镜，SONY 单反相机。

2）实验步骤

（1）使用管线将模型和各设备进行连接，并检验其密封性。

（2）对微流控芯片饱和原油，直至整个模型入口端和出口端都已完全被饱和，在显微镜下拍摄微流控芯片全局图，记录原始原油分布情况，记下此时放大倍数。

（3）启动 Harvard 恒速泵，再将注入液管线与砂岩模型入口端连接，模拟驱油过程；并使用微观压力传感器实时记录入口端压力变化情况，通过 ZEISS 显微镜实时观察砂岩模型中剩余油分布情况。

（4）当砂岩模型中油水分布情况不再变化时，结束这一驱替过程，拍摄此阶段全局图，改变注入体系，改变流速，再次进行驱替。

（5）实验结束后，将各个实验仪器归位，用无水乙醇对管线进行清洗；取各阶段的全局图进行观察对比。

2. 实验结果

馆陶组聚—表二元驱比聚合物驱多提高 3.92 个百分点，提高幅度不大，说明聚合物驱对于稠油来说是一种比较高效的驱替方式（图5-4-9）。

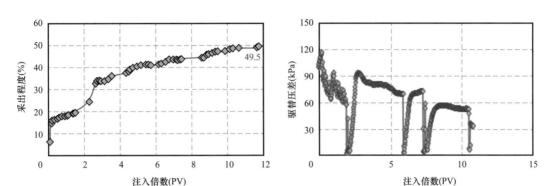

图5-4-9　注入倍数与采出程度和驱替压差的关系图（馆陶组，聚—表二元驱）

（三）聚—表二元驱微观剩余油启动机理及动用情况

如图5-4-10所示，馆陶组水驱过后，二元可以波及很大的孔隙尺度范围，大孔隙和小孔隙中的油都可以动用到。

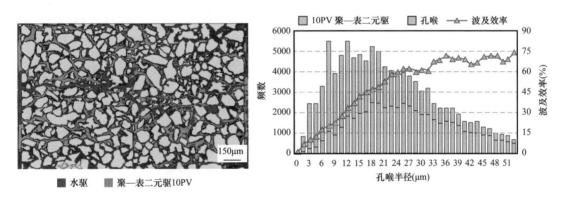

图5-4-10　聚—表二元驱10PV结束时刻的孔喉波及程度柱状图

三、聚—表—碱三元复合驱剩余油动用特征测试分析

（一）聚—表—碱三元岩心驱油实验

为评价聚—表—碱三元复合驱剩余油动用特征，选取羊三木区块馆陶组的天然岩心，完成了聚—表—碱三元复合驱替岩心实验。

1. 实验条件

（1）实验温度：63℃。

（2）实验用水：模拟地层水，离子组成见表5-4-6。

表 5-4-6　地层水离子组成

区块	离子含量（mg/L）						总矿化度（mg/L）
	$K^+ + Na^+$	Mg^{2+}	Ca^{2+}	Cl^-	CO_3^-	HCO_3^-	
羊三木	2549	49	76	3864	61	465	7064

（3）实验用油：

复配油，羊三木区块原油与煤油复配，63℃下黏度为140mPa·s。

2. 实验装置

实验装置包括：（1）Waring 搅拌器；（2）电子天平：JA2003A，精度为1mg；（3）电子天平：ES-10K-4TS 型，精度为0.1g；（4）界面张力仪；（5）布氏黏度计；（6）FY-3型恒温箱；（7）ISCO 驱替泵；（8）岩心驱替设备；（9）岩心夹持器；（10）压力采集设备。

3. 实验方案

馆陶组取 K1064-3 井天然柱状岩心拼接成 2.5cm×15cm 使用，岩心基本参数见表 5-4-7。

表 5-4-7　聚—表—碱三元复合驱替实验岩心基本参数

区块	岩心编号	深度（m）	层位	孔隙度（%）	气测渗透率（mD）
羊三木	4-013N	1356.46			
	4-013O	1356.48	Ng Ⅱ 3-1	36.3	1006
	4-013Q	1356.65			

（1）实验流体：模拟地层水。

馆陶组：高分子量聚合物 3000 万、1500mg/L，孔店表面活性剂 0.30%，界面张力 0.05mN/m，Na_2CO_3 质量分数 0.30%，聚—表—碱三元体系表观黏度 31mPa·a。

（2）水驱速度：0.2mL/min。

（3）实验步骤：

①对烘干后的岩心测量尺寸、干重，然后抽真空、饱和水，计算孔隙度、渗透率。

②将准备好的人造岩心放入岩心夹持器中装好，加环压，连接实验流程。

③饱和油，以 0.1mL/min 流速注入模拟油，计算初始含油饱和度，并老化一夜。

④以 0.2mL/min 流速水驱油至含水 95% 以上，转换为聚—表—碱三元复合驱，含水率再次达 95% 以上后，转后续水驱。记录进出口压力、产油量和产液量的变化。

（4）实验流程：

①测量岩样的直径、长度、干重等基础数据。

②将岩样抽真空，饱和水，饱和油，建立束缚水，并计算出岩样孔隙度。

③连接实验装置并开始进行驱油试验。

4. 实验结果

实验结果如图 5-4-11 所示。

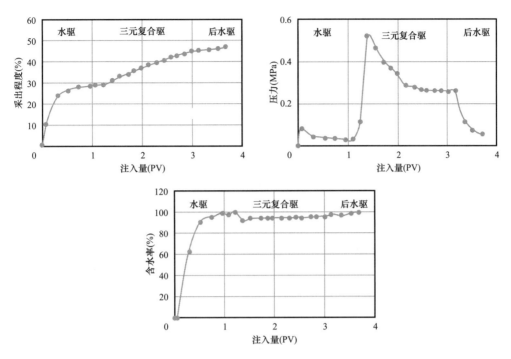

图 5-4-11　羊三木区块采出程度、压力和含水率变化图

由图 5-4-11 可得，在水驱阶段其采收率基本一致；注入化学驱后，提高驱油效率幅度：聚合物驱提高 18 个百分点，聚—表二元驱（SP 驱）相比聚合物驱多提高 2.33 个百分点，聚—表—碱三元复合驱（ASP 驱）比二元驱多提高 1.89 个百分点，其中聚合物驱提高采收率效果最好。

三种驱替介质的含水率趋势基本一致，并随着水驱阶段的进行大幅上升，在注入化学驱后，均有较明显的下降，并随着驱替进行，再次逐渐升高。

驱替压力的总体趋势一致，其中驱替压差的大小：聚合物驱 >SP 驱 >ASP 驱，二元驱和三元驱中表面活性剂以及碱的加入，均能够降低油水界面张力，使得驱替压差降低。

（二）聚—表—碱三元复合驱微观驱油实验

1. 实验方法和步骤

1）实验装置

Harvard Pump 11ELITE 注射泵，微流量压力传感器，微型中间容器，ZEISSV12 体式显微镜，SONY 单反相机。

2）实验步骤

（1）使用管线将模型和各设备进行连接，并检验其密封性。

（2）对微流控芯片饱和原油，直至整个模型入口端和出口端都已完全被饱和，在显微镜下拍摄微流控芯片全局图，记录原始原油分布情况，记下此时放大倍数。

（3）启动 Harvard 恒速泵，再将注入液管线与砂岩模型入口端连接，模拟驱油过程；并使用微观压力传感器实时记录入口端压力变化情况，通过 ZEISS 显微镜实时观察砂岩模型中剩余油分布情况。

（4）当砂岩模型中油水分布情况不再变化时，结束这一驱替过程，拍摄此阶段全局图，改变注入体系，改变流速，再次进行驱替。

（5）实验结束后，将各个实验仪器归位，用无水乙醇对管线进行清洗；取各阶段的全局图进行观察对比。

2. 实验结果

由图 5-4-12 和表 5-4-8 可知，聚合物驱可提高采收率 25.26 个百分点，SP 驱比聚合物驱多提高 3.92 个百分点，ASP 驱比 SP 驱多提高 3.02 个百分点。聚合物驱的压力在驱替后期超过了 SP 驱和 ASP 驱的驱替压差，表面活性剂或者碱的加入使驱替介质的黏度降低，但是 SP 驱只提高了几个百分点。ASP 驱中碱发挥了一定的作用，羊三木区块原油的酸值较高，有机酸遇到碱会产生活性物质，吸附在孔壁上，使孔隙亲水能力增加，洗油效率提高，但是由于表面活性剂与该区块的原油不匹配，无法起到增溶原油的作用。

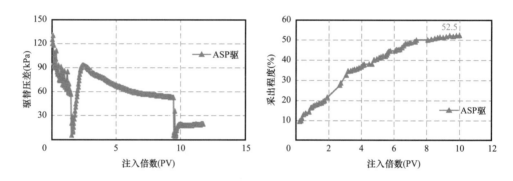

图 5-4-12　注入倍数与驱替压差和采出程度的关系图

表 5-4-8　不同驱替介质在馆陶组微观模型上的采收率统计表

方案	采收率（个百分点）			
	水驱结束	10PV 化学驱结束	提高采收率	极限（30PV）
聚合物驱	19.35	44.61	25.26	55.9
SP 驱	20.04	49.22	29.18	—
ASP 驱	20.32	52.52	32.2	—

四、微观启动机制分析

（一）三元驱微观剩余油赋存情况分析

由图 5-4-13 可知，水驱后主要以微观非均质剩余油为主，首先主要分布在水驱主流通道外的区域，大多处于未被波及的状态；其次为孔喉残余油和油膜，分别分布在与水驱通道连通的狭小喉道、水驱主流通道所在孔喉的表面；水动力学滞留油零星分布在孔隙死角处，未见明显滴状剩余油。说明水驱波及效率较低，主要驱替采出的是水驱优势通道内的原油，驱替前缘突破后逐渐形成主流通道，难以波及主流通道外以及小孔隙内的原油。

聚合物驱相较于水驱后，其波及区域明显扩大，微观非均质剩余油大幅减少，是聚合物驱过程中主要动用的剩余油类型；驱替前端的孔喉残余油也有减少，但幅度低于微观非均质；聚合物扩大了波及区域，在驱替流体经过的孔喉内，由于黏弹性的作用驱走了部分油膜，但同时有新的油膜形成，其绝对数量在总体上有小幅增加，在剩余油赋存类型中占比显著增大；水动力学滞留油在绝对数量上无明显变化，但分布更加零散，说明聚合物驱对水驱后形成的水动力学滞留油有一定的动用作用，并在驱替过程中形成了新的水动力学滞留油。

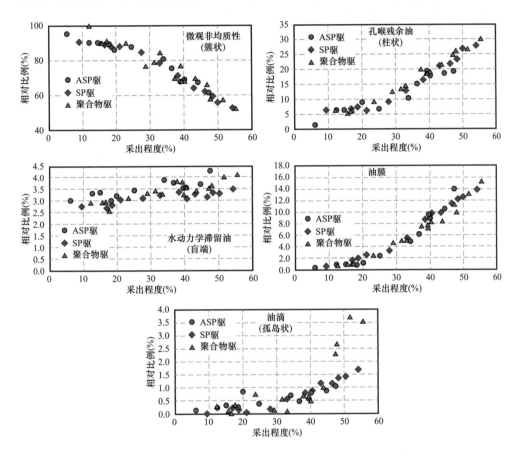

图 5-4-13　各种类型的剩余油随采出程度增加的变化（明化镇组）

二元体系的波及区域与聚合物驱基本相同，加入了表面活性剂的二元体系的洗油效率在聚合物驱基础上显著提高。二元体系也主要动用了微观非均质剩余油，且相较于聚合物驱，对孔喉残余油和油膜的动用效果更好。三元体系比二元体系有着更低的界面张力，故在二元体系基础上，对孔喉残余油和油膜的动用进一步提升，有着更佳的洗油效率和驱油效果。二元体系和三元体系的低界面张力能够在波及区域内提高洗油效率，对小孔喉内的剩余油也有更好的动用效果。

（二）ASP 驱孔喉动用特征

表面活性剂和碱的加入，不仅降低了界面张力，而且降低了稠油在孔喉内的流动难度，在聚合物流度控制的作用基础上，进一步提高了孔喉的波及效率，孔喉波及效率：聚合物驱＜SP驱＜ASP驱（图5-4-14和图5-4-15）。

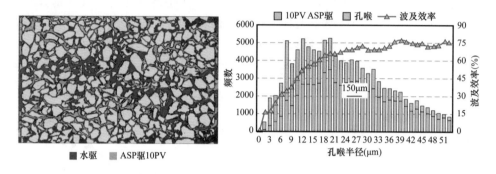

图5-4-14 ASP驱10PV结束时刻的孔喉波及程度柱状图

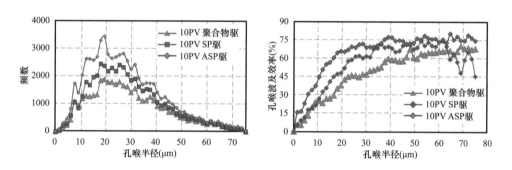

图5-4-15 化学驱10PV结束的孔喉波及效率图

相同的采出程度下，稠油油藏的化学驱波及效率：聚合物驱＜SP驱＜ASP驱（图5-4-16）。

水驱后剩余油动用排序：簇状＞粒间吸附状＞孔表薄膜状＞角隅状＞狭缝状，驱替介质EOR贡献率：流度控制（60%～80%）＞洗油+乳化（20%～40%），高含水期以"流度控制为主、洗油为辅"的驱油体系设计。通过将所有的实验数据进行汇总，见表5-4-9。

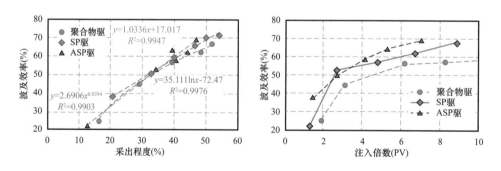

图5-4-16 化学驱10PV结束的孔喉波及效率图

表 5-4-9 不同油藏类型不同驱替介质微观剩余油对采收率增幅的动用

油藏类型	流体类型（代表油田、沉积）	化学驱类型	水驱采收率（%）	岩心驱替采收率增幅（%）	微观剩余油类型对采收率增幅（%）				
					孔表薄膜状	狭缝状	角隅状	粒间吸附状	簇状
中高渗透	稀油（羊二庄区块曲流河）	聚合物驱	44.35	18.28	1.64	0.98	0.31	5.01	10.35
		SP 驱	44.12	25.30	5.31	3.29	0.79	4.78	11.13
		ASP 驱	45.16	26.21	5.74	3.47	1.05	4.77	11.17
	稠油（羊三木区块辫状河）	聚合物驱	19.35	25.26	1.36	1.14	1.04	4.42	17.30
		SP 驱	20.04	29.18	3.24	2.86	3.85	4.73	14.50
		ASP 驱	20.32	32.20	4.03	3.74	4.89	4.89	14.65
中低渗透	稀油（枣园区块三角洲）	聚合物驱	22.90	25.08	1.78	1.48	1.33	5.22	15.27
		SP 驱	23.64	32.12	6.68	4.18	3.12	6.23	11.92

簇状剩余油对采收率的贡献率最大，SP 驱提高采收率幅度明显好于聚合物驱，ASP 驱相对于 SP 驱提高采收率增幅有限。

将微观剩余油加入数据中进行分析，得到如图 5-4-17 所示。

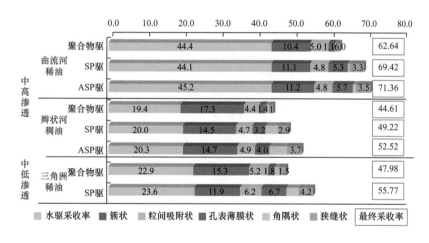

图 5-4-17 不同微观剩余油提高采收率分布

五、小结

（1）优选出馆陶组稠油油藏的化学驱替介质为聚合物驱，羊二庄区块明化镇组和枣园区块的化学驱替介质为聚—表二元驱。岩心和孔隙尺度实验结果表明：聚合物驱可提高驱油效率 16 个百分点左右，羊二庄和枣园区块 SP 驱比聚合物驱多提高 6 ~ 10 个百分点。

（2）簇状剩余油的降低是化学驱提高采收率的主要贡献来源。剩余油主要的赋存类型由水驱结束后的簇状（微观非均质剩余油）转变为柱状（孔喉残余油）和膜状（油膜）。

（3）表面活性剂和碱的加入，不仅降低了界面张力，而且降低了原油孔喉内的流动难度，在聚合物流度控制的作用基础上，进一步提高了孔喉的波及效率；孔喉波及效率：聚合物驱 <SP 驱 <ASP 复合驱。

（4）高含水油藏适用 SP 驱，高含水期以"流度控制为主、洗油为辅"的驱油体系设计可以实现最好的效果。

第六章

油藏时变非均质性研究与剩余油分布

油藏非均质性主要指油藏在空间的不均一分布，油藏非均质性包括储层非均质性和流体非均质性两部分。在油田开发过程中，储层作为流体渗流的载体，制约着流体的渗流规律，而流体的长期渗流也会从物理及化学的角度对储层产生影响，二者为相互作用的耦合关系。因此，随着油藏的开发进程，油藏非均质性并非一成不变。对于处于高含水期的老油田，经过长期的注水开发，油藏非均质性从原始相对静止到目前高含水开发阶段，油藏静动态属性发生了变化。开发以前，储层与流体相对静止，这种原始的非均质性为油藏静态非均质性，经过开发后，储层和流体发生变化，从而引起原始非均质性的变化，这种变化的非均质性为油藏时变非均质性。因此，高含水期的油藏非均质性评价，不仅需要对油藏静态非均质性进行精细评价，在此基础上，对油藏时变非均质性进行研究，掌握储层及流体变化规律，更加有效地指导油田后续开发及剩余油挖潜工作。

第一节　油藏静态非均质性的研究

储层非均质性是油藏非均质性表征的主要内容。储层非均质性的研究开始于 20 世纪 70—80 年代，中国在 1985 年将"中国陆相储层特征及其评价"列为部级科技攻关重点项目，由此展开了中国储层研究的序幕，储层非均质性研究逐渐成为众多学者关注的焦点。储层非均质性的精细表征实质上就是精细地刻画储层空间展布及储层属性定性、定量表征。因此，精细的储层非均质性表征与评价的关键在于高精度的储层空间展布特征及属性刻画，以及合理有效的非均质性评价。流体非均质性主要指原油化学组成与物理性质的不均一分布，目前在开发地质工作中，对于流体非均质性的研究相对薄弱，但是流体非均质性对油藏开发的影响不可忽视。

从概念上来看，油藏非均质性是一定规模及尺度下的相对属性，同时由于油藏非均质性的研究内容非常广泛，在表征与评价非均质性前必须给定尺度和规模，才能客观科学地评价油藏非均质性。对于非均质性的分级，国内外学者提出了众多观点，Pettijohn（1973）最早提出以规模为基础的非均质分类方法；Haldorsen（1983）根据地质建模的需要，基于孔隙平均值相关的体积分类，将油藏储层的非均质性划分为微观、宏观、大型和巨型 4 个级次；Robert 等（1992）将储层的地质规模划分为微规模（Miero）、小规模（Maero）、大规模（Mega）、宏规模（Giga）4 类。国内的许多专家学者也以研究体的范围来划分地质体的级别，从而进行非均质性的研究。裴亦楠（1990，1992）根据多年的工作经验和Pettijohn 的思路，结合我国陆相储层特点，将碎屑岩储层的非均质性分为层内、层间、平面及微观非均质性 4 类。此后，也有大量的学者（姚光庆等，1994；韩大匡，1995；林承焰，2000；杨柏，2009）对非均质性分级进行了研究。在我国油田的实际开发工作中，非均质性的分级主要以裴亦楠（1987，1989）的分类最为典型，也最常用。本书主要以裴亦楠分类为基础，同时考虑了高含水期油藏非均质性表征的要求和生产实际，将油藏非均质性分为微观、层内、层间、平面和流体 5 个层次进行表征（表 6-1-1）。由于本书第五章节已详细介绍了微观非均质性与剩余油的关系，故本章主要从层内非均质性、层间非均质性、平面非均质性及流体非均质性这 4 个方面对油藏静态非均质性研究进行阐述。

表 6-1-1　油藏非均质性分类（据裴亦楠，有修改）

非均质性类型	非均质性规模	测量单元及手段
微观非均质性	样品、孔隙	孔隙、颗粒、基质（显微镜）
层内非均质性	单层	样品或层内相对均质层（岩心分析和测井）
层间非均质性	多层	油组、砂层组、小层（岩心分析、测井、地震、试井）
平面非均质性	单层（含油层系、油层组、砂层组）	小层（岩心分析、测井、地震、试井）
流体非均质性	油层组	油组、砂层组、小层（地化分析、测井）

一、层内非均质性

层内非均质性是指一个单砂层在垂向上的储层特征的变化。主要包括层内韵律（粒度及渗透率）、不连续分布的层内夹层、层内非均质程度等。

（一）层内韵律

1.韵律类型

层内韵律主要包括粒度韵律及渗透率韵律，指单砂层内碎屑颗粒的粒度大小及储层渗透率在垂向上的变化。碎屑颗粒的粒度大小受沉积环境、沉积方式及水流等控制，水流强度大时，携带的颗粒粗，反之则细，而当水流强度发生周期性变化时，粒度粗细也呈周期性变化。粒度韵律是构成渗透率韵律的重要原因，对层内水洗厚度大小产生很大影响。一般可以分为正韵律、反韵律、复合韵律和均质韵律 4 类等。

对于层内韵律的研究一般根据岩心分析的物性数据，结合电测曲线特征，以单砂层层内渗透率最高段所处位置及其在垂向上的变化规律，来确定渗透率韵律类型。以枣园油田孔一段为例，通过对取心井的分析统计，确定出 4 种韵律类型。

（1）正韵律型：最高渗透率相对均质段位于砂体底部，向上单一逐渐变小［图 6-1-1（a）］。注水开发后，动态上表现为底部见水快，驱油效率高，剩余油主要集中在顶部低渗透段。

（2）反韵律型：反映沉积初始水动力较弱，沉积物细，向上逐级增强，形成的岩性较粗，相对高渗透段主要在顶部［图 6-1-1（b）］。对于反韵律型，虽然下部渗透率相对低，但是注水开发过程中，砂体下部还受重力作用影响，因此弱化了渗透率差异的影响，长期注水开发后层内驱油效率相对比较均匀。

（3）复合韵律型：渗透率在垂向上具有多种变化规律［图6-1-1（c）］，一般可以进一步分为复合正韵律、复合反韵律、正反复合韵律，水驱后剩余油在层内分段富集，比较分散。

（4）均质韵律（即块状韵律）：渗透率分布相对稳定且差异小［图6-1-1（d）］。这种沉积砂岩反映水动力条件相对稳定；在开采过程中，层内各段见水均匀，水淹厚度大，驱油效率均匀。

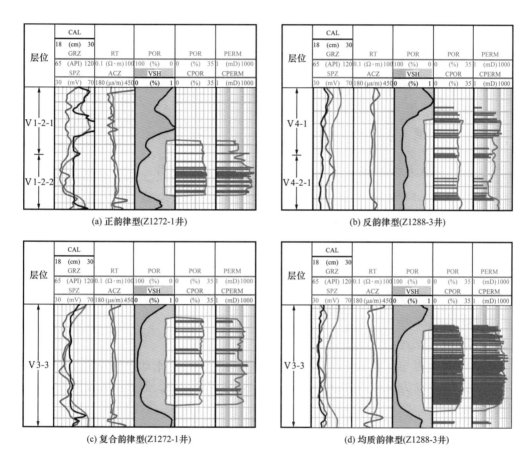

图6-1-1　枣园油田枣V油层组层内渗透率韵律模式

2. 韵律的定量表征

目前对于层内韵律的定量表征尚未多见，实际上通过测井解释渗透率曲线的相对重心值对层内韵律进行量化。测井曲线相对重心值是测井曲线形态表征的一种量化方法，具体计算方式如下：

$$W = \sum_{i=1}^{N} [i \cdot X(i)] / [N \cdot \sum_{i=1}^{N} X(i)] \qquad (6-1-1)$$

式中　W——相对重心值；

　　　N——曲线样点数目；

　　　$X(i)$——第i个样点的曲线值。

根据式（6-1-1）对枣南孔一段单砂体渗透率曲线的相对重心值进行了计算（图6-1-2），渗透率曲线的相对重心值分布在 0.216～0.933，平均为 0.513。并通过曲线形态比对，确定当 W 小于 0.44 时为反韵律；位于 0.44～0.48 为以反韵律为主的复合韵律；位于 0.48～0.52 为相对均质韵律或者正反对称的复合韵律；位于 0.52～0.55 为以正韵律为主的复合韵律；大于 0.55 则为正韵律。其中反韵律占 17.9%，以反韵律为主的复合韵律占 16.1%，相对均质韵律或者正反对称的复合韵律占 21%，以正韵律为主的复合韵律占 15.3%，正韵律占 29.7%（图6-1-3）。

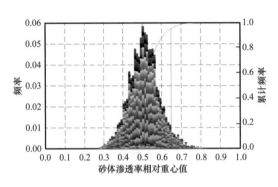

图 6-1-2　单砂体渗透率曲线相对重心值分布图　　　图 6-1-3　层内渗透率韵律统计柱状图

（二）层内夹层

夹层是发育于单砂层内部，对流体运移具有阻挡和隔绝作用的低渗透或非渗透层，厚度从几厘米到几十厘米不等。

1. 夹层成因及识别

夹层的形成主要与沉积和成岩作用有关。在沉积过程中，水动力的变化会导致沉积岩性粒度变化，在水动力相对较弱的环境下，沉积岩性相对较细，形成泥岩或泥质粉砂岩等非渗透或低渗透层。此外，储层局部受破坏型成岩作用（压实、胶结）影响也能形成相对致密的低渗透层。根据泥质含量的差异，一般可以将夹层分为泥质夹层、物性夹层、钙质夹层。夹层一般在岩心取心段上特征明显（图6-1-4）。

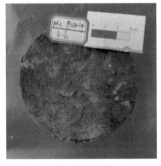

(a) 泥质夹层　　　　　　　(b) 钙质夹层　　　　　　　(c) 物性夹层

图 6-1-4　孔一段典型夹层岩心照片

对夹层的识别一般借助于岩心及测井曲线研究（图 6-1-5），通过岩心确定夹层的类型，结合岩心段测井曲线确定夹层识别标准，最后可对全区单砂层进行夹层识别与划分。

将岩心确定的夹层段与测井曲线对应起来，即可确定夹层的识别标准。各类夹层在测井上的识别标准如下：

（1）泥质夹层一般为不同时期河流沉积间歇期形成的泥质沉积，岩性有泥岩、泥页岩、粉砂质泥岩、泥质粉砂岩等。测井曲线上识别特征有：①自然电位曲线回返；②伽马曲线回返；③微电极幅度明显下降，幅度差几乎为零或者很小。

（2）物性夹层主要是由于不同时期河流的沉积水动力不同，先前留下来的沉积被后来水动力强的河流冲刷所留下来的偏细粒的沉积物。测井曲线识别特征有：①声波时差曲线有起伏；②伽马曲线回返；③微电极曲线具有一定的起伏，波动在其他两者中间。

（3）钙质夹层则一般形成于成岩作用，在砂岩与其他较细岩性接触的地方，由于地层较厚，常发生钙质胶结，岩性主要为钙质粉细砂岩。测井曲线上识别特征有：①自然电位轻微回返；②微电极曲线尖峰且幅度差小；③声波时差曲线低值。

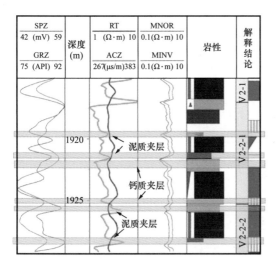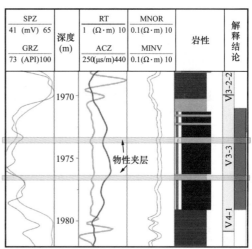

图 6-1-5　枣南孔一段夹层类型及测井曲线综合图

2. 夹层的定量表征

对夹层的定量表征一般主要按小层或单砂层统计夹层的发育情况、夹层厚度、出现的频率、密度，建立夹层数据表等。

夹层发育情况可以统计研究区小层内发育夹层的井数与发育砂体的井数，这样可以描述夹层的发育程度。夹层厚度即主要层内单个夹层的厚度。夹层频率是指单位厚度岩层中夹层的层数，其单位为层 /m。夹层密度是指剖面中夹层总厚度与所统计的砂岩剖面总厚度之比。

表 6-1-2 为枣南孔一段夹层分布频率与密度统计表，可以看出枣 V 油层组各小层内夹层发育的情况有所差异，V 1-1 小层层内夹层最为发育。此外，几个未细分到单砂体的层，夹层频率和密度均高于进一步细分的小层，这说明对层内夹层非均质性的定量评价与

小层划分的精细程度有关，小层划分得越精细，夹层的个数就越少，夹层频率及密度也就越小。

表6-1-2 枣南孔一段枣Ⅴ油层组各小层层内夹层分布频率与密度统计数据表

层位	夹层发育情况（口/口）	夹层厚度（m）	夹层频率（层/m）	夹层密度（m/m）
Ⅴ1-1	82/255	1.49	0.06	0.08
Ⅴ1-2-1	31/229	1.38	0.02	0.03
Ⅴ1-2-2	42/232	0.99	0.03	0.03
Ⅴ1-2-3	33/248	1.16	0.03	0.03
Ⅴ1-3	28/235	1	0.02	0.03
Ⅴ2-1	71/271	1.33	0.05	0.05
Ⅴ2-2-1	60/268	1.65	0.04	0.05
Ⅴ2-2-2	84/256	1.28	0.06	0.06
Ⅴ2-3-1	31/245	1.29	0.03	0.03
Ⅴ2-3-2	25/183	1.14	0.03	0.03

（三）层内非均质程度

层内非均质程度一般采用渗透率变异系数、突进系数和级差三大系数表征。

渗透率变异系数（V_k）为渗透率的标准偏差与其平均值的比值。公式如下：

$$V_k = \frac{\sqrt{\dfrac{\sum_{i=1}^{n}(K_i - \bar{K})^2}{n}}}{\bar{K}}$$ （6-1-2）

式中　$\bar{K}$——层内渗透率平均值；

　　　K_i——层内第 i 个样品的渗透率值；

　　　n——样品数。

渗透率突进系数（S_k）为层内的最大渗透率与平均渗透率的比值：

$$S_k = \frac{K_{max}}{\bar{K}}$$ （6-1-3）

级差（N_k）为层内最大渗透率与最小渗透率的比值：

$$N_k = \frac{K_{max}}{K_{min}}$$ （6-1-4）

式中　K_{max}——层内最大渗透率；

　　　K_{min}——层内最小渗透率。

层内渗透率的非均质程度系数计算一般基于岩心渗透率实验分析数据，在实验数据不足的情况下又需要对所有井层内渗透率的非均质程度进行评价，这就需要使用测井计算渗透率值，此时层内非均质性的评价精度受测井解释渗透率的精度制约。

　　分别基于岩心数据及测井解释对枣南孔一段枣Ⅴ油层组部分单砂层层内非均质性程度进行了统计（表 6-1-3 和表 6-1-4），可以看出，基于测井解释数据计算出的渗透率非均质性程度系数与岩心分析差异较大，测井解释的渗透率由于精度制约，明显弱化了层内非均质程度，但是能对全区每口井每个单砂层的层内非均质进行对比表征，测井解释渗透率精度越高，其表征与评价的层内非均质性效果越好。

表 6-1-3　枣南孔一段枣Ⅴ油层组层内渗透率非均质性统计表（岩心分析数据）

小层	单砂层	渗透率（mD）			非均质性程度			样品数（个）
		平均值	最大值	最小值	变异系数	突进系数	级差	
Ⅴ1	Ⅴ 1-1	107.2	188	60	0.4	1.75	3.1	5
	Ⅴ 1-2-1	74.9	292	23	1.2	3.9	12.7	7
	Ⅴ 1-2-2	336.6	702	29	0.59	2.09	24.2	20
	Ⅴ 1-2-3	125.3	222	16	0.53	1.77	13.9	6
	Ⅴ 1-3	207	332	36	0.6	1.6	9.2	4
Ⅴ2	Ⅴ 2-1	53.3	206	0.77	1.06	3.86	267.5	24
	Ⅴ 2-2-1	107.5	414.67	3.1	0.95	3.86	133.8	35
	Ⅴ 2-2-2	196.9	914	3.9	1.21	4.64	234.4	25
	Ⅴ 2-3-1	111	371	3	0.97	3.34	123.7	9
	Ⅴ 2-3-2	48.1	141	1.51	1.36	2.93	93.4	3

表 6-1-4　枣南孔一段枣Ⅴ油层组层内渗透率非均质性统计表（测井解释渗透率）

小层	单砂层	渗透率（mD）	变异系数	突进系数	级差
Ⅴ1	Ⅴ 1-1	46.7	0.65	2.58	28.1
	Ⅴ 1-2-1	52.5	0.58	2.31	19.9
	Ⅴ 1-2-2	72.5	0.61	2.38	29.6
	Ⅴ 1-2-3	51.3	0.62	2.3	21.3
	Ⅴ 1-3	44.1	0.6	2.29	21.1
Ⅴ2	Ⅴ 2-1	52	0.65	2.51	29.7
	Ⅴ 2-2-1	61.7	0.63	2.52	23.9
	Ⅴ 2-2-2	66.9	0.63	2.5	44.2
	Ⅴ 2-3-1	49.9	0.65	2.45	23.6
	Ⅴ 2-3-2	39.9	0.64	2.33	24.4

二、层间非均质性

　　层间非均质性主要指砂层组内部多个单砂层之间的非均质性，包括层系的旋回性、砂层间渗透率的非均质程度、隔层分布等。在多油层笼统注水和采油的条件下，层间非均质强会导致严重的层间矛盾。

（一）层系的旋回性及储层物性分布模式

沉积旋回性指不同成因、不同性质储层砂体和非储层隔层按一定规律排序叠置的表现，是储层层间非均质性的沉积成因。层间非均质性特征明显受控于地层的旋回性沉积，即沉积环境和沉积动力作用的演化过程。高分辨层序地层学认为，基准面旋回过程决定了储层的岩性、物性、几何形态和连续性，从而控制了储层非均质性。在实际工作中，沉积旋回往往用于划分层系，短期旋回划分单砂层，中期旋回划分砂层组。对于层间非均质性而言，为了进一步更为直观地反映储层层间的非均质性，往往是在细分层系的基础上，以单砂体渗透率、地层系数建立层间物性纵向分布模型。

从枣南孔一段枣Ⅴ油层组层间物性纵向分布模型（图 6-1-6）可以看出，岩心分析数据统计的层间物性纵向分布与测井解释统计的全区所有井的各小层单砂体平均物性纵向分布存在一定的差异，这主要是由于岩心样品在各层位分布不均，具备局限性。而测井解释的渗透率虽然受解释精度制约，却能够对全区进行层间非均质性的评价。枣Ⅴ油层组层间物性纵向上呈多个反旋回及正旋回组成的复合旋回模式。从砂层组来看，Ⅴ1 和 Ⅴ2 砂层组物性最好的位于中间，呈正—反复合旋回；Ⅴ3 砂层组物性最好的位于底部，均呈正旋回特征。

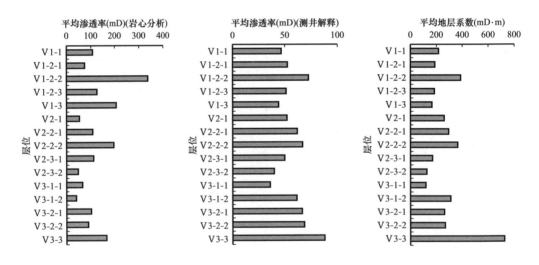

图 6-1-6　枣南孔一段枣Ⅴ油组层间物性纵向分布模型

（二）层间隔层

层间隔层是指地层中分割砂层、阻挡及控制流体流动的非渗透层。与层内夹层不同的是隔层的规模相对较大，通常位于各油组、小层或单砂层之间，根据所发育位置的不同，厚度变化较大，从几米到几十米不等。由于隔层具有层次性，通常分砂层组、小层等进行厚度的统计。

对枣南孔一段枣Ⅴ油组小层底部隔层进行了统计（图 6-1-7），可以看出在各砂层组之间隔层厚度比砂层组内小层的大，其中Ⅴ2 砂层组底部的隔层厚度最大。这主要是因为小层底部隔层的发育程度主要取决于上一个小层的沉积环境和水动力条件，Ⅴ3-1-1 小层后期沉积主要以泥岩相为主，与Ⅴ2-3-2 小层之间隔层发育很稳定，这也是该油组地层对比与划分的主要标志层。

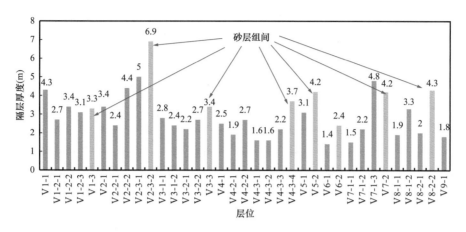

图 6-1-7 枣南孔一段枣 V 油组小层底部隔层平均厚度柱状图

（三）层间非均质程度

储层层间非均质性还体现在各单砂层砂体间物性的差异。储层物性为储层内部砂体各种物理性质的总称，包括砂体厚度、渗透率和孔隙度、泥质含量、渗透率突进系数和变异系数等。在同一沉积环境中，砂体厚度和渗透率具有一定的正相关性，即砂体厚度大的地方通常渗透率较高。而渗透率和孔隙度也具有一定的正相关性，即渗透率高的地方通常孔隙度大。泥质含量与砂体厚度，渗透率和孔隙度成反比，即泥质含量高的地方，砂体厚度小，渗透率和孔隙度较低。储层层间物性差异程度一般用渗透率变异系数、突进系数和级差来描述。

通过对枣南孔一段枣 V 油层组各砂层组的层间渗透率非均质性程度进行统计（表 6-1-5）表明，枣南孔一段砂层组中，V 1 和 V 2 层间单砂层非均质性相对最强，其次依次为 V 3、V 4、V 7 和 V 8 砂层组，V 6 及 V 9 砂层组层间非均质性相对较弱。

层间储层物性差异是导致油田注水开发层间矛盾的主要原因。在层间非均质性强的油藏内，笼统注水将导致注水井在纵向上吸水不均，造成单层突进，形成注入水沿高渗透通道渗流的无效回路，从而大大降低了注入水驱油效率。因此，对于层间非均质性强的油藏，必须认识层间储层物性差异，尽量将相邻物性差异较小的层位划分到同一层系开采，并采用分层注水的方式，这样有利于提高注水开发的驱油效率，进而提高油田开发效果。

表 6-1-5 枣南孔一段枣 V 油组层间非均质性统计表

层位	变异系数		级差		突进系数	
	平均值	最大值	平均值	最大值	平均值	最大值
V 1	0.56	1.36	9.55	126.45	1.96	4.28
V 2	0.56	1.24	9.94	104.56	1.96	4.04
V 3	0.5	1.22	8.41	73.18	1.81	3.99
V 4	0.5	1.16	8.36	67.82	1.84	3.53

层位	变异系数		级差		突进系数	
	平均值	最大值	平均值	最大值	平均值	最大值
V 5	0.43	1.27	5.66	51.46	1.62	3.59
V 6	0.34	1.24	4.42	59.12	1.4	2.75
V 7	0.49	1.36	9.57	198.24	1.7	4.28
V 8	0.48	1.13	8.59	61.55	1.72	3.09
V 9	0.3	0.95	3.61	74.23	1.37	2.71
枣 V 油组	0.65	1.04	38.6	243.5	2.82	5.89

三、平面非均质性

平面非均质性是指一个储层砂体的几何形态、规模和连续性，以及砂体内孔隙度和渗透率的平面变化所引起的非均质性。平面非均质性是造成注水前缘不均匀推进的主要原因，它对于井网布置、注入剂的平面波及效率和剩余油的平面分布有很大影响。对于平面非均质性的表征，一般通过绘制各小层属性平面图进行。下面以羊二庄油田为例，对平面非均质性的表征与评价进行阐述。

（一）砂体平面展布特征及物性变化规律

砂体的形成与水动力条件有关，羊二庄油田明化镇组为曲流河沉积、馆陶组为辫状河沉积，辫状河水动力强，能携带大量可运移物质沉积，物源充沛，砂体平面上多呈片状连接，在片状砂体上，可发育多条单一河道。根据水动力条件的不同，辫状河砂体可发育不同的规模。当水动力条件较强时，辫状河砂体厚度大，平面上展布范围广，储层规模较大。当水动力条件较弱时，辫状河砂体厚度薄，平面上分布范围有限，储层规模较小。

储层的平面非均质性是指平面上砂体的几何形态、规模、连续性、孔隙度和渗透率的平面变化等所引起的非均质性，对研究井网的部署，注入水的平面波及效率和剩余油的分布规律等都很大的影响。

由于河流的迁移和长期继承性发育，研究区发育多套含油砂体，平面上单砂层砂体钻遇率较高，平均可达 80%，厚度变化大，最大可达 20 多米，平面非均质性强。研究区内主力断块平均井距 210m，总体上现有井网内部控制程度较好。

条带状砂体：多个条带状砂体在平面上可形成交织状，内部厚度不均，厚度中心呈透镜状零散分布，宽度介于 200~500m，厚度小于 5m，砂体钻遇率为 51%。部分注采井之间的不连通易造成注采不对应的情况，水驱控制程度较低（约为 30%）。

不规则状砂体：是条带状向连片状的过渡形态，砂体规模介于条带状和连片状之间，平面钻遇率为 88%。不规则状砂体和井网的匹配情况介于条带状和连片状砂体之间。

连片状砂体：平面上大片分布，厚度分布不均，局部可见砂体尖灭，宽度一般大于 1000m，厚度大于 6m，砂体钻遇率为 90%。注采井间连通性好，水驱控制程度高（大于 50%）平面非均质性强。通过对示踪剂资料统计得知，研究区砂体连通性较好（表 6-1-6）。

　　沉积作用控制着平面物性展布，因此平面物性差异主要取决于平面上沉积微相的分布。在河道内部的边滩、心滩和辫状河道等主力微相层物性普遍较好，而河道边缘的河漫滩物性较差，不同相带过渡区域非均质性强。另外，长期注水冲刷使研究区高孔隙度高渗透率储层物性变好，因此注水时间长的区域物性好。

表 6-1-6　不同微相储层参数表

河型	微相	砂体厚度（m）	孔隙度（%）	渗透率（mD）	突进系数	变异系数
辫状河	河道	7.9	30.2	733	2.5	0.6
	心滩	12	30.6	804	2.4	0.5
	河漫	3	29	507	1.9	0.5
曲流河	河道	5.3	30.5	856	2.4	0.6
	边滩	6.4	31	1047	2.3	0.6
	河漫	2.9	27.4	399	2.1	0.5

（二）砂体侧向叠置与连通的关系

　　储层平面非均质性也表现在砂体构型要素的侧向叠置关系。构型单元砂体间在侧向的接触关系，控制了层内油水的运动规律。总的来说，连通型砂体间油水是可以互相流动的，而非连通型砂体油水被阻隔在局部砂体中。其中，连通型叠置关系中又可分为切叠型和侧叠型，非连通型砂体可分为孤立型和侧叠型。连通型砂体主要表现为边滩或心滩等在 8 级构型单元砂体间相连，而非连通型砂体则表现为在边滩或心滩等 8 级构型单元间存在废弃河道等非连通性砂体。由于曲流河在沉积时会发生侧积作用，发育的砂体倾向于河道方向，因而侧叠型按倾斜方向又可分为同向侧叠、背向侧叠和相向侧叠 3 种类型（图 6-1-8）。

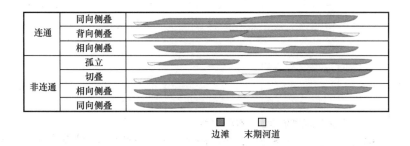

图 6-1-8　砂体侧向叠置类型

　　砂体侧向叠置与沉积环境和水动力条件有关，羊二庄油田馆陶组为辫状河沉积，辫状河主要为垂积作用，砂体间侧向上不会存在规律性的方向叠置，表现为侧叠连通和非连通性。在辫状河沉积早期，河流水动力强，携带大量可运移物质堆积，砂体大范围沉积，下部 Ng Ⅲ 1 小层各单砂体间连通性较好，如图 6-1-9 中 1 号砂体和 2 号砂体间表现为心滩与心滩砂体间在砂体根部侧叠连通，连通性较好。向上，3 号砂体心滩与心滩间，由于河道的存在，在砂体根部则表现为侧叠非连通，连通性差。随着河流水动力的减弱，携带的可运移物质变少，河道变深，上部 Ng Ⅱ 5 小层各单砂体侧向上多表现为独立非连通性，如图 6-1-9 中 4 号河道砂体。

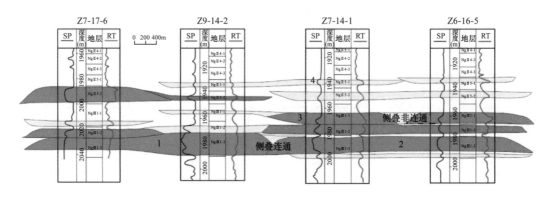

图 6-1-9　馆陶组砂体侧向叠置类型

明化镇组为曲流河沉积，曲流河主要表现为侧积作用，砂体沉积时沿着河流的凹岸堆积，剖面上表现为砂体向着河道方向倾斜，相邻砂体间在横向上相互叠置。如前所述，侧叠型按倾斜方向又可分为同向侧叠、背向侧叠和相向侧叠 3 种类型。由图 6-1-10 可知，当相邻砂体间横向上不存在末期河道时，连通性最好。当相邻砂体间横向上仅发育一条末期河道时，连通性变差。当相邻砂体间横向上存在多条末期河道阻隔时，连通性最差。因此，从连通性上来看，背向侧叠＞同向侧叠＞相向侧叠。Nm Ⅲ 4-3 单砂层中 Z9-17-1 井和 Z9-13-1 井位于侧积层倾向相背的砂体上，剖面上 1 号边滩砂体和 2 号边滩砂体在根部显示为背向侧叠连通状态，连通性好（图 6-1-10）。Z9-13-2 井和 Z9-13-3 井位于侧积层倾向相同的砂体上，剖面上 3 号和 4 号边滩砂体显示为同向侧叠连通状态，连通性较好。Z9-13-1 井和 Z9-13-2 井所在的砂体侧积层倾向相向，中间发育有河道砂体，剖面上 2 号和 3 号边滩砂体显示为相向侧叠非连通状态，连通性差。上部 Nm Ⅲ 4-1 单砂层由于河流能量的减弱，沉积物减少，5 号边滩砂体侧向上表现为独立非连通性，连通性最差。

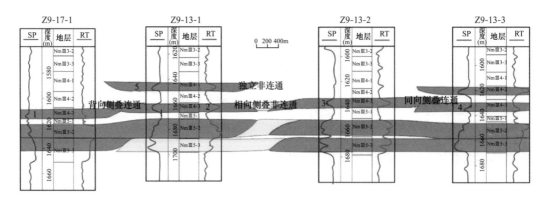

图 6-1-10　明化镇组砂体侧向叠置类型

四、流体非均质性研究

流体非均质性主要指地层中流体性质和产状的不均一性，主要指原油的非均质性。在油藏描述中，相对于储层岩石，对于储层内流体非均质性的研究相对较少。目前，对流体非均质性研究方面主要集中在原油地球化学组成及物性上，主要方法为油气地球化学方法，而在油田开发中，流体非均质性的表征对于油气（特别是稠油）的开采具有重要的意义。

原油非均质性主要包括原油的化学性质及物理性质两方面。原油化学性质主要为原油组分及抽提物特征，原油的物理性质则包含密度、黏度、凝固点及含蜡、含硫、胶质与沥青质等组分特征。原油的物理性质直接影响原油的渗流能力，而原油组分的化学组成则是原油物理性质的成因。对于原油非均质性的研究，一般通过原油样品的地化及物理实验获取原油的相关特征参数，并在此基础上，分析原油在纵向及平面上的分布特征。本小节主要以大港油田沈家铺油田枣 V 油层为例来阐述原油的非均质性。

（一）纵向上原油非均质性分布特征

枣 V 油层组各小层极性化合物相对含量平均值都大于 50%［图 6-1-11（b）］，明显高于总烃相对含量平均值［图 6-1-11（a）］，反映枣 V 油层组总体上原油性质差。纵向上，枣 V 油层组流体非均质性强，原油性质随深度增加而逐渐变好，从 V 2 到 V 7 小层，随深度增加，总烃相对含量逐渐增加，极性化合物相对含量逐渐减少［图 6-1-11（a）（b）］。从 V 2 到 V 7 小层，储层抽提物各族组分浓度降低，抽提物含量减少［图 6-1-11（c）］，这表明枣 V 油层组含油性随深度加大而变差。岩石热解资料含油率的纵向变化［图 6-1-11（d）］也表明这一点。这种含油性和族组成浓度的变化，可能是岩性变化和原油充注方向不同而导致的。表 6-1-7 为枣 V 油层组各小层族组分和抽提物相对含量数据表。

表 6-1-7　枣 V 油层组各小层族组分和抽提物相对含量数据表

小层	样品数	饱和烃（%）		芳烃（%）		非烃（%）		沥青质（%）	
		范围	平均	范围	平均	范围	平均	范围	平均
V1	19	23.9～42.7	31.9	12.3～22.6	16.94	25.6～35.4	29.75	9.4～29.1	21.4
V2	21	25.2～34.9	29.09	10.7～20.3	15.43	24.4～40.2	32.91	14.3～28.3	22.56
V3	23	25.3～33.5	27.93	13.9～25.5	17.12	19.5～49	32.97	13.8～27.5	21.24
V4	5	25～34.2	30.8	10.4～22.7	16.86	26.6～40.2	33.16	20.2～23.5	21.5
V5	4	25～34.2	31.8	13.6～17.5	16.07	25.3～37.4	30.67	21.9～31.4	25.5
V6	25	28～60.5	32.35	8.4～22.2	16.2	13.7～37.8	29.5	9.1～28	22.5
V7	21	25.2～34.9	33.6	9.4～24	16.07	12.5～39.8	29.25	12.5～41.7	21.7

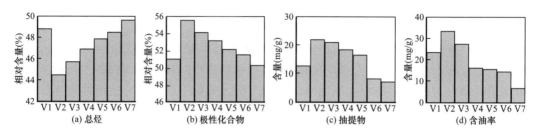

图 6-1-11　枣Ⅴ油层组各小层纵向流体非均质分布特征图

（二）横向上储层流体非均质性分布特征

1. 平面上各小层油层分布的非均质性

枣Ⅴ油层组各小层油层的分布在各断块不同。Ⅴ1小层在J11和G128断块主要为油层，在J1、J10和G130断块为水层；Ⅴ2小层油层厚度最大，均匀分布于各含油断块；Ⅴ3小层在J11和G128断块主要为油层，向南到J1和G130断块变薄，多为干层；Ⅴ4小层在J1和G130断块主要为油层，在J11和G128断块为干层；Ⅴ5小层为含油单砂层，各断块均匀分布；Ⅴ6和Ⅴ7小层只在G128断块局部分布为油层。总体而言，J11和G128断块以Ⅴ1—Ⅴ3小层为主力油层，J1和G130断块以Ⅴ2和Ⅴ4小层为主力油层。

枣Ⅴ油层组各小层的油层横向分布主要受断层控制，沈J铺油田西侧的孔西主断层为油气运移通道，三级断层J9断层和G130断层控制油气分布，四级断层使油、气、水分异更为复杂，各断块具有独立的油水系统。岩性和沉积微相的控制作用也十分明显。以G128井为例，该井的Ⅴ1、Ⅴ2和Ⅴ3小层位于主河道，油层发育较好，而Ⅴ4和Ⅴ5小层位于河道间，储层物性差、砂体薄，含油性也差，基本为干层。

2. 平面上枣Ⅴ油层组原油性质的非均质性

沈J铺油田枣Ⅴ油层组的原油在横向上也呈现出强非均质性，但总体上，从北东向南西方向，即从J11断块到J1断块，原油黏度降低，密度减小，胶质与沥青质含量降低，但凝固点升高（表6-1-8、图6-1-12），推测可能与油气运移方向和构造位置有关。

表 6-1-8　枣Ⅴ油层组各小层族组成浓度和含油率数据表

井号	井段（m）	密度（g/cm³）	黏度（mPa·s）	凝固点（℃）	含蜡（%）	含硫（%）	胶质与沥青质（%）
J11	2130.4～2166	0.947	2276.6	19	11.01	0.16	51.2
	2031.6～2117	0.9506	2262.7	22	11.3	0.15	43.7
G128	2050.5～2157	0.9507	1559.7	25	13.92	0.2	50.78
	2120.6～2157	0.9429	2055.4	29	9.7	0.2	47.95
G135	2057.8～2156	0.9339	1604	27	10.35	0.17	39.01
	2083.6～2156	0.9338	1897	25	7.46	0.21	47.73
	2151.1～2156	0.9353	1206	30	9.58	0.2	46.23

续表

井号	井段（m）	密度（g/cm³）	黏度（mPa·s）	凝固点（℃）	含蜡（%）	含硫（%）	胶质与沥青质（%）
J1	2166～2174.8	0.9196	612.8	38	15.23		36.33
	2148.5～2174	0.9213	525.5	35	9.45	0.21	43
	2095～2121.4	0.9517	2365.3	30	4.48	0.18	46.87
J10	2284.3～2315	0.9311	710.8	7	16.65	0.14	35.5
	2130.8～2138	0.9166	256.9	38	11.55	0.12	40.8

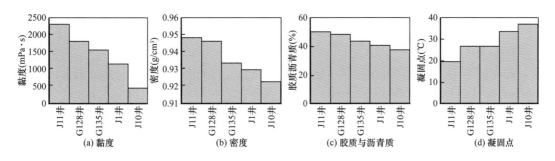

图 6-1-12　枣 V 油层组各小层横向流体非均质分布特征图

第二节　油藏时变非均质性研究

大量的开发实践表明，在油藏注水开发的过程中，油藏参数将随开发时间的延长而发生变化。引起这种变化的主要原因是油藏开发流体动力地质作用，具体是指油藏在长期注水开发过程中，储层中开发流体（油、水和油水混合物）对储层的骨架（矿物颗粒、基质和胶结物）、孔喉网络以及流体自身的物理风化和化学风化、机械剥蚀和化学剥蚀、机械搬运和化学搬运、机械沉积或化学沉积等作用，进而引起储层宏观参数的改变。这种变化改变了原有储层参数的非均质格局，使储层参数的空间分布更加复杂，进一步增强了储层非均质性。此外，在开发过程中，由于注入流体与原油及地层水长期接触，会导致原油性质发生变化，进而直接影响到油田的采收率。

因此，无论是储层变化或是流体性质变化均影响油田开发效果和剩余油的分布，油藏时变非均质性的研究正是针对这种开发过程中的变化，将油田开发后储层和流体的变化规律定义为油藏时变非均质性，开展油藏时变非均质性研究，掌握开发过程中油藏参数的变化规律，正确认识开发后期油藏的非均质性，对高含水期油田合理有效地挖潜剩余油意义重大。

一、注水开发后油藏参数变化规律

注水开发是目前常规砂岩油藏普遍采用的二次采油方式。水的注入可以补充因地层水采出而造成的亏空，有效维持地层压力，进而可以提高采油速度和采收率。但是水的注入也会对油藏产生一定的改造作用，使油藏的一些特性或者参数如储层非均质性、储层润湿性、孔隙度和渗透率、储层微观孔隙结构以及储层中的流体性质等发生变化。油藏参数的变化对油藏的开发效果会产生很大的影响，例如油藏开发早期确定的注采方式和相应的注采参数经常不再适合于油藏高含水期的开发。

目前，对于油藏参数变化规律的研究主要存在两种方法：一种是利用岩心注水模拟实验结合相关的室内化验分析，获取不同注水开发阶段下的油藏参数，并加以分析；另一种是利用不同开发阶段完钻井的取心或测井资料获取不同开发阶段下的油藏参数，并开展参数变化规律研究。

（一）填砂管实验研究渗透率变化规律

1. 实验方法

采用不同气测渗透率（150mD±15mD、750mD±75mD、1500mD±150mD、3000mD±300mD 和 5000mD±500mD）的填砂管岩心，分别注水 10PV、100PV、500PV 和 1000PV，测定长期水驱后孔隙度、渗透率变化，测试注入水体积对储层物性参数的影响。

1）实验条件

（1）实验仪器：高温高压岩心驱替装置、平流泵、真空泵、中间容器、电子天平、手摇泵、填砂管、恒温水浴锅、数显搅拌器。

（2）实验材料：蒸馏水、不同气测渗透率（150mD、750mD、1500mD、3000mD、5000mD）ϕ25mm×30cm 填砂管岩心（图 6-2-1）。

（3）实验药品：大港油田模拟水。

（4）实验温度：驱替实验均在恒温箱内 53℃条件下进行，其他实验均在 25℃恒温条件下进行。

（5）注入速度：流量为 1mL/min。

2）实验步骤

（1）利用电子天平称量岩心质量。

（2）利用真空泵将填砂管岩心连续抽真空 3～4h，待岩心内压力降至 -0.1MPa，继续抽真空 4h，称重。

（3）将足量模拟水装入中间容器，连接至已抽真空岩心一端，直到岩心饱和模拟水，再次称重，计算岩心孔隙体积。

（4）水驱油：在恒速条件下，采用模拟水进行水驱油实验，注入不同孔隙体积倍数（PV）的模拟水，每间隔一段时间记录出液量、出油量，待注入目标体积完成后，结束水驱（图 6-2-2）。

（5）将水驱后的岩心进行 55℃条件下干燥 24h，然后再次采用气测法测定填砂管岩心驱替后岩心渗透率。

2. 结果分析

实验结果表明，150mD 和 750mD 的填砂管岩心随着水驱注入倍数的增加，前期渗透率增加速率较快，后期渗透率速率逐渐变缓。150mD 岩心渗透率最终增加 48.63%（图 6-2-3）；750mD 岩心渗透率最终增加 50.1%（图 6-2-4）。与 150mD 和 750mD 的岩心不同，3000mD 和 5000mD 的岩心随着注入倍数的增加，其渗透率明显升高。1500mD 岩心渗透率最终增加 50.6%（图 6-2-5）；3000mD 岩心渗透率最终增加 50.6%（图 6-2-6）；5000mD 岩心渗透率最终增加 47.4%（图 6-2-7）。

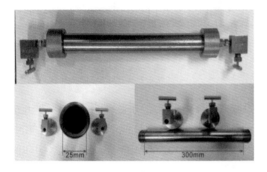

图 6-2-1　实验填砂管图

图 6-2-2　填砂管岩心长期水驱实验

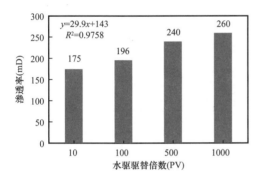

图 6-2-3　150mD 的填砂管岩心水驱后
渗透率变化

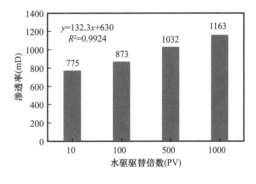

图 6-2-4　750mD 的填砂管岩心水驱后
渗透率变化

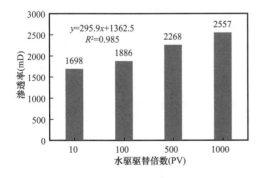

图 6-2-5　1500mD 的填砂管岩心水驱后
渗透率变化

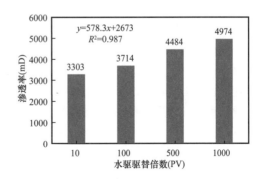

图 6-2-6　3000mD 的填砂管岩心水驱后
渗透率变化

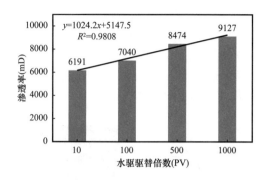

图 6-2-7　5000mD 的填砂管岩心水驱后渗透率变化

长期水驱后，渗透率呈增大趋势，3000mD 和 5000mD 的岩心渗透率变化率高于 150mD、750mD 和 1500mD 的岩心。分析原因为：依附于孔隙表面的松散颗粒或矿物颗粒在水的冲刷下，运移流出或被孔隙喉道捕获，造成渗透率变化。3000mD 和 5000mD 高渗透率岩心的喉道半径则可以允许更多微粒流出，岩心渗透率增加幅度较大（图 6-2-8 和图 6-2-9）。

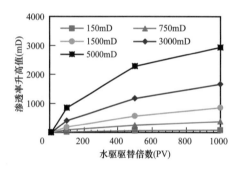

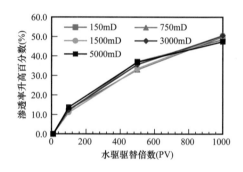

图 6-2-8　填砂管岩心水驱后渗透率变化值　　图 6-2-9　填砂管岩心水驱后渗透率升高百分数变化

（二）不同开发阶段取心井研究储层参数变化

1. 渗透率

对比注水开发前与注水开发后两口临近密闭取心井的岩心渗透率资料分析发现，在注水开发初期，岩心渗透率主要集中于 100 ～ 600mD 区间，平均渗透率为 635mD（图 6-2-10）。在注水开发后期，岩心渗透率主要集中于 200 ～ 1000mD 区间，平均渗透率为 721mD，其平均渗透率增加了 13.5%（图 6-2-11）。对比分析注水开发前后的密闭取心渗透率资料表明，储层经过长时间的注水开发后其渗透率明显增加，储层的渗透能力逐渐增强。

2. 孔隙度

对比注水开发前与注水开发后两口临近密闭取心井的岩心孔隙度资料分析发现，在注水开发初期，岩心平均孔隙度为 32.2%（图 6-2-12），在注水开发后期，岩心平均孔隙度为 29.1%（图 6-2-13），其平均孔隙度增加了 10.7%。对比分析注水开发前后的密闭取心物性资料表明，储层经过长时间的注水开发后，弱胶结颗粒和黏土被逐渐冲刷出来，导致孔隙度有所增加。

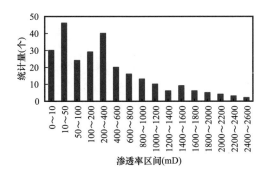

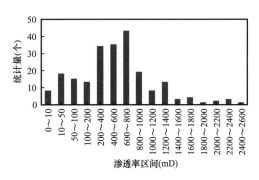

图 6-2-10　注水开发初期渗透率区间统计柱状图　　图 6-2-11　注水开发后期渗透率区间统计柱状图

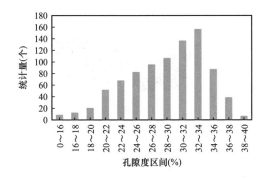

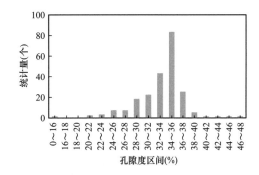

图 6-2-12　注水开发初期孔隙度区间统计柱状图　　图 6-2-13　注水开发后期孔隙度区间统计柱状图

3. 粒度

对比注水开发过程中 4 口邻近密闭取心井的岩心粒度资料分析发现，1967 年的 G23 井粒度范围集中于 0.001 ～ 0.05μm，1972 年 XI43 井的粒度范围集中于 0.05 ～ 0.1μm，2010 年 XJ2 井的粒度范围集中于 0.05 ～ 0.1μm，2017 年 XI9-9-10 粒度范围集中于 0.1 ～ 0.25μm。随着注水开发的不断推进，低粒度区间 0.001 ～ 0.1μm 占比具有减少的趋势，而高粒度区间 0.1 ～ 1μm 占比具有增大的趋势（图 6-2-14）。统计结果表明，在储层注水开发过程中，储层中弱胶结的低粒度区间颗粒易被冲刷运移出来，从而引起储层物性的变化。

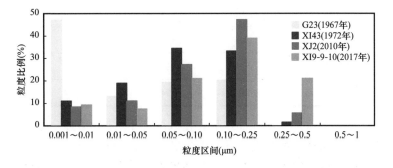

图 6-2-14　几口不同开发阶段的取心井粒度分布柱状图

（三）注水开发阶段流体性质变化

1. 开发过程中原油性质变化特征

通过不同开发阶段取样的原油分析数据对枣南孔一段原油黏度的变化规律进行了统计，将枣南孔一段分为3个开发阶段，1995年以前为开发初期，1995—2004年为开发中期，2005年以后为开发后期。开发初期原油黏度平均黏度为185.7mPa·s，开发中期原油黏度平均黏度为219.2mPa·s，开发后期原油黏度平均黏度为374.5mPa·s，随着开发阶段的不断加深，原油黏度整体呈增加趋势（图6-2-15）。此外，从开发时间与原油黏度的散点图可以看出，枣南孔一段枣Ⅳ和枣Ⅴ油组产出的原油黏度整体呈指数增长的趋势（图6-2-16）。

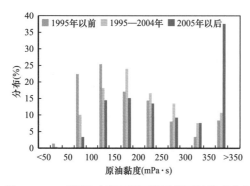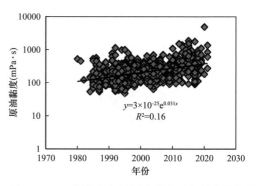

图6-2-15 枣Ⅳ和枣Ⅴ不同开发阶段原油黏度分布图　图6-2-16 枣Ⅳ和枣Ⅴ原油黏度随年份变化规律

分析认为，原油是一种烃类化合物及其衍生物的混合物，它除溶有大量的气态烃之外，还溶有大量的固态烃及胶质沥青，这种极其复杂的非均质体系在油田开发过程中，随着温度压力的变化，将产生较大的变化，这种变化的机理是较为复杂的，但其主要原因是由于原油在各种地质因素下的氧化作用，导致大小不等以吸附形式出现的高黏氧化原油的聚集。油田注水开发过程中，随着温度压力的变化，轻烃组分优先跑掉，而且在长期的注水开发后，必然会引起原油性质的改变，最主要的变化为原油性质逐渐变差（表6-2-1）。

表6-2-1 不同开发阶段采出原油性质变化对比表

层位	类别	密度（g/cm³）	黏度（mPa·s）	胶质+沥青（%）	含蜡（%）
枣Ⅳ和枣Ⅴ	开发初期	0.8829	183.7	9.4	18.5
	开发中期	0.8864	217.6	8.7	18.6
	开发后期	0.8929	374	11.4	17.8

注水开发油田储层的流体性质在注水后发生改变是不可避免的，流体性质的改变大多数对油田生产及开发效果有不利影响。注水开发的油藏，随着开发时间的增长，采出程度的增大，不可避免地要引起含水率上升。相似油藏类型及生产方式的不同断块，油井见水时间的早晚和见水之后含水上升的快慢不同，原油的地下黏度对开发油藏的含水上升快慢

影响较大。

2. 开发过程中油田水变化规律

开发过程中油田水的变化，一般主要是根据历年的水质监测资料，分析其基本特征及水化学组分的纵横向分布特点，探讨在不同注水开发阶段水化学特征变化，服务于油气勘探开发实践。油田采出水的性质变化主要是在原始地层水的基础上，受注入水质的影响，其次是在地层下发生的一系列复杂的反应。由于不同油田不同时期注入水性质较复杂，有清水也有污水，因此产出水性质变化也较复杂。

港西开发区明化镇组注水后地层水矿化度总体上呈现出降低的趋势，而馆陶组地层水总矿化度却有所上升。官 104 断块地层水矿化度总体上呈现出先降后升的趋势，注水开发初期由于注入水为清水使总矿化度降低，而中后期注入水为污水使总矿化度升高。官 104 断块因注入水为其他地区的污水，其地层水类型由原始的 $NaHCO_3$ 型变为以 $CaCl_2$ 和 Na_2SO_4 型为主。随着油田的注水开发，水淹程度加大，二类油藏的镁离子和钙离子含量都有不同程度的上升，但幅度比较小。这说明由于长期的注水冲刷，岩石中部分碳酸盐胶结物发生了溶蚀，但由于其含量本身比较少，所以增加的幅度不大。据取心井资料分析，港西开发区馆陶组平均胶结物含量 17.0%，其中泥质占 51.5%，方解石、白云石和菱铁矿等占 48.5%；明化镇组胶结物含量较高，为 23.3% 左右，其中泥质胶结物占 87%，碳酸盐胶结物非常低。据官 104 断块注水实验分析，注水后方解石胶结物含量由 7.5% 减少为 7.17%，而溶蚀颗粒孔的相对比例增大了 1.9%。这也证实了注水过程中，岩石中部分方解石胶结物发生了溶蚀，这也是导致储层物性变化的因素之一。

二、油藏参数变化机理

（一）注入水与岩石和地层流体的相互作用

注入水进入油层后，一方面，由于水对黏土矿物的聚散和水化膨胀作用，大孔道中的黏土矿物被冲散、迁移而随水流带出，使孔道变得干净、畅通，扩大了喉道直径；另一方面，一些被剥落或冲散的黏土可能在小孔隙中或大孔隙角落中重新聚集，使小孔隙变得更小，从而增强了微观非均质性。

从岩心的注水模拟试验和注水前后的环境扫描电镜观察（图 6-2-17）发现，中—细砂岩水驱后填隙物含量减少，由 9.5% 减小为 8%；溶蚀孔隙增多，由 12% 增大到 13%；喉道增大，平均孔喉直径由 26μm 增大到 31.5μm。而极细—细砂岩水驱后黏土矿物总量有所增多，由 11.5% 增加到 12.5%；喉道更为狭窄，平均孔喉直径由 11.6μm 减小为 10.3μm。因此，注入水对岩石填隙物的溶解冲刷导致了注水后高孔隙度、高渗透率储层泥质含量减少，孔喉增大，物性变好；而孔隙喉道相对细小的中孔中渗透率储层却因黏土杂基的堆积导致泥质含量增多，孔喉减小，物性变差。

另外，注入水对骨架颗粒的侵蚀作用和注入水性质变化对储层的改造作用也会造成储层结构变化。注入水对储层孔道的长期冲洗，一方面，会使矿物颗粒受到侵蚀，类似山涧流水对岩石的侵蚀作用。这种侵蚀作用一般发生在大孔道中，结果使大孔道更大、更畅通。另一方面，注入水对储层岩石中酸性和碱性矿物的长期冲刷和溶蚀使储层溶孔发育，增大流动迂曲度，也使高含水后期地层水含盐量增大，导致部分地方发生沉淀作用，其沉淀物堵塞孔喉，使储层孔隙结构更加复杂，物性变差。

|注水前|注水后|注水前|注水后|

(a) 中—细砂岩   (b) 极细—细砂岩

图 6-2-17　岩心水驱前后扫描电镜照片对比

（二）注入水对孔隙的影响

油田在开发过程中通常采用污水回注的方式，回注水中含有多种杂质，包含悬浮固体、含油量、还原菌、腐生菌、铁细菌的含量都较高，悬浮物中值粒径也较大。对于储层物性较好的高孔隙度、高渗透率储层，污水回注堵塞孔隙对其储层物性造成的影响相对较小，但是对于储层物性相对较差储层，回注水水质差就会对储层有严重的堵塞作用。因此在注水时应严格控制注入水水质，特别是针对储层物性相对较差的油藏，更应重视回注水水质问题。

（三）注水温压条件的影响

注入水的温度一般比地层水温度低，这种差别所引发的热胀冷缩效应对于油层孔隙的变化是很微小的，只有当注入水温度低于原油析蜡温度，在井底附近地层中产生蜡的沉淀时，会缩小或堵塞油层孔隙喉道。

注水温度对原油性质的变化影响较大。根据测温资料，油层原始地层温度一般在 $50 \sim 65℃$，由于采用常温注水（平均温度约 $20℃$），二者之间存在一定的温度差。根据油分析资料，温度由 $50℃$ 下降为 $20℃$ 时，明化镇组原油密度平均上升 $0.022g/cm^3$，馆陶组原油密度平均上升 $0.023g/cm^3$。因此，注入水温度与地层温度的差别是造成原油性质变差的重要因素。

由于原油黏度对温度的变化更加敏感，在常温注水情况下，注入水的温度一般大大低于地层温度，更会造成原油黏度的大幅度增加。随着油藏投入注水开发，特别是油井见水后，原油中的溶解气也会部分转溶于水中，从而使得原油的饱和压力和气油比降低，也会导致原油密度和黏度增加。压力对油层的影响主要表现为，当油层压力发生变化并破坏了其压力平衡后，就会使岩石胶结强度破坏，导致岩石物性变化，产生裂缝或使地层出砂。地层压力不断下降时，岩石骨架受压增大，孔隙变小，这就必然造成油层渗透率下降。因此降压开采的油田，即使采用注水二次采油，把压力恢复上去，但由于油层实际存在一定程度的塑性形变，所以很难恢复到原来的状态。

三、时变非均质的表征与应用技术

（一）油藏参数时变的表征方法

目前国内外学者综合应用多种学科理论以及岩心分析、测井解释、物理模拟以及数值模拟等方法，分析了储层物性时变机理，研究了不同地质条件下物性变化规律，并建立了物性时变表征模型。储层物性时变表征方法多种多样，大体可以分为 3 类：单因素表征法、多因素表征法、基于水驱强度的表征方法。

1. 单因素表征法

在通过不同开发阶段的测井解释、生产动态或取心分析获取不同阶段的油藏参数后，以开发前原始的油藏参数（y_0）为自变量，不同开发时间下油藏参数（y）为因变量，回归出油藏参数（y）随水驱开发时间（t）变化的公式：

$$y=f(t) \tag{6-2-1}$$

$$y=f(y_0) \tag{6-2-2}$$

式中 y——某时刻的油藏参数，如孔隙度、渗透率、泥质含量等；

y_0——初始时刻的物性参数；

t——水驱开发时间。

该方法应用简单，操作容易，但预测模型相关系数偏小，准确性较低，且该方法理论依据不足，储层物性的变化主要是受水驱冲刷量的影响，因此模型的自变量应是反映水驱冲刷量的参数，而不应该是时间或者原始物性参数。因此，该方法只能针对特定沉积相或者开发阶段，不适合推广应用。

2. 多因素表征法

在获取油藏时变参数的基础上，考虑多种因素对物性变化的影响，采用多元线性回归、神经网络等方法建立描述物性变化的数学模型。

$$y=f(x_1, x_2, \cdots, x_n) \tag{6-2-3}$$

式中 y——某时刻的物性参数，如孔隙度、渗透率、泥质含量等；

$x_1, x_2, \cdots, x_n$——相关储层参数或开发参数。

该方法考虑多种因素对物性变化的影响，但许多参数需要归一化处理，权重系数的确定具有主观性，表征过程不连续，不能有效反映任意时刻的物性，矿场应用也过于复杂。

3. 基于水驱强度的表征方法

根据生产动态或室内岩心实验建立孔隙度和渗透率等物性参数与水驱强度的关系，该方法综合考虑了动静态因素的影响，可以实现物性变化规律的连续性表征。目前该方法已在数值模拟中得到了广泛应用。

$$y=f(x) \tag{6-2-4}$$

式中　y——某时刻的物性参数，如孔隙度、渗透率、泥质含量等；

　　　　x——反映水驱强度的变量。

（二）分阶段油藏数值模拟技术

分阶段油藏数值模拟是一种能够根据油藏开发各个阶段的不同特点，分不同阶段调整相对渗透率曲线、渗透率、传导系数等参数，从而提高数值模拟精度的技术。其分阶段调整数值模拟中的关键参数，也是基于油藏时变的思想。下面以 GD 一区油藏为例介绍分阶段数值模拟方法。

GD 一区油藏自 1965 年投产以来已有 50 多年，油藏先后经历了由低含水到高含水的多个开发阶段，油藏的地质特征也随着开发历史的延伸在逐渐地变化，受开发过程的影响，现在地下油藏的地质特征与 1965 年油田投产时候的地质特征已经有了很大的变化，基于传统单一地质模型的单阶段数值模拟已经不能够准确反映油藏的实际变化情况，更无法精确地预测当前剩余油的分布状况和未来生产动态及流体分布规律。鉴于此，在该区应用了分阶段油藏数值模拟技术。

1. 数值模拟基础数据说明

在利用 GD 一区明化镇组及馆陶组油藏精细描述的基础上，建立了精确的地质模型，作为该油藏分段数值模拟的基础。本次数值模拟的主要目的层为 Nm Ⅲ 6-3、Nm Ⅱ 10-2 和 Ng Ⅰ 1-1 三个含油主力层。

1）油藏及流体物性参数

地面条件下的水密度：$1.01g/cm^3$；原始油藏条件下地层水黏度：$0.26mPa·s$；原始油藏条件下地层水压缩系数：$5.0×10^{-4}MPa^{-1}$；原始油藏条件下地层水体积系数：1.0；地面条件下的原油密度：$0.913g/cm^3$；原始油藏条件下原油黏度：$24.6mPa·s$；原始油藏条件下原油压缩系数：$8.0×10^{-4}MPa^{-1}$；原始油藏条件下原油体积系数：1.068；岩石压缩系数：$1.7×10^{-4}MPa^{-1}$。

2）相对渗透率数据

本次模拟主要使用的相对渗透率曲线如图 6-2-18 所示。

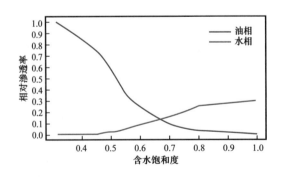

图 6-2-18　GD 一区油水相对渗透率曲线

3）PVT 性质数据

PVT 性质数据是反映原油溶解气油比、地层体积系数、地下黏度，天然气压缩因子、密度和地下黏度随压力变化状态的参数。根据 PVT 试验的结果，给定相关参数。

4）历史生产数据

主要为 24 口油井和 6 口水井的生产数据。包括单井产油量、产液量、注水量、油水比等生产数据、地层压力数据以及射孔相关数据、产吸数据和酸化压裂等措施数据。

2. 模拟阶段划分

阶段划分是分阶段油藏数值模拟的基础和前提。为了使油藏的数值模型更为精确，充分反映出油藏开采的变化特征，首先需依据开发方案的变化特征，对各区块进行阶段划分。

以 Nm Ⅲ 6-3 层阶段划分为例。根据生产历程特征可以将全区生产划分为 4 个生产阶段（图 6-2-19），分别是弹性能量开发阶段、停采阶段、注水开发阶段和措施调整阶段。

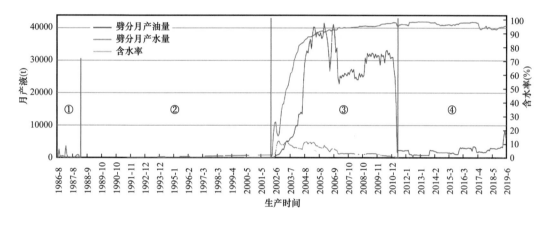

图 6-2-19 Nm Ⅲ 6-3 层生产阶段划分曲线图

①弹性能量开发阶段；②停采阶段；③注水开发阶段；④措施调整阶段

此后，也根据生产历程特征将 Nm Ⅱ 10-2 层分为弹性能量开发阶段、早期注水开发阶段、措施调整阶段和注聚开发阶段等 4 个阶段；将 Ng Ⅰ 1-1 层分为天然能量开采阶段、含水上升阶段、高含水开发阶段和注水开发阶段 4 个阶段。

3. 分阶段油藏数值模拟

1）地质模型检验与模型优选

建立地质模型，是进行数值模拟历史拟合和动态预测工作的基础。在建立油藏地质模型时，既要综合考虑现有的所有数据，又要对实际油藏的众多数据资料进行简化，选择最能代表油藏流体动态的模型结构。在选择模型时，主要考虑以下因素：油藏的复杂性（非均质性、各向异性、分层情况、断层等）；布井情况及其对动态的影响；油藏内流体驱动机理；流体相数及相态特征；资料的可靠性和完整性；经济预测结果等。

从研究区油藏的油、气、水系统和油藏类型考虑，适合选择黑油模型拟合。因此，模拟工作选用三维两相黑油模型进行。

2）分阶段历史拟合

历史拟合的可靠性直接影响后期对剩余油分布规律的研究以及开发方案的调整。整体包括了储量拟合和开发动态历史拟合。根据储层评价的研究结果所建立起来的地质模型，是否能代表实际油藏的特性，有待历史拟合检验。初始化的目的：一是计算油藏的初始状态条件，为后续的历史拟合提供初始状态参数场；二是进行油藏原油地质储量的拟合。

（1）储量拟合。

根据油藏实际对建立的三维地质模型进行储量拟合，为数值模拟提供初始化的参数场。对三维模型中的有效厚度、孔隙度以及含油饱和度等参数进行反复修正，最终，使模型计算的储量与实际的油藏储量吻合。根据现有资料，通过容积法计算得到 Nm Ⅲ 6-3、Nm Ⅱ 10-2 点坝以及 Ng Ⅰ 1-1 心滩地质储量分别为 84.53×10^4t、45.56×10^4t 和 60.21×10^4t，3 个模型拟合储量分别为 84.70×10^4t、45.51×10^4t 和 59.33×10^4t，油藏整体储量拟合误差小于 0.5%（表 6-2-2）。

表 6-2-2　储量拟合及误差统计表

点坝/心滩	地质储量（10^4t）	模型储量（10^4t）	误差（%）
Nm Ⅲ 6-3	84.53	84.70	0.2
Nm Ⅱ 10-2	45.56	45.51	0.1
Ng Ⅰ 1-1	60.21	60.41	0.3
平均			0.2

（2）压力拟合。

首先拟合全区平均压力，然后拟合单井压力。拟合全区压力时，当计算的压力随时间的变化形状与实际压力基本相同，只是压力水平不一致时，主要调整总压缩系数和孔隙体积，其中包括模拟模型和边界流入函数。当计算压力和时间的变化形状与实际不同时，则需要普遍修改模型的渗透率，也包括边界流入函数的渗透率。全区压力基本拟合后，着重点转到单井压力拟合上，拟合单井压力主要修改井区局部的渗透率或方向渗透率。以上两个步骤不能截然分开，在进行全区压力拟合时，也要兼顾单井压力情况，附带作局部修改；同时，压力拟合还要照顾含水率的拟合。

平均地层压力的拟合：先把收集到的单井测压资料处理成地层压力。首先压力折算到油层中部，然后进行皮斯曼校正。

平均地层压力与原始地层压力，注入量，采出量，油的体积系数，区域的孔隙体积和综合压缩系数有关，其关系可表示为：

$$p=p_i+(W_i-W_p-B_oN_p)/V_pC_t \qquad (6-2-5)$$

式中　p——平均地层压力，MPa；

p_i——原始地层压力，MPa；

W_i——累计注水量，m^3；

W_p——累计采水量，m^3；

N_p——累计产油量，m^3；

B_o——原油体积系数；

V_p——油藏孔隙体积，m^3；

C_t——综合压缩系数，MPa^{-1}。

　　一般认为动态资料和孔隙体积是准确的，在本次拟合过程中通过修改综合压缩系数，很好地拟合了平均地层压力。油田整体压力变化不大，拟合相对简单，可以看出，拟合率较高，整体趋势比较符合（图6-2-20和图6-2-21）。

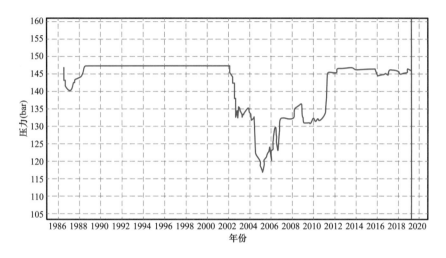

图6-2-20　Nm Ⅲ 6-3整体压力拟合曲线

1bar=10^5Pa

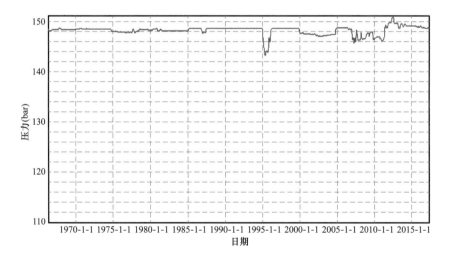

图6-2-21　Ng Ⅰ 1-1心滩整体压力拟合曲线

（3）含水率拟合。

　　拟合了区块压力之后就可进入含水率拟合阶段。含水率拟合又分两步，先拟合区块含水，方法是修改油水相对渗透率曲线，微调全区渗透率值，调整某些含油饱和度，使区块综合含水率与观察数据大体接近；然后拟合重点井含水率，方法是调整局部地区的渗透率和水体体积，同时兼顾注水井的注入状况，参考吸水剖面，调整注水井的主要吸水层等，使注采关系更接近于油藏实际情况。通过对工区生产井含水率曲线进行拟合，拟合曲线趋势基本与含水率变化一致，大多数井误差在 3% 以下，拟合效果较好（图 6-2-22 和图 6-2-23）。

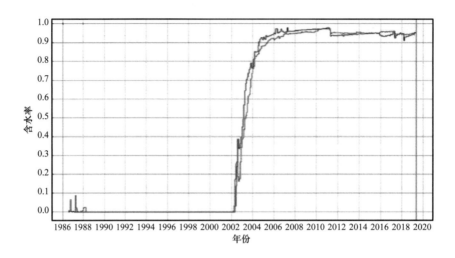

图 6-2-22　Nm Ⅲ 6-3 整体含水率拟合曲线

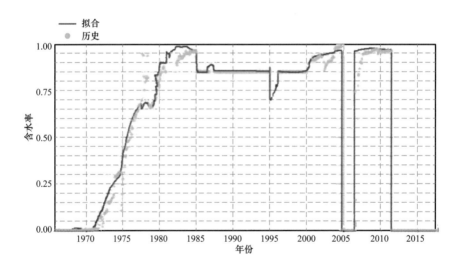

图 6-2-23　Ng Ⅰ 1-1 心滩整体含水率拟合曲线

（4）产油水拟合。

在数值模拟过程中，可调参数较多，包括孔隙度、渗透率、净毛比、岩石和流体压缩系数以及相对渗透率曲线的调整，例如研究区孔隙度变化范围不大，在拟合过程可微调或不调；渗透率变化范围较大，可进行相对较大范围的调整。通过分阶段调整参数使得每个阶段整体油产量和水产量符合历史变化规律，各个模型拟合结果与生产历史较为一致，整体误差较小（图 6-2-24）。

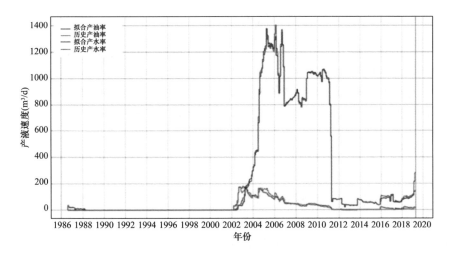

图 6-2-24　Nm Ⅲ 6-3 点坝整体油水产量拟合曲线

（5）单井生产历史拟合。

对研究区内油水井全部进行了拟合，采用方式为，给定单井采液量，重点拟合采油量和含水率等指标，对 Nm Ⅲ 6-3 层经过反复的拟合，拟合过程以一个月为一个时间段，拟合效果较好的井有 13 口，拟合率达到 85%（表 6-2-3）。

分阶段油藏数值模拟可以更精确地反映油藏生产开发过程中的各项动态变化，更贴近生产实际，模拟精度更高。此外，分阶段油藏数值模拟，模拟生产开发阶段后期时不影响前期的拟合结果，拟合的过程节省了大量因后期调整参数，影响整个拟合结果而需重复调整模型的时间。

表 6-2-3　Nm Ⅲ 6-3 油水产量拟合误差表（部分数据表）

井号	拟合产油量（t）	历史产油量（t）	拟合产水量（m³）	历史产水量（m³）	产油误差（%）	产水误差（%）
G3-33-1	890.52	907.92	2773.30	2805.90	1.92	1.16
G3-34	1517.50	1626.50	30099.01	30890.01	6.70	2.56
G3-34-1	0.07	0.07	0.47	0.52	8.19	9.25
G3-36	1045.83	1103.21	11795.95	11438.57	5.20	3.12
G3-37	18.22	19.28	8.90	9.94	5.49	10.48
G3-38	2666.64	2888.37	27825.47	27403.75	7.68	1.54
G3-38-1	1915.49	1985.87	29733.95	30663.60	3.54	3.03
G3-39	541.22	553.67	4067.83	4425.38	2.25	8.08
G4-2-5	51.04	53.44	385.87	393.47	4.49	1.93
G4-2-7	48.14	52.99	611.75	633.89	9.16	3.49
G4-33-1	9.08	8.19	740.26	828.75	10.86	10.68
G210	257.72	278.88	1.44	2.81	7.59	48.73
GS12-20	1474.22	1634.18	16609.63	16449.67	9.79	0.97
平均					6.37	8.08

（三）基于面通量的物性时变数值模拟

油藏数值模拟是油藏工程中预测开发效果及剩余油分布的重要技术手段，传统的油藏数值模拟中油藏的各项参数（渗透率、相对渗透率曲线、原油黏度等）是一个定值，从实际开发来看，这是不合理的。时变数值模拟就是在传统数值模拟的基础上，考虑油藏参数时变特性后的数值模拟方法。一般是在黑油模型的基础上，引入参数时变描述模型，建立参数时变数学模型，然后对新建立的参数时变数学模型进行数值差分，建立参数时变数值模型，最后采用数学方法（如 IMPES 法等）求解差分方程的压力和饱和度。

1. 水驱强度表征参数

对于时变数值模拟，首先需要确定水驱强度表征参数，建立油藏参数随水驱强度表征参数变化的数值模型。从目前已有的研究来看，水驱强度表征参数不仅需要定义注水对储层的影响强度，还需易于获取，且能满足后续研究的应用。常用的有以下几种：

（1）含水率。对不同含水阶段的取心井进行取心分析，得到相关的储层物性参数，分析储层物性参数随含水率的变化规律。在数值模拟中，可以通过分类方程计算出任意网格的含水率，并根据储层物性随含水率的变化规律计算当前含水率下的储层物性。

（2）过水倍数。过水倍数是指累积流过岩心网格的流体体积与岩心网格孔隙体积之比，即：

$$R = \frac{Q_w}{PV} \qquad (6-2-6)$$

式中　R——过水倍数；

Q_w——通过岩心网格的流体体积，m^3；

PV——岩心网格的孔隙体积，m^3。

在三维空间上，可以定义 x、y、z 各方向上过水倍数为：

$$R_i = \frac{Q_{x0}}{PV} \qquad (6-2-7)$$

$$R_j = \frac{Q_{y0}}{PV} \qquad (6-2-8)$$

$$R_k = \frac{Q_{z0}}{PV} \qquad (6-2-9)$$

式中　R_i，R_j，R_k——x、y、z 各方向上的过水倍数。

（3）面通量。面通量定义为累积通过岩心网格的流体体积与岩心网格横截面积之比：

$$M = \frac{Q_w}{S} \qquad (6-2-10)$$

式中　M——面通量，m；

Q_w——通过岩心的总水量体积，m^3；

S——岩心的横截面积，m^2。

对于一个三维网格，流体在 x、y、z 三个方向上流动，各个面上都可能存在流体的流入或流出，因此，通过该网格的总面通量等于 x、y、z 各方向上流出水的面通量之和。

总面通量：

$$M_n = \sum M_d \qquad (6-2-11)$$

x、y、z 方向面通量：

$$M_d = \frac{|Q_{dw}|}{S_d} \qquad (6-2-12)$$

式中 d——网格的 x、y、z 三个方向；

M_d，M_n——方向面通量和总面通量，m；

S_d——网格各方向上的横截面积，m^2；

Q_{dw}——网格 d 方向累积流出的总水量体积，m^3。

这三个常用的水驱强度表征参数也是时变数值模拟技术不断进步完善的体现。与过水倍数及面通量相比，含水率不具备方向性，无法实现渗透率的方向性表征，且在水驱开发高含水期，如果某处残余油饱和度下降到一定程度后不再变化，则地下含水也将不变，这会影响其他参数的时变表征。过水倍数实现了储层时变的连续性表征，方向性表征，但是过水倍数的计算结果受网格划分大小影响而不稳定。面通量是基于过水倍数的最新的水驱强度表征参数，解决了过水倍数受网格划分大小影响而不稳定的问题，计算结果的稳定性远好于采用过水倍数表征物性时变的方法。

2. 基于面通量的时变数学表征

由于储层渗透率及相对渗透率曲线是数值模拟中的关键参数，下面主要介绍基于面通量的储层渗透率时变及相对渗透率曲线时变的表征方法。

1）渗透率时变表征方法

采用室内岩心实验测定渗透率随水驱冲刷量之间的关系，经过简单计算可将过水倍数转化为面通量，得出研究渗透率随面通量的变化规律，以胜利油田 5 块中高渗透岩心样品的水驱冲刷实验数据为例（图 6-2-25）。从图 6-2-25 中可以看出，随着面通量增大，渗透率逐渐增大，但增大速率呈减小趋势。面通量小于 5m 时，渗透率变化速度较快；面通量大于 5m 时，渗透率变化速度较慢，最后趋于稳定。

由于岩心尺度太小，不能有效反映整个油藏的渗透率变化情况，可以采用试井分析或者取心统计分析，测试不同开发时期的渗透率，然后利用软件计算出测试时刻对应区域内的平均面通量，采用最小二乘法拟合得出渗透率变化倍数与面通量之间的函数关系（图 6-2-26）。

2）相对渗透率曲线时变表征方法

储层岩石润湿性的改变会导致油、水相对渗透率曲线发生变化，共渗区含水饱和度范围、等渗点和相对渗透率端点的位置均会发生变化。图 6-2-27 为某油田某岩心相对渗透率曲线随面通量的变化关系，随着面通量增大，岩石亲水性增强，等渗点向右下方移动，束缚水饱和度增大，残余油饱和度减小，残余油下的水相相对渗透率减小。

根据岩心测试统计资料得到了羊三木油田不同开发时期的残余油饱和度，利用软件计算出各时期对应的面通量，通过拟合得到残余油饱和度与面通量的函数关系（图 6-2-28）。

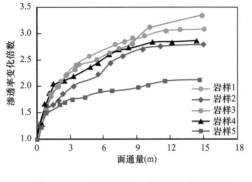

图 6-2-25 渗透率随面通量的变化关系

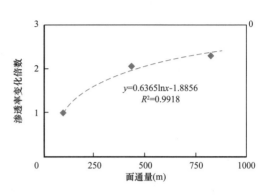

图 6-2-26 渗透率与面通量的关系

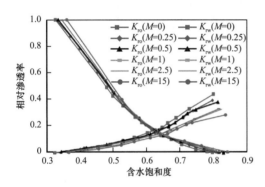

图 6-2-27 相对渗透率曲线随面通量的变化关系

K_{ro}，K_{rw}—油相、水相相对渗透率；M—面通量

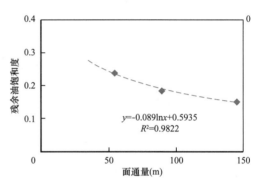

图 6-2-28 残余油饱和度与面通量的关系

得到变化后的相对渗透率端点后，为获得完整的相对渗透率曲线，首先需要已知一条标准化的相对渗透率曲线，该曲线可通过将原始相对渗透率曲线进行无量纲归一化处理的方法获取，使用以下公式进行归一化处理：

归一化含水饱和度

$$S_{wn} = \frac{S_w - S_{wi}}{1 - S_{wi} - S_{or}} \tag{6-2-13}$$

归一化水相相对渗透率

$$K_{rwn} = \frac{K_{rw}}{K_{rw}(S_{or})} \tag{6-2-14}$$

归一化油相相对渗透率

$$K_{ron} = \frac{K_{ro}}{K_{ro}(S_{wi})} \tag{6-2-15}$$

式中　S_w——含水饱和度；

S_{wi}——束缚水饱和度；

S_{or}——残余油饱和度；

K_{rw}——水相相对渗透率；

K_{ro}——油相相对渗透率；

K_{rw}（S_{or}）——残余油下的水相相对渗透率；

K_{ro}（S_{wi}）——束缚水下的油相相对渗透率；

S_{wn}——归一化含水饱和度；

K_{rwn}——归一化水相相对渗透率；

K_{ron}——归一化油相相对渗透率。

将原始相对渗透率曲线数据点的归一化值绘制到以 S_{wn} 为横坐标，以 K_{rwn} 和 K_{ron} 为纵坐标的归一化坐标体系中，然后将数据点回归，得到归一化的无量纲油水相对渗透率曲线，该曲线可表示为：

$$K_{ron} = f_1\left(S_{wn}\right) \tag{6-2-16}$$

$$K_{rwn} = f_2\left(S_{wn}\right) \tag{6-2-17}$$

将归一化的相对渗透率曲线视为标准曲线，忽略该曲线随面通量的变化，根据该标准曲线，以及变化后的4个基本特征参数，就可反求得到变化后的相对渗透率曲线。

对于相对渗透率曲线，在时变处理过程中需要注意是否存在临界水饱和度。当不存在临界水饱和度时，根据时变后的相对渗透率端点及归一化的相对渗透率曲线，即可计算出时变后的相对渗透率曲线。当存在临界水饱和度时，若时变后束缚水饱和度比临界水饱和度小，则时变后需要用临界水饱和度作为4个基本参数点之一计算整条相对渗透率曲线；若时变后束缚水饱和度比临界水饱和度大，则时变后用束缚水饱和度作为4个基本参数点之一计算整条相对渗透率曲线，并将临界水饱和度改为时变后的束缚水饱和度。

3. 储层时变数学模型

1）模型基本假设

储层物性时变数学模型由常规的黑油模型改造得出，两者的区别在于新模型可考虑绝对渗透率和油水相对渗透率的动态变化，模型的建立基于以下5点基本假设：

（1）油藏中最多存在油、气、水三相，且每一相的渗流均服从达西定律；

（2）油水之间不互溶，气可同时溶解于油、水中；

（3）油藏中烃类只包括油、气两种组分，且油组分完全存在于油相中，气组分可以以自由气的形式存在于气相中，也可以以溶解气的形式存在于油相或水相中，不考虑油组分向气相中的挥发现象；

（4）油藏中气体的溶解或溢出瞬间完成，即认为油藏中油、气、水三相瞬间达到相平衡状态；

（5）油藏中的渗流过程是等温的。

2）微分方程

在物性时变数学模型中，认为绝对渗透率和相对渗透率随面通量的变化而变化，对于任一三维网格，考虑到渗透率具有方向性，而相对渗透率不具有方向性，因此，将绝对渗透率改造为方向面通量的函数，相对渗透率改造为总面通量的函数。基于模型基本假设，依据质量守恒原理和达西定律，考虑源汇项、重力及毛细管力，将各运动方程分别代入对应的质量守恒方程中，可得到物性时变渗流方程：

油相

$$\nabla \cdot \left[\frac{K_{ro}(M_n)K(M_d)}{B_o\mu_o} \nabla(p_o - \rho_o gD) \right] + q_{vo} = \frac{\partial}{\partial t}\left(\frac{\phi S_o}{B_o} \right) \qquad (6-2-18)$$

水相

$$\nabla \cdot \left[\frac{K_{rw}(M_n)K(M_d)}{B_w\mu_w} \nabla(p_w - \rho_w gD) \right] + q_{vw} = \frac{\partial}{\partial t}\left(\frac{\phi S_w}{B_w} \right) \qquad (6-2-19)$$

气相

$$\nabla \cdot \left[\frac{K_{rg}(M_n)K(M_d)}{B_g\mu_g} \nabla(p_g - \rho_g gD) \right] + \nabla \cdot \left[\frac{R_{so}K_{ro}(M_n)K(M_d)}{B_o\mu_o} \nabla(p_o - \rho_o gD) \right] +$$

$$\nabla \cdot \left[\frac{R_{sw}K_{rw}(M_n)K(M_d)}{B_w\mu_w} \nabla(p_w - \rho_w gD) \right] + q_{vg} = \frac{\partial}{\partial t}\left[\phi\left(\frac{R_{so}S_o}{B_o} + \frac{R_{sw}S_w}{B_w} + \frac{S_g}{B_g} \right) \right] \qquad (6-2-20)$$

式中　B_o，B_w，B_g——油、水、气三相的体积系数，无量纲；

　　　ρ_o，ρ_w，ρ_g——油、水、气三相的密度，kg/m^3；

　　　p_o，p_w，p_g——油、水、气三相的压力，Pa；

　　　μ_o，μ_w，μ_g——油、水、气三相的黏度，Pa·s；

　　　q_{vo}，q_{vw}，q_{vg}——单位时间单位体积产出或注入油、水、气的体积，m^3/s；

　　　R_{so}——溶解气油比；

　　　R_{sw}——溶解气水比；

　　　S_o，S_g——含油、含气饱和度；

　　　g——重力加速度常数，m/s^2；

　　　D——从某一基准面算起的深度，与重力加速度方向相同，m；

　　　ϕ——孔隙度。

其他辅助方程、初始条件和边界条件与常规黑油模型一致，微分方程中的原油黏度、渗透率和相对渗透率不再是常数，变成与驱替通量相关的函数。

3）差分求解数值模型

对数值模型的求解方法一般分为隐式和显式，本次主要采用全因隐式解法。

需要注意的是，考虑物性时变的数值模拟器在每一时间步都需要对每个网格的渗透率、传导率、相对渗透率曲线、传导系数进行处理。

（1）渗透率。在物性时变数值模拟中，储层渗透率是方向面通量的函数。模型计算过程中，每一网格每一时间步的渗透率大小都在不断变化，需根据渗透率随方向面通量的变化规律，对各网格各方向上的渗透率重新计算。

（2）网格传导率。在数值模拟中，网格的传导率与渗透率有关，因此，渗透率变化后，需要对各网格的传导率重新计算。

（3）相对渗透率曲线。在物性时变数值模拟中，相对渗透率曲线随面通量不断变化，根据相对渗透率曲线随面通量的变化关系，在每一时间步对不同面通量冲刷下的相对渗透率曲线重新进行端点标定，更新迭代计算中每个网格的相对渗透率曲线。

（4）流体传导系数。在数值模拟中，流体传导系数与绝对渗透率和相对渗透率有关。由于绝对渗透率和相对渗透率是面通量的函数，因此，流体传导系数也是面通量的函数，故每一时间步都需要对流体传导系数重新进行计算。流体传导系数 T_1 需要通过流动系数 λ_1 部分和网格传导率 T 部分计算，其中，λ_1 采用上游权方法处理，T 则采用调和平均方法计算。

4. 时变数值模拟实例

大港油田羊三木油田位于黄骅坳陷，为一被断层复杂化的穹隆构造，内部构造完整，北西向和南西向被羊北断层及羊南断层封堵，构造向东倾伏，发育明化镇组和馆陶组两套含油层系，河流相沉积，油藏埋深为 1188 ~ 1613m，平均孔隙度为 31%，平均渗透率为 1223mD，为一中高渗透疏松砂岩稠油油藏。该油田含油面积为 8.6km^2，可采储量为 1044.5×10^4t。经过几十年的开采，羊三木油田已进入高含水后期，2019 年 10 月，综合含水 94.46%，采出程度 31.54%。

羊三木油田是已开发 47 年的老油田，经过长期冲刷，储层渗透率及相对渗透率曲线发生了连续的变化，从不考虑时变与考虑时变后对全区产油速度的历史拟合可以看出，正是由于相对渗透率曲线发生变化，导致不考虑时变情况下，历史拟合精度低，特别是对于开发后期指标的拟合与实际指标相差甚远，而考虑时变特性后，历史拟合的精度远远高于不考虑时变情况（图 6-2-29）。

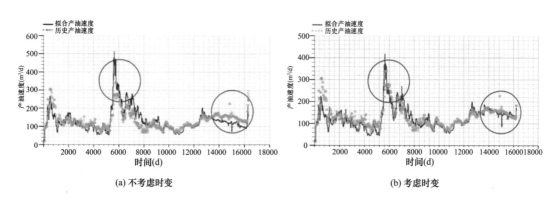

图 6-2-29 不考虑时变与考虑时变历史拟合对比

从全区开发指标的历史拟合（图 6-2-30）可以看出，在考虑储层物性及相对渗透率曲线时变后，数值模型具有相当高的精度，这更有利于对油田后续开发指标及剩余有分布进行有效预测。

根据物性时变数值模拟，可以得到任意时间段的渗透率场、面通量场以及剩余油饱和度场（图6-2-31），能够有效地表征时变非均质性特征。

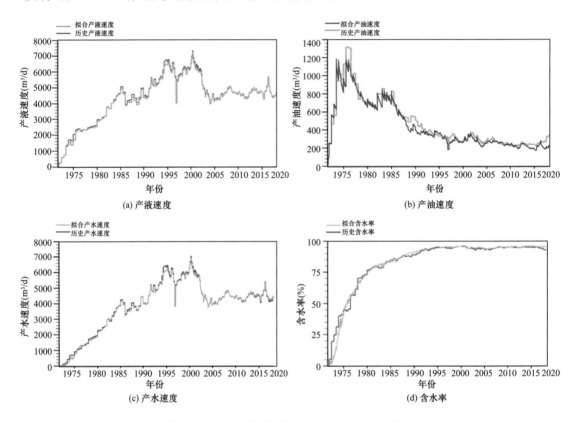

图 6-2-30　考虑时变后的全区开发指标历史拟合

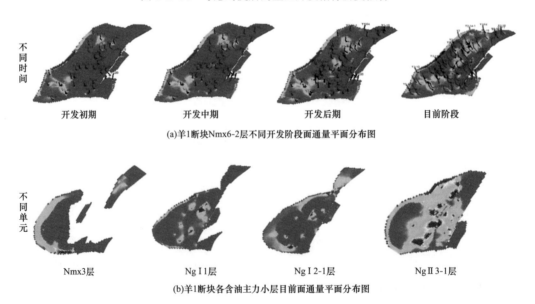

(a)羊1断块Nmx6-2层不同开发阶段面通量平面分布图

(b)羊1断块各含油主力小层目前面通量平面分布图

图 6-2-31　羊三木油田基于面通量的时变数值模拟得出的面通量场

四、优势渗流通道研究

我国注水开发老油田已经普遍进入高含水开发阶段，剩余油分布呈现"总体分散、局部富集"的复杂特点。从1999年至2008年，近10年间，中国石油天然气集团有限公司注水量从$6.45 \times 10^8 m^3$增至$8.30 \times 10^8 m^3$，增加近$2 \times 10^8 m^3$，而产油量从1999年的$1.05 \times 10^8 t$至2008年的$1.077 \times 10^8 t$，基本未变，反映水驱效率低，大量的注入水没有起到驱替原油的作用。低效无效水循环严重是高含水油田面临的主要难题，对油田的稳油控水造成极大的困难，直接影响了注水开发效果和剩余油挖潜。从成因上来说，高含水期形成的优势渗流通道实质上就是由油藏时变非均质性所导致，因此优势渗流通道的研究实质上属于油藏时变非均质性研究范畴。

（一）优势渗流通道的研究思路

优势渗流通道，又称大孔道、窜流通道。目前，国内外关于优势渗流通道的定义有3种观点：第一种是偏向于地质成因的观点，认为优势渗流通道是储层中高孔隙度、高渗透率的部位，或者是储层中特高渗透条带；第二种是侧重动态成因的观点，即认为优势渗流通道是经过长期注水开发，储层孔隙度变大、渗透率提高，形成的窜流通道；第三种观点是不区分成因类型，仅从孔隙喉道半径定量地定义大孔道。事实上，单从某一方面定义优势渗流通道是不全面的。比如在油藏开发早期，物性好的储层没有受到注入水的冲刷，大量可动油赋存于孔隙和喉道中，未形成无效水循环，因此不能称为优势渗流通道；低渗透储层和高渗透储层物性差异很大，形成优势渗流通道的孔径远远不同，有一个绝对的孔径值来界定优势渗流通道是不准确的。综合以上观点认为，优势渗流通道是储层原生中—高孔隙度、中—高渗透率条带，经过长期的注水冲刷后，孔隙度、渗透率进一步增大，注入水发生无效循环而形成的通道。

优势通道的研究是一项系统工程，需要地质、测井、动态监测和动态分析等多学科综合才能给予解决。一般其的研究思路分为两步：（1）基于动态监测识别优势渗流通道，根据示踪剂、吸水剖面及油水井动态特征等，可以准确地找出存在优势渗流通道的井及层位。在此基础上，对存在优势渗流通道的单砂体、小层、井进行分析，建立无动态监测井优势渗流通道的预测标准。（2）无动态监测井的优势渗流通道预测，通过动态监测识别并建立的优势渗流通道判别标准，预测无动态监测井的优势渗流通道。本书主要从这两方面对优势渗流通道的研究进行介绍。

（二）基于动态监测的优势渗流通道识别

优势渗流通道形成后，注入水波及体积有限，油藏开发阶段吨油耗水量急剧增加，导致油田开发效果差，采收率低。要对优势渗流通道进行研究，首先需要通过生产动态监测找到典型的优势渗流井、小层、单砂体等，并建立无动态监测井优势渗流通道的预测标准。

目前主要存在3种基于动态监测识别优势渗流通道的方法：利用示踪剂识别优势渗流通道、利用吸水剖面识别优势渗流通道、利用动态资料识别优势渗流通道。

1. 利用示踪剂识别优势渗流通道

示踪剂是指那些易溶，具有相对稳定的生物化学性，在极低浓度下可被检测出的物质，用以指示溶解它的流体在多孔介质中的存在、流动方向以及渗流速度。示踪剂监测技术能直观有效地监测和评价储层非均质性与井间连通性，其基本原理是在注入井中注入示踪剂段塞，使其跟随注入流体进入储层，在注入井周围的生产井监测示踪剂的产出特征，并绘制出示踪剂产出浓度随时间变化的曲线，即示踪剂产出曲线。示踪剂产出曲线可直观地判断优势渗流通道是否形成。注入井和监测井间形成优势渗流通道时表现特征有：示踪剂推进速度快，监测井见示踪剂时间早；示踪剂产出曲线形态尖而陡，高峰持续时间较短，峰值较高。

以王官屯油田西区 G80 断块 G7-8-1 井组为例，对枣 Ⅱ 和枣 Ⅲ 油组示踪剂响应特征进行分析，识别优势渗流通道。

G7-8-1 井组位于王官屯油田西区 G80 断块中部，注水层位是枣 Ⅱ 和枣 Ⅲ 油组，注入井为 G7-8-1 井，注水厚度为 80.4m，日注入量为 83m³。6 口监测井分别是：G80 井、G7-8-3 井、G6-8 井、G6-8-1 井、G7-7-2 井和 G8-9k 井，基本情况见表 6-2-4。

表 6-2-4　G7-8-1 井组监测井有关数据表

监测井	生产层位	油层厚度（m）	日产油（t）	日产水（m³）	含水率（%）	距注入井距离（m）
G80	枣Ⅱ、枣Ⅲ	58.4	7.4	64.81	89.7	200
G7-8-3	枣Ⅱ、枣Ⅲ	68.6	5.94	156.74	96.4	145
G6-8	枣Ⅱ、枣Ⅲ	71.2	6.57	126.45	95.1	200
G6-8-1	枣Ⅱ、枣Ⅲ	29.4	3.57	117.81	97.1	260
G7-7-2	枣Ⅱ、枣Ⅲ	70.5	10.94	86.74	88.8	395
G8-9k	枣Ⅱ、枣Ⅲ	61.2	7.66	7.29	48.7	280

G7-8-1 井组于 2003 年 12 月 31 日注入 25Ci❶ 的 3H 示踪剂，截至 2004 年 6 月 27 日，经过 179 天的监测，6 口监测井有 3 口产出了 G7-8-1 井所注的示踪剂。

监测井 G6-8 位于注水井 G7-8-1 井西北 200m 处。在 G7-8-1 注示踪剂后的第 43 天开始检测到示踪剂 3H ［图 6-2-32（a）］，理论计算水驱速度为 4.7m/d。此曲线为典型双峰曲线，曲线峰值持续时间很短，第一个峰值的浓度高达 840.7Bq/L，第二个峰值的浓度高达 609.8Bq/L，分别是本底浓度的 28 倍和 20 倍，示踪剂产出曲线表明注入井 G7-8-1 井与监测井 G6-8 井之间发育有两个水流优势通道，且第一个发育得更为成熟。

监测井 G6-8-1 井位于注水井 G7-8-1 井北偏西 260m 处。于 2004 年 4 月 20 日，也就是注示踪剂后的第 111 天开始检测到示踪剂 3H ［图 6-2-32（b）］，理论计算水驱速度为 2.3m/d，示踪剂峰值浓度达到 615.6Bq/L，是本底浓度的 15 倍。说明 G7-8-1 井与 G6-8-1 井之间发育一个潜在的优势渗流通道。

❶ 1Ci=3.7×10¹⁰Bq。

　　监测井 G7-8-3 井位于注水井 G7-8-1 井南偏西 145m 处。在注示踪剂后的第 91 天开始检测到示踪剂 3H［图 6-2-32（c）］，理论计算水驱速度为 1.6m/d，最高峰值浓度为 378.9Bq/L，是本底浓度的 9 倍。G7-8-3 井与 G6-8-1 井示踪剂见效时间较晚，见效速度较小，产出浓度变化较小，峰值较低，与注入井 G7-8-1 井间发育正常孔道。

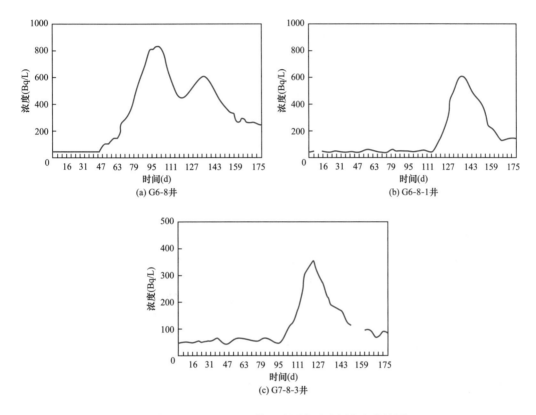

图 6-2-32　G7-8-1 井组监测井示踪剂产出曲线图

　　G7-8-1 井组的另外 3 口监测井 G80 井、G7-7-2 井和 G8-9k 井在监测期间一直没有产出 G7-8-1 井注入的示踪剂，所取样品化验浓度基本维持在本底水平。

　　从示踪剂见效方面分析，G7-8-1 井组中 G6-8-1 井、G6-8 井和 G7-8-3 井见示踪剂，说明注水井与这 3 口井连通性较好，也表明注水井的注入水主要流向其西北部和南部（图 6-2-33）。从示踪剂见效速度方面分析，监测井 G6-8 井的水驱速度为 4.7m/d，在 G7-8-1 井组中最大，G6-8-1 井的水驱速度为 2.3m/d，G7-8-3 井的水驱速度是 1.6m/d，其他 3 口井在监测期间未见示踪剂，说明平面非均质性强。

　　2. 利用吸水剖面识别优势渗流通道

　　注水开发中后期的油田，层间非均质性强，为了解注入井各层段的吸水情况，采用生产测井方法来测试注入井的吸水剖面。吸水剖面是指在一定注入压力和注入量条件下对注入井各个层段测试的吸水量的垂向分布剖面，主要反映了每个层段或者小层在一定注入压力下的相对吸水量。利用吸水剖面测井资料可确定储层吸水层位、水淹部位及强度，进而识别储层中的优势渗流通道，发育优势渗流通道的层段在注入井吸水剖面上表现为：同一时期，相对吸水量和吸水强度高于其他层位；随着注水开发时间的推移，相对吸水量不断地增大。

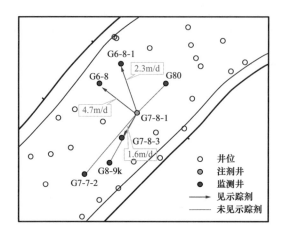

图 6-2-33　G7-8-1 井组示踪剂见效方向及见效速度平面示意图

（1）相对吸水量明显高于其他层位。

由于层间储层质量的差异，吸水剖面上不同层段的相对吸水量差别较大。在油田注水开发过程中，注入水优先沿着物性好的储层流动，随着注入流体的长期冲刷，储层形成优势渗流通道，优势渗流通道发育层位的相对吸水量明显高于其他层位，可达到 60% 以上。相对吸水量受储层物性影响的同时，还受砂体厚度的影响。吸水强度是指每米储层的吸水量，可以排除砂体厚度的影响，更突出储层物性对吸水量的作用，优势渗流通道发育的层位吸水强度会远高于其他层。如图 6-2-34 和图 6-2-35 中 G50-6 井和 G5-9-2 井吸水剖面所示，这两口井分别在枣Ⅴ x-1-3 及枣Ⅱ 2-2 单层相对吸水量远高于其他单层，这说明这两口井在这两个单层形成了优势渗流通道。

（2）相对吸水量随注水时间的延长而增大。

在吸水剖面测试过程中，储层受注入流体的长期冲刷，储层中黏土矿物和岩石颗粒被带走，原本高渗透储层的孔隙喉道进一步增大，孔隙度和渗透率变好，注入流体更易沿着高渗透层流动，使层间矛盾突出，层间非均质性增强。根据不同时期所测的吸水剖面资料，分析相对吸水量随时间的变化，有助于研究优势渗流通道的发育和演化情况。随着注水开发时间的增长，发育优势渗流通道的层位在吸水剖面上表现为相对吸水量逐渐增加。从 G50-6 井的吸水剖面图（图 6-2-34）可以看出，该井枣Ⅴ x-1-3 层相对吸水量随年份的增加从最初 40% 逐渐增加至 93.7%，这说明优势渗流通道相对吸水量随注水时间的延长而增大，最终会在该层形成注水无效循环。

（3）封堵措施效果不佳。

随着油田注水开发的进行，部分区块层间矛盾突出，注入水更易沿着高渗透层段或者优势渗流通道发育层段指进或锥进，使生产井含水率上升、采收率降低。因此，对开发中后期的油田采取调剖堵水措施，封堵相对吸水量高的层段，增加其他层段吸水量，以扩大注入水波及面积，提高剩余油的采出程度。但是发育优势渗流通道的层段，一般封堵措施作用持续时间不长，经过一段时间的注水冲刷后，该层段相对吸水量会再次增加。

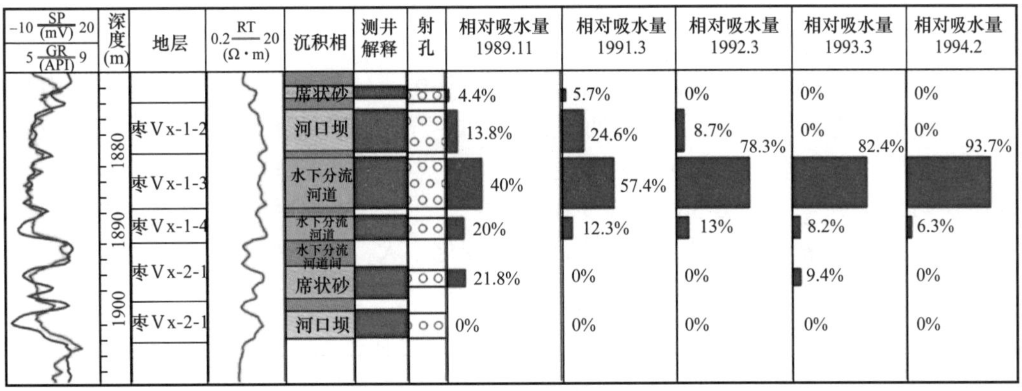

SP (mV) −10~20 / GR (API) 5~9	深度(m)	地层	RT (Ω·m) 0.2~20	沉积相	测井解释	射孔	相对吸水量 1989.11	相对吸水量 1991.3	相对吸水量 1992.3	相对吸水量 1993.3	相对吸水量 1994.2
	1880	枣Vx-1-2		席状砂			4.4%	5.7%	0%	0%	0%
				河口坝			13.8%	24.6%	8.7%	0%	0%
		枣Vx-1-3		水下分流河道			40%	57.4%	78.3%	82.4%	93.7%
	1890	枣Vx-1-4		水下分流河道			20%	12.3%	13%	8.2%	6.3%
		枣Vx-2-1		水下分流河道间						9.4%	
	1900	枣Vx-2-1		席状砂			21.8%				
				河口坝			0%	0%		0%	0%

图 6-2-34　G50-6 井吸水剖面图

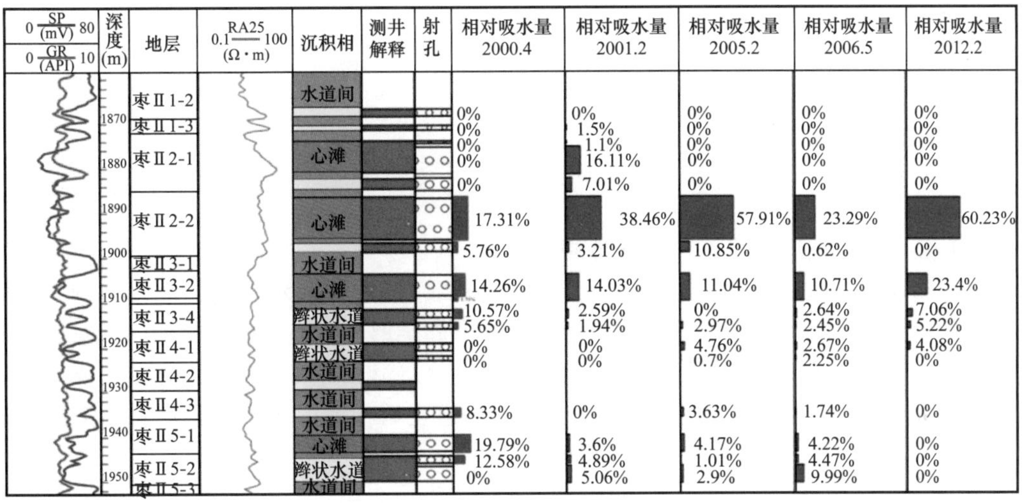

SP (mV) 0~80 / GR (API) 0~10	深度(m)	地层	RA25 (Ω·m) 0.1~100	沉积相	测井解释	射孔	相对吸水量 2000.4	相对吸水量 2001.2	相对吸水量 2005.2	相对吸水量 2006.5	相对吸水量 2012.2
	1870	枣Ⅱ1-2		水道间			0%	0%	0%	0%	0%
		枣Ⅱ1-3					0%	1.5%	0%	0%	0%
	1880	枣Ⅱ2-1		心滩			0%	1.1%	0%	0%	0%
							0%	16.11%	0%	0%	0%
	1890							7.01%			
		枣Ⅱ2-2		心滩			17.31%	38.46%	57.91%	23.29%	60.23%
	1900	枣Ⅱ3-1		水道间			5.76%	3.21%	10.85%	0.62%	0%
	1910	枣Ⅱ3-2		心滩			14.26%	14.03%	11.04%	10.71%	23.4%
		枣Ⅱ3-4		辫状水道			10.57%	2.59%	0%	2.64%	7.06%
	1920	枣Ⅱ4-1		水道间			5.65%	1.94%	2.97%	2.45%	5.22%
				辫状水道			0%	0%	4.76%	2.67%	4.08%
	1930	枣Ⅱ4-2		水道间			0%	0%	0.7%	2.25%	0%
		枣Ⅱ4-3		水道间			8.33%		3.63%	1.74%	
	1940	枣Ⅱ5-1		水道间							
				心滩			19.79%	3.6%	4.17%	4.22%	0%
	1950	枣Ⅱ5-2		辫状水道			12.58%	4.89%	1.01%	4.47%	0%
		枣Ⅱ5-3		水道				5.06%	2.9%	9.99%	0%

图 6-2-35　G5-9-2 井吸水剖面图

　　G5-9-2 井自 1986 年 11 月开始注水以来，共进行了 5 次吸水剖面测井（图 6-2-35）。其中枣Ⅱ2-2 单层、枣Ⅱ3-2 单层、枣Ⅱ5-1 单层发育心滩微相，储层物性较好，砂体厚度较大。2000 年 4 月进行吸水剖面测井时，这 3 个主力吸水层的相对吸水量差别不大，分别是 17.3%、14.3% 和 19.8%。2001 年 2 月对该井进行吸水剖面测井时，枣Ⅱ2-2 单层相对吸水量增加为 38.5%，到 2005 年 2 月，该层相对吸水量高达 57.9%，说明枣Ⅱ2-2 单层形成优势渗流通道。对枣Ⅱ2-2 单层进行封堵后，2006 年 5 月测得该层相对吸水量为 23.4%，其他层位相对吸水量增加，调剖注水效果良好，但是封堵作用持续时间不长，随着注水开发的进行，该层吸水量逐渐增加，到 2012 年 2 月测得该层相对吸水量达到 60.2%，说明优势渗流通道重新开启，使相对吸水量增加、封堵效果不好。

　　3. 利用动态资料识别优势渗流通道

　　优势渗流通道形成后，在动态资料上主要表现为，注水井注入压力异常；生产井地层出砂严重，油压升高，产液量猛增，含水率上升，生产井产液量对注水井注水量变化响应明显，采注比高。因此可利用优势渗流通道在动态资料上的表现进行识别。

（1）注水井注入压力异常。

注水井没有套损漏失的情况下，储层形成优势渗流通道之前，注水井注入压力与注水量基本呈正比关系，当注水井与采油井之间的储层形成优势渗流通道后，注水量急剧增加，但注水压力变化不大，因此可根据注入压力的异常响应来识别优势渗流通道。例如，G80断块G4-11井（图6-2-36），2009年6月之前注入压力与注水量的变化趋势基本保持一致，此后注水量急剧上升，但注入压力却变化不大，因此判断该井形成了优势渗流通道。

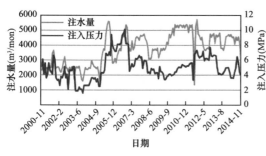

图6-2-36　G4-11井注水量及注入压力曲线　　　　图6-2-37　G49-5-2井油压曲线图

（2）生产井地层出砂严重，油压升高。

由于储层本身粒度细、胶结疏松、泥质含量高，经过注入水长期的注水冲刷，地层颗粒更易随着注入流体发生位移，造成地层出砂。储层形成优势渗流通道后，地层出砂现象更严重，出砂量间接反映优势渗流通道的体积。储层形成优势渗流通道之前，储层出砂量较少，生产井油压稳定；储层形成优势渗流通道之后，地层出砂现象严重，油压显著上升。

G195断块G49-5-2井，主要的生产层位是枣Ⅴ油组，1997年共冲砂6次，累计冲砂量10.03m³。从G49-5-2井的油压曲线（图6-2-37）可看出，在1997年3月之前油压稳定在0.9MPa左右，而后油压急剧升高到1.5MPa，说明此时储层形成优势渗流通道。

（3）生产井产液量猛增，含水率上升。

在油田注水开发过程中，储层未形成优势渗流通道前，产油量会随注水量增加而呈线性增加，当储层形成优势渗流通道后，由于注入水沿高渗透层突进，发生无效水循环，注水量的增加对提高产油量的作用变小，具体变现为生产井产液量增加、含水率显著增加，可根据这一现象识别优势渗流通道。根据油压曲线判断出G49-5-2井于1997年3月形成优势渗流通道，在此之前该井产液量（图6-2-38）稳定在400m³/mon左右，含水率（图6-2-39）在20%左右，优势渗流通道形成后，产液量猛增到1500m³/mon，但产油量并未有明显的增加，含水率急剧增加到80%，2001年2月封堵枣Ⅴ下油组，含水率下降至30%，但随着注水时间的延长，优势渗流通道再次开启，到2005年3月含水率再次升高至80%。

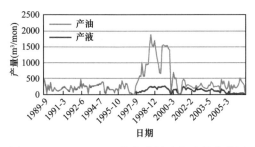

图 6-2-38　G49-5-2 井产液量及产油量曲线图

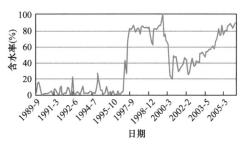

图 6-2-39　G49-5-2 井含水率曲线图

（4）生产井产液量对注水井注水量变化有明显响应。

注水井周围通常有多口生产井，在一个注采井组内，不同生产井对注水井有不同的动态响应。当注水井与生产井之间形成优势渗流通道以后，注入水会沿着发育优势渗流通道的地层流向生产井，当注水量改变时，生产井产液量有较明显的动态响应，因此可根据注水井与生产井之间的动态响应特征来判断储层是否发育优势渗流通道。

G7-8-1 井与 G6-8 井位于同一注采井组内，生产井 G6-8 井位于注水井 G7-8-1 井西北 200m 处，从 G7-8-1 井月注水量曲线图（图 6-2-40）与 G6-8 井月产液量曲线图（图 6-2-41）可看出，G7-8-1 井在 1998 年到 2006 年间注水量呈现升高再降低再升高的趋势，而 G6-8 井在这一时期内的产液量有着相同的变化趋势，结合该井组示踪剂测试资料，G7-8-1 井与 G6-8 井之间发育优势渗流通道。

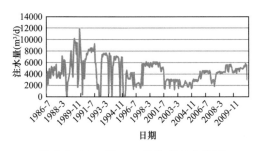

图 6-2-40　G7-8-1 井注水量曲线图

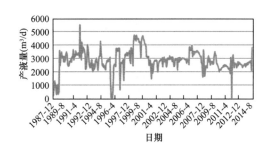

图 6-2-41　G6-8 井产液量曲线图

（5）采注比远高于同一井组内其他井对。

采注比是指同一注采井组内生产井产液量与注水井注水量的比值，反映了同一井组内不同生产井产液能力的差异。若注水井与生产井之间储层发育优势渗流通道，该井对的采注比将明显高于其他井对。

在 G48-4-1 井组内，生产井 G47-3-4 井位于注水井 G48-4-1 西南方向 170m 处，生产井 G48-3-2K 井位于注水井 G48-4-1 西北方向 130m 处，通过分析该井组采注比值可发现（表 6-2-5），G47-3-4 井采注比明显高于 G48-3-2K 井，结合示踪剂测试资料，说明 G47-3-4 井与 G48-4-1 井之间发育优势渗流通道。

表 6-2-5 G48-4-1 井组采注比参数表

日期	G48-4-1 井	G47-3-4 井		G48-3-2K 井	
	月注量（m³）	产液量（m³）	采注比	产液量（m³）	采注比
2012-7	530	860	1.622642	327	0.616981
2012-8	944	876	0.927966	321	0.340042
2012-9	671	869	1.295082	307	0.457526
2012-10	453	901	1.988962	320	0.706402
2012-11	443	892	2.013544	310	0.699774
2012-12	456	925	2.028509	333	0.730263
2013-1	456	889	1.949561	340	0.745614
2013-2	457	759	1.660832	340	0.743982
2013-3	457	823	1.800875	380	0.83151
2013-4	474	822	1.734177	396	0.835443

对于示踪剂测试资料、吸水剖面等动态资料丰富的井而言，运用丰富的动态资料并通过前文总结的优势渗流通道识别方法，可以较容易地判断储层中是否发育优势渗流通道，但具有这些动态资料的井仅占全区总井数的小部分，只能作为预测优势渗流通道的动态验证。要对全区进行优势渗流通道的预测，还需运用其他方法。

（三）优势渗流通道的预测方法

从成因来看，优势渗流通道主要是在油藏静态非均质性的基础上，受时变非均质性影响而形成，因此对于优势渗流通道的预测既要考虑油藏静态非均质性因素，还要考虑注采因素对其的影响。目前对优势渗流通道的预测尚未有统一的方法，本书主要介绍较为常用的两种方法，油藏综合分析法和数值模拟法。

1. 油藏综合分析法

油藏综合分析法，主要是在动态监测优势渗流通道识别的基础上，分析优势渗流通道的主控因素，选取相关因素（沉积微相、渗透率级差、韵律、砂层厚度、含水率等）制定优势渗流通道预测标准，再根据标准对全区的优势渗流通道进行预测。具体做法以大港油田 G80 断块为例。

1）优势渗流通道预测标准

（1）含水率界限。

储层形成优势渗流通道以后，油井含水率会急剧增加，甚至会出现只出水不产油的现象。对前文已识别出的发育优势渗流通道的单层含水率进行分析，分别统计出枣Ⅱ、枣Ⅲ油组和枣Ⅳ、枣Ⅴ油组含水率分布直方图（图 6-2-42），可见含水率均大于 65%。对于未发育优势渗流通道的油层，枣Ⅱ、枣Ⅲ油组含水率为 43.5%，枣Ⅳ、枣Ⅴ油组含水率为 46.9%。因此，研究区可将含水率 65% 定为预测优势渗流通道的下限。

（2）层间渗透率级差界限。

油组内单层之间的物性差异越强，注入水越容易沿着渗透率高的单层突进并形成优势渗流通道，因此，层间渗透率级差可作为识别优势渗流通道的标准。根据前文已识别出优势渗流通道的生产井资料，统计发育优势渗流通道和未发育优势渗流通道的油组级别的层间渗透率级差与含水率的关系，并绘制两者的交会图［图6-2-43（a）］。可以确定发育优势渗流通道的储层的油组级别层间渗透率级差一般大于4，且含水率大于65%。因此将油组级别层间渗透率级差大于4定义为预测优势渗流通道的标准之一。

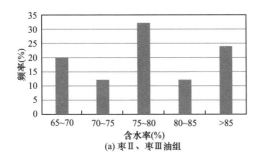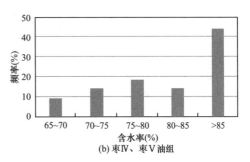

图 6-2-42　优势渗流通道油层含水率分布直方图

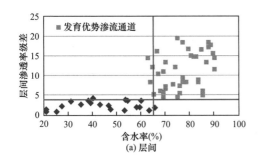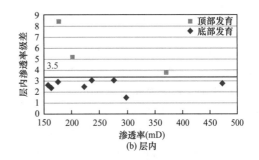

图 6-2-43　优势渗流通道油层渗透率级差分布

（3）层内渗透率级差界限。

优势渗流通道一般发育在单砂体的底部或顶部，这主要有层内渗透率级差、重力作用及韵律控制。当单砂体为正韵律时，优势渗流通道的位置一定在单砂体底部，这是由正韵律和重力作用共同决定的；当单砂体为反韵律时，倘若层内渗透率级差大到一定程度，则可能在砂体顶部发育优势渗流通道。因此层内渗透率级差界限主要针对于反韵律的砂体，如河口坝成因的砂体。

分别统计单砂体顶部渗透率大于底部渗透率情况下，优势渗流通道顶部发育式和底部发育式的层内渗透率级差［图6-2-43（b）］，可得出，河口坝砂体顶部发育优势渗流通道时，砂体顶部渗透率远高于底部，且层内渗透率级差大于3.5。因此，在识别河口坝微相中优势渗流通道发育位置时，当顶部渗透率高于底部渗透率，且层内渗透率级差大于3.5，则优势渗流通道在发育在河口坝砂体顶部，否则发育在底部。

确定优势渗流通道预测参数界限后，从沉积微相、韵律性、渗透率、砂体厚度、层间级差、含水率以及层内级差等 7 个方面考虑，制定出适合全区的优势渗流通道预测标准（表 6-2-6）。

表 6-2-6　G80 断块优势渗流通道预测标准

油组	沉积微相	韵律性	渗透率（mD）	砂体厚度（m）	层间渗透率级差	含水率（%）	类型	层内渗透率级差	发育位置
枣Ⅱ、枣Ⅲ	辫状水道	正韵律	≥80	≥3	≥4	≥65	发育型		底部
						<65	潜在型		
	心滩	均质韵律	≥80	≥3	≥4	≥65	发育型		底部
						<65	潜在型		
枣Ⅳ、枣Ⅴ	分流河道	正韵律	≥150	≥3	≥4	≥65	发育型		底部
						<65	潜在型		
	席状砂	均质韵律	≥150	≥3	≥4	≥65	发育型		底部
						<65	潜在型		
	水下分流河道	正韵律	≥150	≥3	≥4	≥65	发育型		底部
						<65	潜在型		
	河口坝	反韵律	≥150	≥3	≥4	≥65	发育型	≥3.5	顶部
						<65	潜在型	<3.5	底部

2）单井优势渗流通道识别

根据前文制定的优势渗流通道识别标准，在单井上进行优势渗流通道的解释，为进一步在剖面和平面上研究优势渗流通道的分布奠定了基础。

GJ1 井位于 G80 断块内，主力含油层位是枣Ⅱ、Ⅲ油组，枣Ⅱ 2-2 单层、枣Ⅱ 4-3 单层、枣Ⅱ 5-2 单层、枣Ⅱ 5-3 单层和枣Ⅲ 1-2 单层发育心滩微相和辫状水道微相，砂体厚度均大于 3m，且渗透率大于 80mD，枣Ⅱ 2-2 单层和枣Ⅱ 4-3 单层的含水率在 50% ～ 60% 之间，所以发育潜在型优势渗流通道，枣Ⅱ 5-2 单层、枣Ⅱ 5-3 单层、枣Ⅲ 1-2 单层含水率超过 65%，所以发育发育型优势渗流通道，该井的优势渗流通道均发育在砂体的底部（图 6-2-44）。

3）优势渗流通道剖面分布特征

以沉积微相剖面图为基础，绘制优势渗流通道剖面分布图。枣Ⅱ和枣Ⅲ油组优势渗流通道主要分布在辫状水道微相的底部以及心滩微相的底部。优势渗流通道受沉积演化和砂体展布的影响，主要分布在连片分布的心滩砂体中，包括枣Ⅱ 4-1 单层、枣Ⅱ 4-3 单层、枣Ⅱ 5-2 单层、枣Ⅲ 1-2 单层。枣Ⅳ、枣Ⅴ油组优势渗流通道主要分布在水下分流河道微相的底部以及河口坝微相的顶部和底部，主要的发育层位包括枣Ⅴx-1-3 单层、枣Ⅴx-1-4 单层以及枣Ⅴx-2-2 单层。优势渗流通道一般延伸 1 ～ 2 个井距，呈透镜状展布。

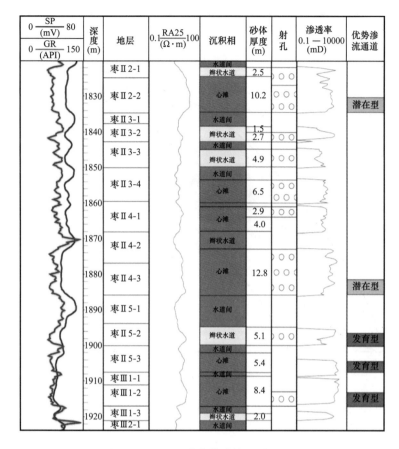

图 6-2-44　GJ1 井优势渗流通道预测图

4）优势渗流通道平面分布特征

油田注水开发过程中，沉积相带展布、砂体形态、渗透率分布以及古水流方向性影响注入水的方向性，从而影响优势渗流通道的平面展布。根据前文优势渗流通道的识别标准，绘制出各单层优势渗流通道平面分布图，下面以 G80 断块枣Ⅱ 4-3 单层为例进行说明（图 6-2-45）。从平面上看，研究区优势渗流通道的延伸方向呈北东—南西向，与古水流方向保持一致。潜在型优势渗流通道呈连片状分布，发育型优势渗流通道呈短条带状分布，且发育型优势渗流通道多见于心滩微相中。

2. 基于时变数值模拟的优势渗流通道识别

前文已对时变数值模拟技术进行介绍，下面主要以羊三木油田为例介绍时变数值模拟技术在优势渗流通道识别中的应用。

1）渗流强度表征参数

（1）面通量。

如前文所述，面通量反映了注入水对储层的连续冲刷改造作用，综合了地质因素和开发因素的影响，不存在多指标的主观因素，计算具有可靠性，不受网格划分大小的影响，可以实现储层参数的连续性，方向性定量表征。

图 6-2-45　G80 断块枣 Ⅱ 4-3 单层优势渗流通道平面分布图

　　选取面通量作为渗流场评价参数前，先对影响面通量的敏感性参数（静态、动态）进行了分析。静态参数为：黏度、孔隙度、有效厚度、非均质性；动态参数为：注采井距、注采比、采液速度、驱替压力梯度。通过式（6-2-21）计算各参数对面通量的影响程度：

$$\beta_i = \left| \frac{\Delta 面通量}{\Delta 影响因素 i} \right| \qquad (6-2-21)$$

式中　Δ影响因素 i——第 i 个因素的变化幅度；

　　　Δ面通量——第 i 个因素发生Δ影响因素 i 变化幅度时，面通量的相应变化率，%。

表 6-2-7　动静态因素对面通量的影响程度系数表

静态影响因素	影响程度系数	归一化（%）	动态影响因素	影响程度系数	归一化（%）
非均质性	0.0224	50.8	井距	0.0292	50.3
黏度	0.0157	38.0	驱替压力梯度	0.0126	21.7
有效厚度	0.0030	7.3	采液速度	0.0119	20.5
孔隙度	0.0002	3.9	注采比	0.0044	7.6

　　从动静态因素对面通量的影响程度系数表（表 6-2-7）可以看出，面通量主要受非均质性、注采井距、原油黏度、驱替压力梯度影响。这也说明面通量是一个综合地质和开发因素的综合参数，可以作为评价油藏渗流场的主要指标。

（2）动用系数。

根据原油采收率的定义，开发期内，采出原油量与油藏原始地质储量之比。

$$E_R = \frac{N_p}{N} = \frac{A_s h_s \phi S_{oi} - S_o}{A h \phi S_{oi}}.$$ （6-2-22）

式中 $\frac{A_s h_s}{Ah}$ 为波及系数；$\frac{S_{oi} - S_o}{S_{oi}}$ 为洗油效率。可以拆分为：

$$\frac{S_{oi} - S_o}{S_{oi}} = \frac{S_{oi} - S_o}{S_{oi} - S_{or}} \frac{S_{oi} - S_{or}}{S_{oi}}$$ （6-2-23）

定义动用系数

$$E_R = \frac{S_{oi} - S_o}{S_{oi} - S_{or}}$$

从采收率的定义来看动用系数即微观孔隙波及系数。

动用系数可以进行宏观微观剩余油分析，面通量则能进行优势通道识别。动用系数场可以作为渗流场评价的次要指标。

（3）含水率。

在数值模拟中可以计算每一网格的含水率，含水率场可以作为渗流场评价的辅助指标。

2）面通量归一化处理

随着开发的进行，油藏各处的面通量都是不断变化的，不同开发阶段的面通量存在巨大差异，此外，对于同一时刻，由于储层非均质性的影响，油藏不同部位的面通量也有很大不同。因此，为方便不同开发阶段、不同位置流场强度的对比，应用面通量进行流场评价前有必要对面通量场数据进行数学处理。

目前，大部分研究人员选择运用隶属函数对场数据进行归一化处理，将数据的变化范围调整到 0 ~ 1 之间。常用的隶属函数有 3 类：线型、对数型和戒下型。其中，线型隶属函数适用于变化范围较小的指标，对数型和戒下型隶属函数则适用于变化范围较大的指标，对于处于特高含水期的油藏，面通量的分布范围比较大，因此，线性隶属函数不考虑。对于对数型隶属函数，归一化的结果易受最大值和最小值的影响，可能会发生"大数吃小数"的现象；同时，由于不同开发阶段面通量的最大值和最小值差异较大，无法实现不同开发阶段流场强度的直接对比。此外，随着水驱冲刷时间推移，流体累积量逐渐增大，流场强度也不断增加，但初期变化快，后期变化变慢，最后趋于稳定，流场强度的这种变化规律与戒下型隶属函数的特征相似，因此，采用戒下型函数对面通量场数据进行归一化处理。

线型隶属函数：

$$y = \frac{x - x_1}{x_2 - x_1} \qquad x_1 \leqslant x \leqslant x_2$$ （6-2-24）

对数型隶属函数：

$$y = \frac{\ln x - \ln x_1}{\ln x_2 - \ln x_1} \qquad x_1 \leqslant x \leqslant x_2 \qquad (6-2-25)$$

戒下型隶属函数：

$$y = \frac{1}{1 + ax^b} \qquad x_1 \leqslant x \leqslant x_2 \qquad (6-2-26)$$

式中　y——指标的隶属函数值；

　　　a，b——系数；

　　　x——指标值；

　　　x_1——指标最小值；

　　　x_2——指标最大值。

根据油藏数值模拟输出各网格的面通量数值，利用戒下型隶属函数归一化处理，并将其定义为流场强度：

$$L = \frac{1}{1 + aM^b} \qquad M_1 \leqslant M \leqslant M_2 \qquad (6-2-27)$$

式中　L——流场强度；

　　　a，b——系数；

　　　M——网格面通量，m；

　　　M_1——面通量最小值，m；

　　　M_2——面通量最大值，m。

对于戒下型隶属函数，系数 a 和 b 是未知量，目前有关确定系数 a 和 b 的研究较少，主要依据相关经验或规律，根据实测或计算得出的目标变量，估算其对应的隶属度分值，然后根据一组目标变量和其对应的隶属度分值拟合得出系数 a 和 b 的大小。下面以羊三木油田的应用为例进行说明。

随着水驱冲刷时间的推移，数值模拟模型中各网格的面通量逐渐增大，因此，选取模拟终止时刻对应的面通量作为归一化处理的对象。首先，采用模糊 C 均值聚类分析将面通量进行聚类，确定类别数目和聚类中心点。对于羊三木油田，经时变数值模拟历史拟合后，输出面通量场数据，然后通过模糊 C 均值聚类分析的相关程序得出有效性函数随分类数的变化曲线（图 6-2-46），从该曲线可以看出，当分类数为 6 时，有效性函数值较小，因此，将面通量分为 6 类最为合适。

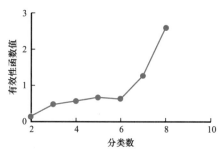

图 6-2-46　羊三木油田面通量分类数的有效函数值分布

利用模糊 C 均值聚类分析得出 6 个聚类中心，分别为：21、796、2713、6068、12297、23322，由于流场强度在 0～1 之间，将各聚类中心的流场强度分别定义为 1/7、2/7、3/7、4/7、5/7、6/7。 运 用 matlab 对（21，1/7）、（796，2/7）、（2713，3/7）、（6068，4/7）、（12297，5/7）、（23322，6/7）6 个数据点进行定函数拟合，可得出 a=243.7，b=-0.6787。根据已经确定的戒下型隶属函数，对面通量场数据进行归一化处理，即可得到每个网格的渗流强度，同时得出渗流强度的平面分布（图 6-2-47）。

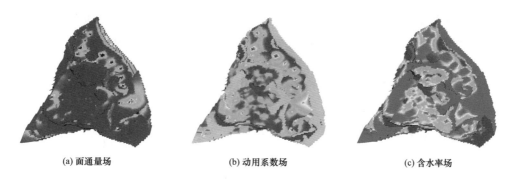

(a) 面通量场　　　　　　　　　(b) 动用系数场　　　　　　　　　(c) 含水率场

图 6-2-47　羊三断块流场评价指标场分布

3）优势渗流通道判别

面通量反映注水冲刷的强度，也是流场强度的表征参数。高渗透部位的面通量一般比较高，面通量越大的地方，过水越多，自然也反映优势渗流通道的存在。通过面通量场和动用系数场可以清晰地判别优势通道的分布。

以羊三木油田羊三断块主力层 Ng Ⅱ 3-1 为例（图 6-2-48）。Y13-14 井与 Y13-15 井和 Y3H11 井、Y8-16 井与 Y8-17 井间面通量分布值偏高，说明井间物性好，冲刷严重，同时分析该层动用系数场分布情况可知井间动用系数大，储层易动用。结合两指标可判断井间存在优势通道。

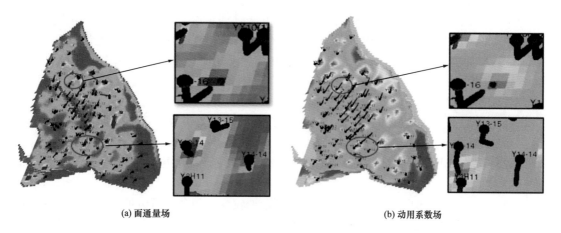

(a) 面通量场　　　　　　　　　　　　　　　　　(b) 动用系数场

图 6-2-48　羊三断块主力层 Ng Ⅱ 3-1 面通量及动用系数分布

第三节　油藏非均质性与剩余油分布模式

在油田的注水开发过程中，油藏非均质性是影响油田注水开发效果及控制剩余油形成和分布的主要因素。层内、层间及平面非均质性对剩余油的分布有着直接的影响，强非均质性区域往往是剩余油分布的主要部位及下一步挖潜的方向。此外，不同的开发政策下，层系组合、井网布置、射孔位置、注采对应、注采强度等注采状况的不同，也会直接导致油藏开采状况的非均匀性，从而影响剩余油的分布。油藏非均质性为剩余油分布的内部控制因素，而开采非均质性则是剩余油分布的外部控制因素。前面章节已经从微观孔隙结构方面阐述了微观非均质性与剩余油的分布，因此本节主要从层内、层间、平面非均质性及开采非均质性的角度阐述非均质性与剩余油分布的关系。

一、层内非均质性与剩余油分布

（一）夹层控制的剩余油分布

层内泥质夹层的存在对流体流动具有明显的阻隔作用，通常位于夹层下部的油气在驱替过程中由于受到夹层的阻挡而存在部分剩余油滞留。层内夹层对油层油水渗流具有不同程度的影响和控制作用，其影响程度的大小取决于夹层产状、厚度、延伸规模及与注采井组的关系等。从夹层产状看，砂体内夹层可分为两大类，即平行层面的夹层和斜交层面的夹层。

1. 平行层面的夹层与剩余油分布

本次主要通过平行夹层构型模型讨论夹层对剩余油形成和分布的控制作用。针对河流相沉积砂岩储层来说，平行层面的夹层主要分布于心滩内部（落淤层）、溢岸砂体内部（泥质漫溢层）以及层理内部夹层。选取如下地质模型：

（1）构型模型。注水井钻遇夹层，而采油井未钻遇夹层，根据射孔位置的不同分为4种类型，即A1，注水井和采油井均全射孔；A2，采油井全射孔，注水井上部射孔；A3，采油井上部射孔，注水井全射孔；A4，采油井和注水井均上部射孔。模型采用11层均质网格，渗透率1000mD。

（2）结果分析。

A1：水驱效果比较好，剩余油较少，而且剩余油滞留带浓度比较低。主要在采油井附近，剩余油饱和度35%～50%［图6-3-1（a）］。

A2：夹层具明显隔挡作用，上部注入水无法波及下部油层，夹层下部剩余油富积［图6-3-1（b）］。

A3：与A1较类似。水驱效果比较好，剩余油较少，剩余油滞留带浓度较低，主要在采油井附近，而且下部剩余油饱和度较上部略高［图6-3-1（c）］。

A4：与A2较类似，不同之处在于夹层下部剩余油饱和度略高［图6-3-1（d）］。

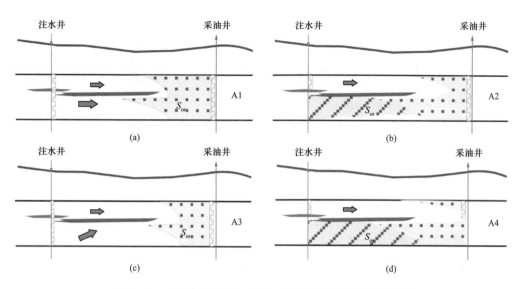

图 6-3-1　平行夹层对剩余油分布的控制作用数值模拟结果

2. 斜交层面的夹层与剩余油分布

对于在侧积体间呈斜列式展布的夹层，剩余油主要富集在受斜列夹层格挡未被注采井网控制的侧积体中（图 6-3-2）。此外，不同注水方向，侧积层对剩余油分布的影响不同。

逆侧积层倾向注水：受侧积层影响，砂体下部驱油效率较高，剩余油主要富集于砂体中上部。砂体边部受泥质废弃河道和侧积层的渗流遮挡作用，注入水波及效果差，导致砂体中上部及边部剩余油富集［图 6-3-3（a）］。顺侧积层倾向注水：受侧积层影响，下部侧积体注水受效，中上部有侧积体则受效较差甚至不受效，导致该井边滩中上部侧积体剩余油富集［图 6-3-3（b）］。

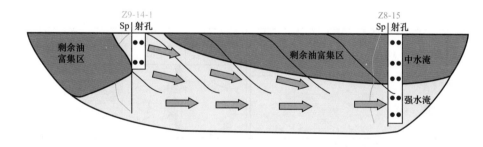

图 6-3-2　侧积层影响下的剩余油分布模式图

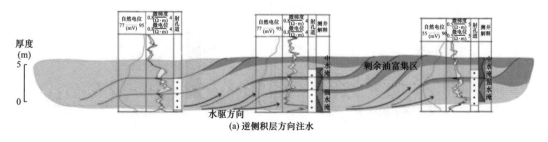

图 6-3-3　不同注水方向下侧积层影响的剩余油分布模式图

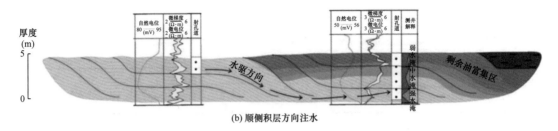

(b) 顺侧积层方向注水

图 6-3-3　不同注水方向下侧积层影响的剩余油分布模式图（续）

（二）层内韵律控制的剩余油分布

层内韵律是层内渗透率纵向分布的体现形式，反映层内纵向上的渗流差异。复合韵律则是层内夹层和渗透率纵向分布的组合。不同的韵律组合下，剩余油的纵向分布规律不同。

对于单一的正韵律及反韵律而言，一般情况下注入水在层内首先优先向渗透率高的部位驱油，但是在层内注入水还受重力作用影响，也优先驱替单砂层下部。因此，对于正韵律的单砂体而言，砂体底部更容易被水洗，剩余油总是富集在砂体上部；而反韵律单砂体，重力作用与纵向渗透率差异同时作用时，二者可在一定程度抵消砂体内上下驱油的不均，因此反韵律单砂体层内的驱油效率相对于正韵律单砂体好。

此外，均质韵律下，受重力作用影响，注入水也是优先对单砂体下部驱替，剩余油也会富集于砂体顶部。在实际的注水开发过程中，对于不同韵律模式下的单砂体，射孔位置也应有所不同，对于正韵律单砂体，射孔位置应尽量靠上，这样才能提高层内注水开发的效果。

从不同韵律模式内部剩余油分布（图 6-3-4）也可以看出，正韵律的单砂体总是油层下部驱油效率高，上部驱油效果差，剩余油主要富集在正韵律单砂体上部。对比不同韵律组合驱油效率也可以看出，反韵律的驱油效率远远高于其他韵律，而复合韵律单砂层内整体的驱油效率较低，这也说明了层内非均质性越强，开发效果也相对越差，剩余油也越富集。

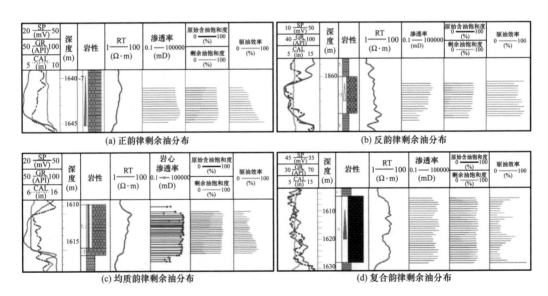

图 6-3-4　不同韵律模式内部剩余油分布

二、层间非均质性与剩余油分布

（一）隔层与剩余油分布

隔层是油藏开发划分层系的重要依据，通常在层间对流体流动具有阻隔作用。隔层的存在对剩余油的分布有两方面影响：一方面在单砂层间隔层发育较好的情况下，隔层能够阻断注入水在层间的纵向渗透，使其沿着地层流动，整体上提高了各油层的驱油效率；二是在隔层发育情况差的地方，单砂体间纵向连通性好，注入水容易发生窜流，导致上部分砂体由于没有注入水波及，而存在剩余油滞留。

隔层是造成储层层间物性差异的重要因素，因此隔层的发育将导致层间物性差异更加复杂。在没有底水的条件下，在隔层发育的区域内，注水开发效果远远低于隔层不发育的区域，因此平面上层间隔层发育的区域往往也是剩余油的富集区域，且隔层控制的剩余油在纵向上的分布往往发育在隔层下部。

（二）层间储层差异与剩余油分布

层间非均质性是引起注水开发过程中层间干扰和单层突进（统称层间矛盾）的内在原因。表 6-3-1 是大港油田 GD 开发区各单砂层储层层间非均质性在动态数据分析的表现，大量的吸水剖面资料统计表明，在一定的注水条件下，不同的储层物性使注水井吸水状况不同，层间吸水状况的差异，主要取决于注水井本身的层间非均质性，岩石物理相相同类型的储层，吸水强度大致相同，储层质量好的砂体吸水强度大，反之，储层质量差的不吸水或吸水强度小。

在采油井上的储层构型非均质性则表现为储层物性的不同，其驱油效率及剩余油饱和度不同，如表 6-3-2 DJ3 井密闭取心驱油效率与剩余油饱和度计算结果表明，在相同的注水条件下，物性差异将严重影响驱油效率，储层物性好，相应地驱油效率比较高，剩余油饱和度较低，水淹程度高，储层物性差，相应地驱油效率低，剩余油饱和度较高，水淹程度低（表 6-3-2）。

表 6-3-1 G9-68-1 井不同物性储层吸水状况

砂体号	厚度（m）	孔隙度（%）	渗透率（mD）	粒度中值（mm）	岩石物理相	相对吸水量	吸水强度[m³/（d·m）]
Nm Ⅲ 1-2	6.0	30.8	697.4	0.16	1.27	17.95	7.18
Nm Ⅲ 1-1-1	5.5	23.6	75.2	0.18	0.55	0	0
Nm Ⅳ 1-1	3.0	26.8	454.0	0.17	0.94	10.41	8.33
Nm Ⅳ 1-2	4.3	27.5	290.2	0.19	0.94	15.83	8.84
Nm Ⅳ 3-1	13.4	18.8	0.2	0.02	0	0	0
Nm Ⅳ 3-2	10.8	32.9	1170.7	0.21	1.92	38.81	6.4
Nm Ⅳ 1-0-1	3.6	32.7	1094.8	0.15	1.57	27	18

表 6-3-2　DJ3 井部分储层砂体驱油效率计算

油层	有效井段	有效厚度（m）	渗透率（mD）	原始饱和度（%）油	原始饱和度（%）水	目前饱和度（%）油	目前饱和度（%）水	驱油效率（%）	水淹程度（%）
NmⅢ8-3	1	0.8	511	56.8	43.2	33.6	66.4	40.9	中↓强
	2	1.2	844	58.8	41.2	30.4	69.6	48.1	
	3	1	654	57.7	42.3	24.6	75.4	56.5	
	4	3.2	2259	65.8	34.2	27.2	72.8	58.4	
NmⅣ4-3	1	0.6	1734	61.7	38.3	26.8	73.2	56.4	中↓强
	2	1.2	4338	73.6	26.4	23.7	76.3	67.1	
	3	0.6	2092	64.6	35.4	29.5	70.5	54.5	中↓强
	4	1.4	2594	66.2	33.8	20.3	79.7	68.9	
	5	1	161	63.9	36.1	17.5	82.5	72.4	

　　层间砂体沉积微相的不同是影响采油井各砂体采油状况有较大差别的主要因素之一，统计 DJ3 井各储层水淹状况可知，中强—强水淹层均为河道砂体，平均渗透率 1000mD 左右，而未水淹层或水淹程度较低的如 NmⅣ5-2 砂体以及 NmⅡ10-2 砂体上部均为天然堤，平均渗透率 200mD 左右。

　　为了更好地定量论证层间砂岩沉积微相、储层物性等地质因素对剩余油分布、水淹程度的影响作用，可以通过实际生产区块建立构型模型，选取适当的地质参数、油水井动态参数开展数值模拟，进一步探讨层间干扰的控制作用与模式，下面是针对大港 GD 油田明化镇组曲流河建立地质模型分析实例。

　　（1）构型模型：概念模型由三层砂体组成（图 6-3-5），其中上、下均为河道砂体，中间为溢岸砂体。河道厚度 5m，溢岸厚度 2m，砂体间夹层 0.5m。参考研究区渗透率分布范围取值：河道砂体渗透率为正韵律，顶部渗透率值 100mD，底部渗透率按级差分别设为 1000mD、3000mD、6000mD、9000mD 和 12000mD，溢岸砂体渗透率值 100mD，其中夹层渗透率 5mD。

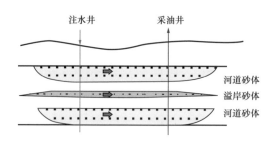

图 6-3-5　层间干扰形成的剩余油分布模式

　　（2）参考 GD 油田明化镇实际情况数模静态参数及单井生产主要参数设置见表 6-3-3，对于不同级差的模型，基本采用同一动态参数。

表 6-3-3　GD 油田明化镇河道砂体数值模拟静态参数设置

参数项目	地层原始压力（MPa）	饱和压力（MPa）	地层温度（℃）	地层水		原始含油饱和度（%）	束缚水饱和度（%）	单井日产液量（t）	单井日注水量（m³）
				体积系数	黏度（mPa·s）				
模拟参数	12.73	11.31	58	1.01	0.42	65	30～35	80	80

采用上述 5 种渗透率级差模型进行模拟，取得以下几点认识：

①河道砂体采出程度高于溢岸砂体。河道砂体底部先见水，含水上升快，而且下部河道的水驱和见水速度高于上部河道，河道砂体剩余油主要分布在砂体顶部；溢岸砂体含水上升相对较慢，溢岸砂体采收率和相对吸水量都明显低于河道砂体，但剩余油饱和度相对较高（表 6-3-4）。

表 6-3-4　河道与溢岸砂体模拟结果

渗透率级差（mD）	采收率（%）			相对吸水量（%）		
	上河道	溢岸	下河道	上河道	溢岸	下河道
1000	44.6	15.8	43.6	46.5	1.1	52.5
3000	43.5	11.3	42.6	54.3	1	44.7
6000	31.2	7.8	41.3	43.1	0.5	56.4
9000	47.8	16.4	56.5	39.1	0.3	60.4
12000	46.9	15.4	55.8	46.5	0.3	53.2

②级差增加，采收率下降；注水量增加，采收率上升。当渗透率级差在 1000～6000mD 较小的范围内变化时，随着级差的增加，河道和溢岸砂体的采收率均下降，且上下河道采收率相差不大，在级差为 6000mD 时，采收率最低；当级差大于 6000mD 时，由于注水量的增加，河道和溢岸砂体采收率均提高，特别是下河道采收率上升更快，相对吸水量也表现出同样的规律。

模拟结果（表 6-3-4）得出结论，影响采收率的地质因素可能受级差以及绝对渗透率多方面的影响：（1）同微相含油砂层渗透率级差越高，采收率越高；（2）同渗透率级差情况下，不同微相油层吸水量越高，采收率越高，也即如果调整工作制度，如增加注水量，水驱效率提高，采收率相应上升。

在注水开发过程中，特别是合层注采时，层间储层差异是注水开发过程中层间出现单层吸水突进的根本原因。从油田开发效果来看，层间非均质性越强，层系的开发效果越差，剩余油越富集。在油田开发过程中，需要明确层间非均质性特征，尽量将渗透率及有效厚度相近的单砂层划分在同一层系内开发，并分层系注采。对于层间非均质性极强的情况，需考虑对主力含油砂层进行单采，以确保最大程度提高油藏的开发效果。

三、平面非均质性与剩余油分布

剩余油在平面上的分布，实际上与构造、沉积、储层及开采等影响剩余油分布的因素在平面上的综合反映。储层的平面非均质性对剩余油的影响主要表现在：（1）砂体的外部几何形态及顶底起伏状态控制着剩余油的分布，一般而言，当砂体顶底组合为正向地层时，有利于剩余油的富集；（2）砂体的延伸方向和展布规律影响着剩余油的分布，注入水在平面沿层流动时总是向砂体的延伸方向推进，从而导致河道边部未被注入水波及；（3）砂体的连通性影响剩余油的分布，剩余油一般富集在砂体连通性较差的地方。

（一）平面相变对剩余油分布的影响

对于同一油层而言，水驱油效率及剩余油分布的差异主要受控于沉积储层平面非均质因素、构造因素及开发过程中因素。在沉积作用的影响下，储层平面非均质性主要表现为平面沉积微相差异，包括同一微相内部的平面差异，如河道中心与边部的差异及不同微相间的平面差异。

GD开发区平面上砂体及物性分布受沉积微相控制作用明显，储层砂体平面变化大，油砂体钻遇率低，经统计，共钻遇1800个油砂体，70%的油砂体少于2口井控制，这种实际开采现状更加加重了剩余油开采的难度，也影响对剩余油形成与分布的认识。

通过对GD一区一断块NmⅡ油组分单层生产的21口井含水状况统计表明，单砂体为主河道微相的油井有14口，其中11口油井含水超过80%，相应的剩余油饱和度较低；只有3口油井含水较低，其中2口含水低的原因是因为处在构造高部位。位于决口扇水道等微相的油井有7口，砂岩储层物性明显不如主河道砂岩体，有3口井含水超过80%，其余的含水在50%左右。从生产井油层水淹状态分析可知，属溢岸相沉积的砂岩储层水淹面积和水淹程度明显低于河道、决口水道等沉积储层，因而在平面上，剩余油主要分布在溢岸砂体和河道砂体边部等部位，而河道主体部位水淹程度相对较高（表6-3-5）。

表6-3-5　GD一区一NmⅡ油组不同沉积相带水淹状况对比

层位	相带	水淹程度（%）			
		弱水淹	中水淹	强水淹	特强水淹
NmⅡ8	河道	9.2	11.1	10.0	69.6
	溢岸	15.2	14.8	17.8	52.2
NmⅡ9	河道	7.1	16.7	43.6	32.6
	溢岸	4.8	18.8	48.3	28.0
NmⅡ10	河道	10.7	8.6	42.4	39.4
	溢岸	1.2	13.0	45.6	40.5

综合分析研究认为，注水开发后，平面上剩余油分布主要有两种类型：一种是剩余油分布在储层砂体相对薄而差的溢岸、次一级的决口水道、废弃河道等砂体部位；另一种则主要分布在河道砂体的顶部，并受沉积韵律与隔、夹层等因素的控制。

（二）平面相变的控制作用与模式

为了更好地定量论证平面相变对剩余油分布、水淹程度的影响作用，可以通过实际生产区块建立构型模型，如前所述，GD一区一平面上沉积微相具有多种组合关系，主要为河道与溢岸、河道与废弃河道、河道与决口水道等。下面通过主河道与决口水道平面相变模式为例得出油藏数值模拟及分析取得的认识结果。

（1）构型模型：主河道发生决口形成决口水道（图 6-3-6），主河道孔隙度、渗透率物性相对较好，河道最大厚度均为 10m，渗透率为正韵律，主河道底部渗透率 1200mD，顶部渗透率 50mD，决口河道底部渗透率 300mD，顶部渗透率 10mD。共有 4 口采油井、2 口注水井，其中主河道部署 3 口采油井、2 口注水井，决口水道中部署 1 口采油井。

（2）模拟参数设计：数值模拟静态参数及单井生产主要参数设置见表 6-3-3。

（3）模拟结果：主河道先见水，特别是底部水淹较快，决口水道见水较慢，且水驱面积小。含水率达到 98% 时，模拟结束，剩余油分布在主河道上部，注水不能波及的河道边部以及决口河道处（图 6-3-7）。

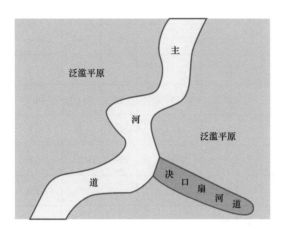

图 6-3-6 主河道与决口河道平面相变图

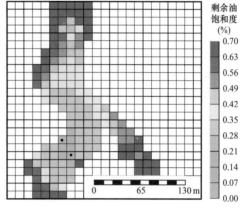

图 6-3-7 平面相变模拟结果

四、流体非均质性与剩余油分布

注水开发油田储层的流体性质在注水后发生改变是不可避免的，流体性质的改变大多数对油田生产及开发效果有不利影响。注水开发的油藏，随着开发时间的增长，采出程度的增大，不可避免地要引起含水率上升。相似油藏类型及生产方式的不同断块，油井见水时间的早晚和见水之后含水上升的快慢不同，原油的地下黏度对开发油藏的含水上升快慢影响较大。如 GD 二区四断块的 G4-61 井区，地下原油黏度为 13.64mPa·s，其无水采收期为 12 个月，标定采收率为 25%。而 GD 二区七断块的 Q11 井区，地下原油黏度为 3.0mPa·s，其无水采收期为 43 个月，标定采收率为 30%。因此，原油黏度的变化对油藏采收率的影响不容忽视。

此外，油水黏度比是决定水驱油藏最终采收率的主要因素之一。油水黏度比越大，油井见水越早，水驱油效率越低。数值模拟是剩余油分布研究的重要手段，下面主要通过以北大港 GD 开发区为基础条件的数值概念模型模拟来说明流体非均质性对剩余油分布的影响。

概念模型为四注五采理想井网，水黏度固定为 0.48mPa·s，油黏度分别设为 0.96mPa·s、1.92mPa·s、2.4mPa·s、4.8mPa·s、14.4mPa·s、24mPa·s、48mPa·s，即油水黏度比分别为 2、4、5、10、30、50 和 100，对 7 种方案进行了 30 年开发指标和剩余油分布的预测。

从不同油水黏度比 30 年末开发指标对比（表 6-3-6）可以看出，不同油水黏度比 30 年末的开发指标具有差异。油水黏度比为 2 时，30 年末采出程度最高达 64.0%；而油水黏度比增大到 100 时，采出程度仅为 32.9%。这正说明了随着油水黏度比的增大，油田采收率降低，即剩余油饱和度增大。

表 6-3-6　不同油水黏度比 30 年末开发指标统计表

油水黏度比	日产油量（t）	日产水量（m³）	累计产油量（10⁴t）	累计产水量（10⁴m³）	日注水量（m³）	累计注水量（10⁴m³）	含水（%）	压力（MPa）	采出程度（%）
2	8	112	53.8	77.7	120	131.5	94	7.73	64.0
4	11	109	49	82.5	120	131.5	90	8.06	58.3
5	12	108	47	84.5	120	131.5	90	8.2	56.0
10	9	111	41.5	90	120	131.5	92	8.6	49.4
30	8	112	33.3	98.2	120	131.5	93	9.38	39.6
50	6	114	30.4	101.1	120	131.5	95	9.74	36.2
100	5	115	27.6	103.9	120	131.5	96	10.8	32.9

油田开发效果的首要因素是地层条件下的油水黏度比，以油水黏度比 4～5 作为高黏度比和低黏度比的分界值。从正韵律油层不同黏度比下剩余油饱和度分布（图 6-3-8）可以看出，当油水黏度比大于 5 时，上部层位采出度程明显变低，剩余油相对富集。

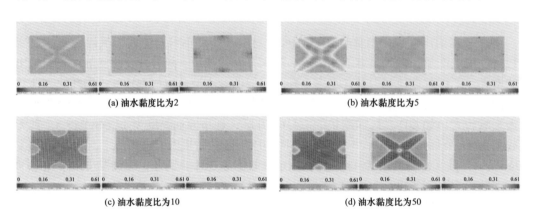

图 6-3-8　不同油水黏度比下剩余油饱和度分布（上、中、下三层，正韵律）

五、开采非均质性与剩余油分布

开采非均质主要指井网部署、注采强度、射孔位置、注采对应、层系组合等开发因素造成的油藏剩余油分布的不均一性。对剩余油分布的控制主要有井网的类型对储层的控制程度、合理的注采井数比、采油速度不同、加密调整的时机、射孔位置及层系调整等方面。通过油藏概念模型的数值模拟可以很好地说明开采非均质性对剩余油分布的影响。

（一）注采井网与剩余油分布

1. 注水井网对剩余油的控制机理

在所有开发因素中，注采井网及其与地质因素的处理关系对剩余油分布起着最主要的作用。它对剩余油的控制作用分为以下几个方面：

（1）井网方式。对于注水开发油田，井网方式的不同使得注水波及系数存在很大差异，剩余油的分布形态也不同。在一定的地质条件下，井网方式决定了油水运动的方式、方向，进而决定了剩余油的分布形态、数量、位置等。油田进入开发中后期以后，开发井网大都经历了多次演变，使得现阶段剩余油分布日益复杂化、多样化。

（2）布井方式。布井方式也会对剩余油分布产生很大影响。一般情况下，处在主流线部位的油层水淹程度高，而非主流线部位的油层水淹程度低，易成为剩余油富集区。

（3）注采系统的完善程度。对注水开发油层而言，每个油层都必须处于有效的水驱系统下开发，任何一个油砂体若注采系统不完善，就不能很好地动用起来，进而形成剩余油富集区。注采系统不完善造成的剩余油主要有以下两种情况：

①有采无注，即油砂体分布范围内只有采油井，油层只能靠天然能量进行开采，成为低压的动用程度低或基本未动用油层；

②有注无采，即油砂体分布范围内只有注水井，随着注入水进入油层，使地层压力不断增大而成为憋高压的未动用油层。

2. 井网类型与剩余油分布

采取平面均质、纵向上非均质，三层渗透率分别为 500mD、1000mD 和 1500mD，油层总厚度为 15m，在同样模拟单元上，进行了不同井网类型条件下水驱油效果研究，主要采用五点法、七点法、行列式三种井网类型。

数值模拟结果表明，尽管模型平面上渗透率均匀分布，但由于部井网不均一性引起的渗流力学差异所产生的非均质性造成了剩余油的形成。井网类型对剩余油的分布影响较大，不同井网下所产生的剩余油分布各不相同。

1）五点法井网条件下剩余油分布

在正五点法（1 口注入井、4 口采油井）注采井网条件下，注入水从中部向边部驱替。此井网条件下，第 3 层含水 95% 时，相对高饱和度剩余油区位于各生产井之间，20 年末采出程度为 39.3%，是 3 个方案中最好的［图 6-3-9（a），表 6-3-7］。

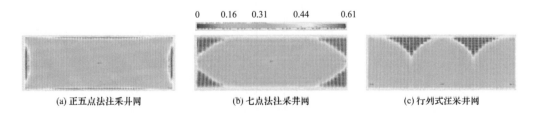

0　　0.16　　0.31　　　0.44　　　0.61

(a) 正五点法注采井网　　　(b) 七点法注采井网　　　(c) 行列式注采井网

图 6-3-9　不同井网下剩余油饱和度的分布

表6-3-7　不同井网下20年末开发指标统计表

方案	日产油量 （t）	日产水量 （m³）	累计产油量 （10⁴t）	累计产水量 （10⁴m³）	日注水量 （m³）	累计注水量 （10⁴m³）	含水量 （%）	压力量 （MPa）	采出程度 （%）
方案1	4.1	43.9	10.8	24.2	48	35	91	9.4	39.3
方案2	3.6	44.4	9.9	25.1	48	35	92	9.6	36
方案3	3.5	41.5	9.8	23.1	45	32.9	92	9.7	35.6

2）七点法注采井网条件下剩余油分布

在七点法（1口注入井、6口采油井）注采井网条件下，第3层含水95%时，在生产井间可以见到高含油饱和度的剩余油区，20年末其采出程度36%［图6-2-9（b），表6-3-7］。

3）行列式注采条件下剩余油分布

在行列式（3口注入井、3口采油井）注采井网条件下，当进入开发中后期时，即第3层含水95%时，在两组注采井主流线之间形成一个三角形状的高含油饱和度的剩余油区，20年末其采出程度为35.6%，行列式注采井网与七点法注采井网的采出程度接近［图6-2-9（c），表6-2-4］。

上述数值模拟总的研究结果表明，开发井网在宏观剩余油的分布和形成过程中起着主导控制作用，不同的开发井网条件下剩余油富集区的形态各不相同。但在注水开发中后期，它们具有一个普遍的规律，即剩余油富集区主要位于注采井网的分流线区域上，而主流线区域上剩余油较少。

3. 加密调整时机与剩余油分布

在油田进入高含水阶段后，产油量下降，油藏出现层间干扰加剧时，可以在油层动用程度差的地区钻加密调整井，加密调整时机主要指处于多少含水率状况下进行加密调整。

通过概念模型数值模拟对加密调整时机进行了研究。具体做法是在基础井网的基础上当第3层进入中高含水时期后，对分别在含水量（f_w）达到40%、50%、60%、70%、80%和90%时在相邻井连线的交点位置，打4口加密井后把老井全部转注，采新井（9注4采）（图6-3-10），并预测30年的开发指标。可以看出，基础方案采出程度为41.4%，加密方案的采出程度都在42%以上，最终采收率都有所提高（表6-3-8）。以含水量50%时加密开发效果最好，采出程度为53.3%。如果不考虑经济指标，只考虑开发指标，结果说明加密时机选在中高含水初期开发效果最佳。

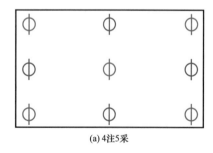
(a) 4注5采

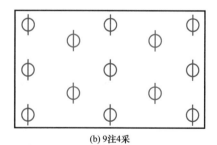
(b) 9注4采

图6-3-10　注采井网加密调整示意图

表 6-3-8　不同加密调整时机下 30 年末开发指标对比表

方案	日产油量（t）	日产水量（m³）	累计产油量（10⁴t）	累计产水量（10⁴m³）	日注水量（m³）	累计注水量（10⁴m³）	含水量（%）	压力（MPa）	采出程度（%）
基础方案	8	112	34.8	96.7	120	131.5	93	9.29	41.4
加密方案 f_w=40%	8	132	38.9	11.8	140	150.7	94	9.1	46.3
加密方案 f_w=50%	9	131	44.8	105.7	140	150.5	93	9.16	53.3
加密方案 f_w=60%	8	132	36.6	113.6	140	150.2	94	9.14	43.5
加密方案 f_w=70%	8	132	36.1	114.1	140	150.2	95	9.15	42.9
加密方案 f_w=80%	8	132	36	114.2	140	150.2	95	9.14	42.8
加密方案 f_w=90%	8	132	35.4	114.8	140	150.2	96	9.15	42.1

（二）注采强度与剩余油分布

对一定的井网，注水强度在一定程度上反映了采油速度的可能范围。从理论上讲，提高注水强度对提高驱油效率有一定意义，但是由于油层非均质的影响，各种层内、层间矛盾突出，导致了水驱不均匀，在驱替效果较差的区域形成了剩余油富集区。产液强度也在很大程度上影响着剩余油的分布。产液强度过小，会使中、低渗透层难以动用，从而形成剩余油滞留区；产液强度过大，则会在高渗透带形成大孔道，造成注入水无效循环，含水率大幅度上升，开发效果变差。

1. 初期采油速度对剩余油分布的影响

为确定不同初期采油速度对剩余油分布造成的影响（图 6-3-11），以基础井网为例，计算 5 种采油速度 30 年的开发指标。采油速度分别为 2%、3%、4%、5% 和 8%。表 6-3-9 表明，在不考虑其他因素的条件下，初期采油速度越高，采出程度也越高。采油速度 8% 的方案，30 年末采出程度为 46.4%；初期采油速度为 2% 的方案，30 年末采出程度为 28.2%，其采出程度相差 18.2%。

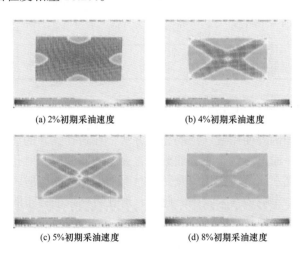

(a) 2%初期采油速度　　　　(b) 4%初期采油速度

(c) 5%初期采油速度　　　　(d) 8%初期采油速度

图 6-3-11　不同初期采油速度下 30 年末剩余油饱和度分布

表 6-3-9　不同初期采油速度下 30 年末开发指标对比

初期采油速度（%）	日产油量（t）	日产水量（m³）	累计产油量（10⁴t）	累计产水量（10⁴m³）	日注水量（m³）	累计注水量（10⁴m³）	含水量（%）	压力（MPa）	采出程度（%）
2	5.5	42.5	23.7	28.9	48	52.6	89	10.5	28.2
3	6.3	65.7	27.2	51.7	72	78.9	91	10.1	32.4
4	8	88	30.4	74.7	96	105.2	92	9.68	36.2
5	8	112	33.3	98.2	120	131.5	93	9.38	39.6
8	8	184	39	171.4	192	210.4	96	8.9	46.4

2. 注采比对剩余油分布的影响

对理想模型采用 2 种注采比，即 1∶4 和 1∶2 的井网模式进行研究，合理的注采比井数比对剩余油的分布影响较大。从表 6-3-10 中可以看出，注采比 1∶2 较 1∶4 剩余油富集，30 年末开发指标可知，采出程度分别为 33.3% 和 41.4%，采出程度相差 8.1%。当第 3 层含水率 95% 时，采出程度分别为 18.9% 和 26.5%，说明油田进入中高含水期，保持合理的注采比，能够较大幅度地提高油田的采收率（表 6-3-11）。

表 6-3-10　不同注采比下 30 年末开发指标对比

方案	日产油量（t）	日产水量（m³）	累计产油量（10⁴t）	累计产水量（10⁴m³）	日注水量（m³）	累计注水量（10⁴m³）	含水量（%）	压力（MPa）	采出程度（%）
注采比 1∶2	7	113	28	103.5	120	131.5	94	10.2	33.3
注采比 1∶4	8	112	34.8	96.7	120	131.5	93	9.29	41.4

表 6-3-11　不同注采比下第 3 层含水率 95% 时开发指标对比

方案	日产油量（t）	日产水量（m³）	累计产油量（10⁴t）	累计产水量（10⁴m³）	日注水量（m³）	累计注水量（10⁴m³）	含水量（%）	压力（MPa）	采出程度（%）
注采比 1∶2	41	79	15.9	2.7	120	18.6	66	11.9	18.9
注采比 1∶4	40	80	22.3	2.9	120	25.2	66	10.87	26.5

（三）射孔位置与剩余油分布

射孔完井是目前国内外使用最广泛的完井方法，在射孔完井的油气井中，井底孔眼是沟通产层和井筒的唯一通道。对于底水油藏和含夹层的厚油层，射孔井段对剩余油分布的影响尤为明显。对于底水油藏而言，完井射孔时要采取相应的避射，否则，会形成底水锥进，缩短无水采油期，影响最终采收率。此外，射孔对剩余油分布的影响可以分为两种情况，一种是无夹层，另一种是有夹层。

1. 无夹层情况下井型及射孔类型与剩余油分布

井型和射孔对剩余油分布的影响具体表现为：（1）直井全井段射孔时，河道砂体底部砂体物性好，产液量贡献大，水洗程度高；河道砂体中部和上部水洗程度低，甚至未被水洗。油藏数值模拟结果显示，河道砂体底部剩余油饱和度低，中上部剩余油饱和度高；直井上部射孔，开发效果较直井全井段射孔好，河道砂体中上部水洗程度有所提高，但仍低于下部水洗程度，油藏数值模拟结果显示，垂向上砂体中上部剩余油饱和度高于砂体下部剩余油饱和度；（2）水平井全井段射孔，由于水平井泄油面积大，平面控制面积大，开发效果显著优于直井开发效果，井周围原油采出程度高，油藏数值模拟结果显示，水平井周围剩余油饱和度整体较低，垂向上，剩余油富集在砂体顶部（图6-3-12）。

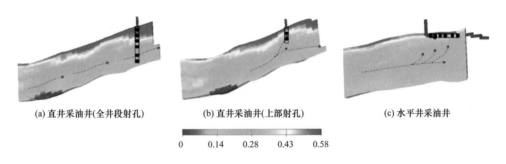

(a) 直井采油井(全井段射孔)　　　　(b) 直井采油井(上部射孔)　　　　(c) 水平井采油井

| 0 | 0.14 | 0.28 | 0.43 | 0.58 |

图 6-3-12　井型和射孔类型控制下剩余油饱和度剖面

2. 有夹层情况下射孔位置与剩余油分布

对于含夹层的厚油层，由于夹层的存在使层内非均质性进一步加剧，油井段射孔位置与夹层和油水井的相对位置有着紧密的联系。对于夹层对剩余油分布的影响，前文已有详细介绍，此处不再阐述。从射孔位置来看，在夹层的影响下，剩余油主要滞留在未射孔部位。这主要是因为射孔井段不同时，夹层的存在决定了注采井的水驱对应关系，从而形成了不同的剩余油分布模式。

（四）层系划分与剩余油分布

层系划分对剩余油分布的影响主要由储层层间非均质性程度来决定，对于同一油田，油层在纵向上表现出的渗透性、孔隙度和压力系统等特征不可能完全一致，若层系划分得不合理，就会在开发过程中加剧层间矛盾，出现油水层相互干扰，造成开发被动，严重影响采收率。若低渗透层与高渗透层合注，则注入水会优先进入高渗透层，沿高渗透带突进，形成强水洗带，而在低渗透层的波及体积较小，降低了注水利用率和注水开发效果，使低渗透层的生产能力受到限制，易形成剩余油滞留区；若低压层和高压层合采，则低压层往往不出油，甚至高压层的流体有可能窜入低压层，从而在低压层形成剩余油滞留区。因此，在多层合采时需要根据层间非均质性情况，尽可能将储层质量相差不大的层系划分在一起，分层系进行开采，改善开发效果，进一步提高采收率。

参考文献

Andrew Matthew, Branko Bijeljic, Martin J Blunt, 2014. Pore　by　pore Capillary Pressure Measurements using X−ray Microtomography at Reservoir Conditions：Curvature, Snap off, and Remobilization of Residual CO_2 [J]. Water Resources Research, 50 (11)：8760− 8774.

Bull W B, 1977. The Alluvial　fan Environment [J]. Progress in Physical Geography, 1977, 1 (2)：222　270.

Drew F, 1873. Alluvial and Lacustrine Deposits and Glacial Records of the Upper−Indus Basin [J]. Journal of Sedimentary Research, 32 (2)：211−216.

Ebanks W J, 1987. Flow Unit Concept Integrated Approach to Reservoir Description for Engineering Projects [J]. AAPG Annual meeting, AAPG Bulletin, 87 (5)：551−552.

Friedman G M, Sanders J E, 1978. Principles of Sedimentology [M]. New York：Wiley.

Galloway W E, Hobday D K, 1983. Terrigenous Clastic Depositional Systems：Applications to Petroleum, Coal, and Uranium Exploration [M]. Berlin：Springer Science & Business Media.

Haldorsen H H, Damsleth E, 1990. Stochastic Modeling [J]. Journal of Petroleum Technology, 42：404−412.

Iglauer S, Fernø M A, Shearing P, et al., 2012. Comparison of Residual Oil Cluster Size Distribution, Morphology and Saturation in Oil−wet and Water−wet Sandstone [J]. Journal of Colloid And Interface Science, 375 (1)：187−192.

Islam M R, Farouq Ali, 1987. The Use of Oil/ Water Emulsions as a Blocking and Diverting Agent [C]. The Advances in Petroleum Recovery and Upgrading, Technology Conference.

Lee M W, 2006. A Simple Method of Predicting S−wave Velocity [J]. Geophysics, 69 (5)： 161−164.

Menke Hannah P, Bijeljic Branko, Andrew Matthew G, et al., 2015. Dynamic Three− dimensional Pore−scale Imaging of Reaction in a Carbonate at Reservoir Conditions [J]. Environmental Science & Technology, 49 (7)：440−714.

Miall A D, 1985. Architectural−element Analysis：A New Method of Facies Analysis Applied to Fluvial Deposits [J]. Earth Science Reviews, 22 (2)：261−308.

Miall A D, 1996. The Geology of Fluvial Deposits [M]. Berlin Heidelberg：Springer.

Miall A. D, 1988. Reservoir Heterogeneities in Fluvial Sand from Outcrop Studies [J]. AAPG Bulletin, 72 (6)：682−697.

Nilsen T H, 1982. Alluvial Fan Deposits. In：Scholle P A, Spearing D (eds). Sandstone Depositional Environments [J]. American Association of Petroleum Geologists, Memoir, 31：49−87.

Pettijohn F J, Potter P E, Siever R, 1987. Sand and Sandstone [M]. New York：Springer.

Pride S R, 2005. Relationships between Seismic and Hydrological Properties [M]. New York, Kluwer Academy：Hydrogeophysics：217—255.

Richard G Gibson, 1994. Fault-zone Seals in Siliciclastic Strata of the Columbus Basin, Offshore Trinidad [J]. AAPG Bulletin, 78 (7)：1372—1385.

Robert E Sheriff, Alistair R Brown, 1992. Reservoir Geophysics [M]. Tulsa, OK：Society of Exploration Geophysicists.

Schmidt D P, Soo H, Radke C J, 1984. Linear Oil Displacement by the Emulsion Entrapment Process [J]. Chemical Engineer Science, 6：351—360.

Smith D A, 1966. Theoretical Consideration of Sealing and Nonsealing Faults [J]. AAPG Bulletin, 50 (2)：363—374.

Spearing D R, 1974. Alluvial Fan Deposits：Summary Sheets of Sedimentary Deposits, Sheet 1 [M]. Boulder, CO：Geological Society of America.

Stanley A Schumm. 1977. The Fluvial System [M]. New York：Wiley.

Sun Panke, et al., 2021. Investigation of Pore-type Heterogeneity and its Control on Microscopic Remaining Oil Distribution in Deeply Buried Marine Clastic Reservoirs [J]. Marine and Petroleum Geology, 123 (prepublish)：104750.

Wang Demin, Cheng Jiecheng, Wu Junzheng, 1999. Summary of ASP Pilots in Daqing Oilfield [R]. SPE 57288.

Wang Demin, Cheng Jiecheng, 1998. An Alkaline/Surfactant/Polymer Field Test in a Reservoir with a Long-term 100% Water Cut [R]. SPE 49018.

Weber K J, 1986. How Heterogeneity Affects Oil Recovery [J]. Reservoir Characterization：487—544.

Xiong Chunming, et al., 2020. Quantitative Analysis on Distribution of Microcosmic Residual Oil in Reservoirs by Frozen Phase and Nuclear Magnetic Resonance (NMR) Technology [J]. Journal of Petroleum Science and Engineering, 192.

Zhang Yang, Zhao Pingqi, Cai Mingjun, et al., 2020. Occurrence State and Forming Mechanism of Microscopic Remaining Oil Controlled by Dynamic and Static Factor [J]. Journal of Petroleum Science and Engineering, 193 (10)：107—330.

于兴河, 马兴祥, 穆龙新. 辫状河储层地质模式及层次界面分析. 北京：石油工业出版社, 2004.

于兴河, 王德发, 郑浚茂, 等. 辫状河三角洲砂体特征及砂体展布模型——内蒙古岱海湖现代三角洲沉积考察 [J]. 石油学报, 1994 (1)：26—37.

于兴河, 陈建阳, 张志杰, 等, 2005. 油气储层相控随机建模技术的约束方法 [J]. 地学前缘, 12 (3)：237—244.

马跃华, 周宗良, 李振永, 等, 2018. 薄层分类及其地震响应分析——以大港油田两个应用研究为例 [J]. 石油物探, 57 (6)：902—913.

马康, 姜汉桥, 李俊键, 等, 2016. 基于核磁共振的复杂断块油藏微观动用均衡程度实验 [J]. 断块油气田, 23 (6)：745—748.

王小善, 1995. 地层倾角测井资料在低幅度构造解释中的应用 [J]. 石油地球物理勘探

（S2）：84-87，181.

王川，姜汉桥，马梦琪，等，2020. 基于微流控模型的孔隙尺度剩余油流动状态变化规律研究［J］. 石油科学通报，5（3）：376-391.

王川，姜汉桥，糜利栋，等，2016. 孔隙尺度下动态剩余油渗流特征研究方法［J］. 大庆石油地质与开发，35（5）：74-78.

王友启，2017. 特高含水期油田"四点五类"剩余油分类方法［J］. 石油钻探技术，45（2）：76-80.

王凤兰，白振强，朱伟，2011. 曲流河砂体内部构型及不同开发阶段剩余油分布研究［J］. 沉积学报，29（3）：512-519.

王朴，蔡进功，谢忠怀，等，2002. 用含油薄片研究剩余油微观分布特征［J］. 油气地质与采收率（1）：60-61，2.

王延章，林承焰，温长云，等，2006. 低幅度构造油藏研究方法［J］. 新疆石油地质，27（4）：407-409.

王军，孟小海，王为民，等，2015. 微观剩余油核磁共振二维谱测试技术［J］. 石油实验地质，37（5）：654-659.

王英彪，2013. 河流相储层构型与水驱油模拟实验研究［D］. 青岛：中国石油大学（华东）.

王朋飞，2014. 复杂断块区构造精细解释及其发育规律——以辛1等断块区为例［D］. 青岛：中国石油大学（华东）.

王敏，赵国良，孙天建，等，2017. 分汊与游荡型辫状河隔夹层层次结构特征［J］. 西南石油大学学报（自然科学版），39（6）：69-77.

王敏，穆龙新，赵国良，等，2017. 分汊与游荡型辫状河储层构型研究：以苏丹FN油田为例［J］. 地学前缘，24（2）：246-256.

王德民，程杰成，杨清彦. 黏弹性聚合物溶液能够提高岩心的微观驱油效率［J］. 石油学报，2000（5）：45-51，4.

尹伟，金晓辉，陈建庆，等，2001. 沈家铺油田枣Ⅴ油层组流体非均质性分布特征［J］. 石油勘探与开发（4）：76-78，11-12.

石占中，张一伟，熊琦华，等，2005. 大港油田港东开发区剩余油形成与分布的控制因素［J］. 石油学报（1）：79-82，86.

石占中，周宗良，蔡明俊，2016. 油气田开发地质方法论与实践［M］. 北京：石油工业出版社.

田蕾，2018. 全谱饱和度测井解释方法研究［D］. 成都：西南石油大学.

史双双，2009. 歧口凹陷主断裂系统形成演化及油气地质意义［D］. 武汉：中国地质大学（武汉）.

史晓昕，2018. 大庆长垣南二、三区西部断层精细解释及对剩余油分布的影响［D］. 大庆：东北石油大学.

冯增昭，2013. 中国沉积学［M］. 2版. 北京：石油工业出版社.

朱从军，夏国朝，郑泰山，等，2011. 三维精细构造解释技术在小集油田的应用［J］. 新疆石油地质，32（4）：390-391.

朱筱敏，2008. 沉积岩石学 [M].北京：石油工业出版社.

乔欣，2017. 水驱油藏储层物性时变数值模拟及流场评价研究 [D].青岛：中国石油大学
（华东）.

刘太勋，李超，刘畅，等，2018. 三角洲前缘河口坝复合体剩余油分布物理模拟 [J].中国
石油大学学报（自然科学版），42（6）：1—8.

刘东生，2009. 一种新的剩余油饱和度测井方法——注钆中子伽马测井 [J].石油仪器，23
（1）：67—70，104.

刘阳，2016. 王官屯油田西区孔一段储层优势渗流通道研究 [D].北京：中国石油大学
（北京）.

刘红现，许长福，胡志明，2011. 用核磁共振技术研究剩余油微观分布 [J].特种油气藏，
18（1）：96—97，125，140.

刘志宏，鞠斌山，黄迎松，等，2015. 改变微观水驱液流方向提高剩余油采收率试验研究
[J].石油钻探技术，43（2）：90—96.

刘岩，陈清华，马婷婷，2011. 吴堡断断裂带低序级断层分级研究 [J].西北大学学报（自
然科学版），41（2）：268—272.

刘宝珺，谢俊，张金亮，2004. 我国剩余油技术研究现状与进展 [J].西北地质（4）：
1—6.

刘宗堡，闫力，高飞，等，2014. 油田高含水期断层边部剩余油富集规律及挖潜方法——
以松辽盆地杏南油田北断块葡萄花油层为例 [J].东北石油大学学报，38（4）：52—58，
8—9.

刘显太，李军，王军，等，2013. 低序级断层识别与精细描述技术研究 [J].特种油气藏，
20（1）：44—47，153.

刘峰，2011. 长期注水冲刷对储层物性及开发效果的影响研究 [D].成都：西南石油大学.

闫百泉，2007. 曲流点坝建筑结构及驱替实验与剩余油分析 [D].大庆：大庆石油学院.

汤文浩. 微观可视化技术在三元复合驱剩余油研究中的应用 [D].成都：西南石油大学，
2018.

孙先达，李宜强，戴琦雯. 激光扫描共聚焦显微镜在微孔隙研究中的应用 [J].电子显微
学报，2014，33（2）：123—128.

芦凤明，武玺，朱红云，等，2020. 油藏流场定量表征方法及应用 [J].西南石油大学学报
（自然科学版），42（4）：111—120.

芦凤明，蔡明俊，张阳，等，2020. 碎屑岩储层构型分级方案与研究方法探讨 [J].岩性油
气藏，32（6）：1—11.

苏亚拉图，李千，张波，等，2020. 砂质辫状河砂体构型及剩余油分布模式 [J].特种油气
藏，27（4）：10—18.

杜庆龙，2016. 长期注水开发砂岩油田储层渗透率变化规律及微观机理 [J].石油学报，37
（9）：1159—1164.

李永太，孔柏岭，李辰，2018. 全过程调剖技术与三元复合驱协同效应的动态特征 [J].石
油学报，39（6）：697—702.

李兴国，1987. 油层微型构造对油井生产的控制作用——以胜坨、孤岛油田为例 [J].石油

勘探与开发 (2)：53—59.

李兴国，1994.应用微型构造和储层沉积微相研究油层剩余油分布 [J].油气采收率技术，1 (1)：68—80，86.

李兴国，2000.陆相储层沉积微相与微型构造 [M].北京：石油工业出版社.

李俊键，刘洋，高亚军，等.微观孔喉结构非均质性对剩余油分布形态的影响 [J].石油勘探与开发，2018，45 (6)：1043—1052.

李爽，2010.储层非均质性对剩余油分布的影响研究 [D].北京：中国地质大学（北京）.

杨柏，杨少春，姜海波，等，2009.胜坨油田储层非均质性及与剩余油分布的关系 [J].特种油气藏，16 (4)：67—70，78，108.

杨勇强，邱隆伟，姜在兴，等，2011.陆相断陷湖盆滩坝沉积模式——以东营凹陷古近系沙四上亚段为例 [J].石油学报，32 (3)：417—423.

肖炎辉，2019.低幅构造识别与储层地震预测方法研究与应用 [D].北京：中国石油大学（北京）.

吴小斌，侯加根，王大兴，等，2015.黄骅坳陷港中复杂断块油气田富油砂体分布模式研究 [J].新疆地质，33 (1)：112—116.

吴义志，2018.复杂断块油藏特高含水期剩余油控制机制实验 [J].断块油气田，25 (5)：604—607.

吴胜和，纪友亮，岳大力，等，2013.碎屑沉积地质体构型分级方案探讨 [J].高校地质学报，19 (1)：12—22.

吴胜和，2010.储层表征与建模 [M].北京：石油工业出版社.

吴胜和，马晓芬，王仲林，1999.温米油田开发阶段高分辨率层序地层学研究 [J].石油学报，20 (5)：33—38.

吴胜和，武军昌，李恕军，等，2003.安塞油田坪桥水平井区沉积微相三维建模研究 [J].沉积学报，21 (2)：266—271.

吴聘，鞠斌山，陈常红，等，2015.基于微观驱替实验的剩余油表征方法研究 [J].中国科技论文，10 (23)：2707—2710，2715.

何宇航，宋保全，张春生，2012.大庆长垣辫状河砂体物理模拟实验研究与认识 [J].地学前缘，19 (2)：41—48.

辛治国，2008.河控三角洲河口坝构型分析 [J].地质论评 (4)：527—531，581.

汪坤，姚军，2019.基于数字岩心的微观剩余油实验研究与流动模拟 [C].2019油气田勘探与开发国际会议论文集：1423—1434.

沈平平，俞稼镛，2004.大幅度提高石油采收率的基础研究 [M].北京：石油工业出版社.

宋考平，李世军，方伟，等，2005.用荧光分析方法研究聚合物驱后微观剩余油变化 [J].石油学报 (2)：92—95.

张田田，2017.基于CT成像技术的剩余油微观分布及流动特征研究 [D].成都：西南石油大学.

张阳，蔡明俊，芦凤明，等，2019.碎屑—牵引流控冲积扇储层构型特征及模式——以沧东凹陷小集油田为例 [J].中国矿业大学学报，48 (3)：538—552.

张昕，甘利灯，刘文岭，等，2012.密井网条件下井震联合低级序断层识别方法 [J].石油地球物理勘探，47（3）：462-468，358，518.

张顺康，2007. 水驱后剩余油分布微观实验与模拟 [D]. 青岛：中国石油大学（华东）.

张家良，赵平起，段贺海，等，2002. 段六拨油田低渗透砂岩油藏高效开发模式 [J]. 石油勘探与开发（4）：90-92，97.

张家良，熊英，丁长新，等，2006. 开发后期储层孔喉半径变化规律研究及治理对策 [J]. 石油地球物理勘探（S1）：123-126，142，149.

张新旺，郭和坤，沈瑞，等，2017. 基于核磁共振技术水驱油剩余油分布评价 [J]. 实验室研究与探索，36（9）：17-21.

陆建林，李国强，樊中海，等，2001. 高含水期油田剩余油分布研究 [J]. 石油学报，22（5）：48-52，3.

陈广军，宋国奇，2003. 低幅度构造地震解释探讨 [J]. 石油物探，42（3）：395-398.

陈欢庆，王珏，杜宜静，2017. 储层非均质性研究方法进展 [J]. 高校地质学报，23（1）：104-116.

陈汶滨，赵明，蔡明俊，等，2016. 基于指标特征模型的油藏注水开发效果定量化评价 [J]. 石油学报，37（S2）：80-86，111.

陈晶，湛祥惠. 化学驱微观剩余油启动顺序及驱油效果实验研究 [J]. 海洋石油，2018，38（2）：46-53.

武玺，张祝新，章晓庆，等，2020. 大港油田开发中后期稠油油藏 CO_2 吞吐参数优化及实践 [J]. 油气藏评价与开发，10（3）：80-85.

武鑫，吉林，吴伟，等，2020. 基于复杂孔隙结构分析的低渗砂岩储层分类与表征 [J]. 西北大学学报（自然科学版），50（4）：615-625.

范广军，刘东友. 碳氧比能谱测井原理及应用 [J]. 舰船科学技术，2008，30（S2）：199-202.

范璎宁，李胜利，梁星如，等，2017. 浅水湖泊河口坝型三角洲前缘沉积特征与模式——以文安斜坡西5井区沙河街组三段为例 [J]. 东北石油大学学报，41（4）：43-52，98，6-7.

林承焰，2000. 剩余油形成与分布 [M]. 东营：石油大学出版社.

林承焰，孙廷彬，董春梅，等，2013. 基于单砂体的特高含水期剩余油精细表征 [J]. 石油学报，34（6）：1131-1136.

罗群，黄捍东，王保华，等，2007. 低序级断层的成因类型特征与地质意义 [J]. 油气地质与采收率，14（3）：19-21，25，112.

岳大力，吴胜和，温立峰，等，2013. 点坝内部构型控制的剩余油分布物理模拟 [J]. 中国科技论文，8（5）：473-476.

岳大力，赵俊威，温立峰，2012. 辫状河心滩内部夹层控制的剩余油分布物理模拟实验 [J]. 地学前缘，19（2）：157-161.

周宗良，张凡磊，刘斌，等，2021. 高含水油藏微观剩余油渗流机理与孔喉动用特征 [J]. 新疆地质，39（2）：275-279.

周宗良，张会卿，曹国明，等，2019. 用最大熵谱分解定量预测曲流河薄砂体 [J]. 断块油气田，26（6）：719-722.

周宗良，曹建林，肖建玲，等，2012. 油气藏开发过程中井间砂体对比与连通关系类型探讨 [J]. 新疆地质，30（4）：451-455.

周宗良，蔡明俊，张凡磊，等，2020. 高含水油藏多介质驱替剩余油赋存状态与时移特征 [J]. 断块油气田，27（5）：608-612.

封从军，鲍志东，杨玲，等，2014. 三角洲前缘水下分流河道储集层构型及剩余油分布 [J]. 石油勘探与开发，41（3）：323-329.

赵子渊，1987. 三肇凹陷微幅度构造群与油气聚集规律 [J]. 大庆石油地质与开发（2）：15-22.

赵平起，沈泽阳，蔡明俊，等，2022. 基于有效驱替通量的油藏物性综合时变数值模拟技术及应用 [J]. 中国石油大学学报（自然科学版），46（1）：89-96.

赵永胜，1998. 储层三维地质模型难使数值模拟摆脱困境 [J]. 石油学报，19（3）：147-149.

赵红兵，严科，2010. 深度开发油藏低级序断层综合识别方法及应用 [J]. 西南石油大学学报（自然科学版），32（5）：54-57，185.

赵贤正，赵平起，李东平，等，2018. 地质工程一体化在大港油田勘探开发中探索与实践 [J]. 中国石油勘探，23（2）：6-14.

赵澄林，朱筱敏，2001. 沉积岩石学 [M]. 3版. 北京：石油工业出版社.

复旦大学，清华大学，北京大学，1981. 原子核物理实验方法 [M]. 北京：原子能出版社.

侯健，李振泉，张顺康，等，2008. 岩石三维网络模型构建的实验和模拟研究 [J]. 中国科学（G辑）（11）：1563-1575.

俞启泰，1997. 关于剩余油研究的探讨 [J]. 石油勘探与开发，24（2）：5.

俞启泰，2000. 注水油藏大尺度未波及剩余油的三大富集区 [J]. 石油学报，21（2）：6.

姜汉桥，谷建伟，陈民锋，等，2005. 时变油藏地质模型下剩余油分布的数值模拟研究 [J]. 石油勘探与开发，32（2）：91-93.

姜秀清，夏斌，王千军，等，2006. 微构造的地震识别与应用效果 [J]. 天然气工业，26（2）：57-59，165-166.

姜岩，李雪松，付宪弟，2019. 特高含水老油田断层表征及剩余油高效挖潜 [J]. 大庆石油地质与开发，38（5）：246-253.

姚光庆，马正，赵彦超，1994. 储层描述尺度与储层地质模型分级 [J]. 石油实验地质，16（4）：403-408.

贾忠伟，杨清彦，兰玉波，等，2002. 水驱油微观物理模拟实验研究 [J]. 大庆石油地质与开发（1）：46-49，83.

夏国朝，邢立平，李晓良，等，2006. 低流度断块油藏稳产技术研究 [J]. 特种油气藏（3）：53-55，107.

夏国朝，2010. 枣园复杂断块低流度油藏特征及稳产措施研究 [D]. 北京：中国地质大学（北京）.

夏惠芬，王德民，王刚，等. 聚合物溶液在驱油过程中对盲端类残余油的弹性作用 [J]. 石油学报，2006（2）：72-76.

徐中波，申春生，陈玉琨，等，2016. 砂质辫状河储层构型表征及其对剩余油的控制——

以渤海海域 P 油田为例 [J] .沉积学报, 34 (2) : 375-385.

徐守余, 宋洪亮, 2008. 微观剩余油仿真实验研究 [J] .中国科技论文在线 (11) : 863-866.

徐清华.大庆油田三元复合驱后微观剩余油分布特征 [J] .大庆石油地质与开发, 2019, 38 (4) : 110-116.

徐薇薇, 2010.复杂断块油田二次开发阶段油藏精细描述 [D] .大庆: 大庆石油学院.

高文彬, 李宜强, 何书梅, 等, 2020.基于荧光薄片的剩余油赋存形态分类方法 [J] .石油学报, 41 (11) : 1406-1415.

高兴军, 宋新民, 孟立新, 等, 2016.特高含水期构型控制隐蔽剩余油定量表征技术 [J] .石油学报, 37 (S2) : 99-111.

高辉, 程媛, 王小军, 等, 2015.基于核磁共振驱替技术的超低渗透砂岩水驱油微观机理实验 [J] .地球物理学进展, 30 (5) : 2157-2163.

郭莉, 王延斌, 刘伟新, 等, 2006.大港油田注水开发过程中油藏参数变化规律分析 [J] .石油实验地质 (1) : 85-90.

郭海敏, 戴家才, 2007.套管井地层参数测井 [M] .北京: 石油工业出版社.

唐洪俊, 王大兴, 石永新, 2005.用不稳定试井资料确定气井产能的新方法 [J] .钻采工艺, 28 (4) : 64-65, 73-18.

陶自强, 王丽荣, 钱迎春, 等, 2009.大港复杂断块油田二次开发重构地下认识体系 [J] .石油钻采工艺, 31 (S1) : 15-20.

黄志洁, 邱细斌, 2004.储层性能监测仪 (RPM) 及其应用 [J] .石油仪器, 18 (2) : 43-46, 67.

黄迎松, 2018.水驱速度对束缚型和油膜型剩余油动用的影响理论及实验 [J] .大庆石油地质与开发, 37 (2) : 56-61.

黄隆基, 2008.核测井原理 [M] .东营: 中国石油大学出版社.

崔建, 李海东, 冯建松, 等, 2013.辫状河储层隔夹层特征及其对剩余油分布的影响 [J] .特种油气藏, 20 (4) : 26-30, 152.

董冬, 陈洁, 邱明文, 1999.河流相储集层中剩余油类型和分布规律 [J] .油气采收率技术 (3) : 39-46.

敬豪, 张广东, 孙大龙, 等, 2020.注水倍数对储层微观孔隙结构影响实验研究 [J] .石油实验地质, 42 (6) : 1041-1046.

韩大匡, 1995.深度开发高含水油田提高采收率问题的探讨 [J] .石油勘探与开发, 22 (5) : 47-55, 98.

韩大匡, 1993.油藏数值模拟基础 [M] .北京: 石油工业出版社.

韩大匡, 陈钦雷, 闫存章, 1999.油藏数值模拟基础 [M] .北京: 石油工业出版社: 30-40.

韩大匡, 1995.深度开发高含水油田提高采收率问题的探讨 [J] .石油勘探与开发 (5) : 47-55, 98.

谢俊, 张金亮, 2003.剩余油描述与预测 [M] .北京: 石油工业出版社.

谢俊, 1998.剩余油饱和度平面分布方法研究及应用 [J] .西安石油学院学报 (自然科学版）（4）：46-48，5.

蒲玉国，2005.复杂断裂油田小构造及剩余油研究 [D].青岛：中国科学院研究生院（海洋研究所）.

裘亦楠，张志松，唐美芳，等，1987.河流砂体储层的小层对比问题 [J].石油勘探与开发，14（2）：46-52，9.

裘亦楠，1990.储层沉积学研究工作流程 [J].石油勘探与开发，17（1）：85-90.

裘亦楠，1992.中国陆相碎屑岩储层沉积学的进展 [J].沉积学报，10（3）：16-24.

窦松江，2005.北大港河流相砂岩油藏精细描述及剩余油分布研究 [D].中国地质大学（北京）.

蔡明俊，赵景茂，王连敏，等，2005.碱／聚合物驱油藏剩余油饱和度定量监测技术研究 [J].新疆地质（4）：417-420.

鲜德清，傅少庆，谢然红，2007.核磁共振测井束缚水模型研究 [J].核电子学与探测技术，27（3）：578-582.

戴俊生，张继标，冯建伟，等，2012.高邮凹陷真武断裂带西部低级序断层发育规律预测 [J].地质力学学报，18（1）：11-21.